工程建设安全技术与管理丛书

 # 安装工程安全技术管理

丛书主编　徐一骐

本书主编　李美霜　黄思祖

U0323589

中国建筑工业出版社

图书在版编目（CIP）数据

安装工程安全技术管理/李美霜,黄思祖本书主编.—北京:中国建筑工业出版社,2015.1

（工程建设安全技术与管理丛书）

ISBN 978-7-112-17594-9

Ⅰ.①安…　Ⅱ.①李…　②黄…　Ⅲ.①建筑安装－安全生产－生产管理　Ⅳ.①TU758

中国版本图书馆 CIP 数据核字（2014）第 289927 号

　　本书是《工程建设安全技术与管理丛书》中的一本。工程建设安全管理一直是建设领域永恒的主体，本书通过对国家、行业、企业有关法规、标准、规范之关键要求的综合提炼，融汇安装人安全管理的经验和智慧结晶，吸取各类事故血的教训，深刻剖析影响安全的环境与人为因素、客观及主观原因，遵循"安全第一，预防为主，综合治理"的安全生产管理方针，编纂了安全管理过程控制的有关规定、要求和措施，供广大安全管理工作者学习和借鉴。

　　本书适用于工程建设管理者、安全管理人员及建设工程从业人员参考使用。

责任编辑：郦锁林　赵晓菲　朱晓瑜
版式设计：京点制版
责任校对：李美娜　刘梦然

工程建设安全技术与管理丛书
安装工程安全技术管理
丛书主编　徐一骐
本书主编　李美霜　黄思祖
＊
中国建筑工业出版社出版、发行（北京西郊百万庄）
各地新华书店、建筑书店经销
北京京点图文设计有限公司制版
北京富生印刷厂印刷
＊
开本：787×1092 毫米　1/16　印张：23¼　字数：427 千字
2015 年 5 月第一版　2015 年 5 月第一次印刷
定价：**55.00** 元
ISBN 978-7-112-17594-9
　　　　（26816）

丛书编委会

丛书主编：徐一骐

副 主 编：吴恩宁　吴　飞　邓铭庭　牛志荣　王立峰
　　　　　杨燕萍

编　　委：徐一骐　吴　飞　吴恩宁　牛志荣　杨燕萍
　　　　　黄思祖　邓铭庭　周松国　王建民　王立峰
　　　　　朱瑶宏　姜天鹤　张金荣　金　睿　杜运国
　　　　　李美霜　林　平　庄国强　黄先锋　史文杰

本书编委会

主　　编　李美霜　黄思祖
编　　者　李美霜　孙　洪　陈奇峰　张远强　黄　柯
　　　　　沈路奇　王维克　翁祝梅

丛书序一

建筑业是我国国民经济的重要支柱产业之一，在推动国民经济和社会全面发展方面发挥了重要作用。近年来，建筑业产业规模快速增长，建筑业科技进步和建造能力显著提升，建筑企业的竞争力不断增强，产业队伍不断发展壮大。由于建筑生产的特殊性等原因，建筑业一直是生产安全事故多发的行业之一。当前，随着法律法规制度体系的不断完善、各级政府监管力度的不断加强，建筑安全生产水平在提升，生产安全事故持续下降，但工程质量安全形势依然很严峻，建筑生产安全事故还时有发生。

质量是工程的根本，安全生产关系到人民生命财产安全，优良的工程质量、积极有效的安全生产，既可以促进建筑企业乃至整个建筑业的健康发展，也为整个经济社会的健康发展作出贡献。做好建筑工程质量安全工作，最核心的要素是人。加强建筑安全生产的宣传和培训教育，不断提高建筑企业从业人员工程质量和安全生产的基本素质与基本技能，不断提高各级建筑安全监管人员监管能力水平，是做好工程质量安全工作的基础。

《工程建设安全技术与管理丛书》是浙江省工程建设领域一线工作的同志们多年来安全技术与管理经验的总结和提炼。该套丛书选择了市政工程、安装工程、城市轨道交通工程等在安全管理中备受关注的重点问题进行研究与探讨，同时又将幕墙、外墙保温等热点融入其中。丛书秉着务实的风格，立足于工程建设过程安全技术及管理人员实际工作需求，从设计、施工技术方案的制定、工程的过程预控、检测等源头抓起，将各环节的安全技术与管理相融合，理论与实践相结合，规范要求与工程实际操作相结合，为工程技术人员提供了可操作性的参考。

编者用了五年的时间完成了这套丛书的编写，下了力气，花了心血。尤为令人感动的是，丛书编委会积极投身于公益事业，将本套丛书的稿酬全部捐出，并为青川灾区未成年人精神家园的恢复重建筹资，筹集资金逾千万元，表达了一个知识群体的爱心和塑造价值的真诚。浙江省是建筑大省和文化大省，也是建筑专业用书的大省，本套丛书的出版无疑是对浙江省建筑产业健康发展的支持和推动，也将对整个建筑业的质量安全水平的提高起到促进作用。

郭元冲

2015 年 5 月 6 日

丛书序二

  《工程建设安全技术与管理丛书》就要出版了。编者邀我作序,我欣然接受,因为我和作者们一样都关心这个领域。这套丛书对于每一位作者来说,是他们对长期以来工作实践积累进行总结的最大收获。对于他们所从事的有意义的活动来说,是一项适逢其时的重要研究成果,是数年来建设领域少数涉及公共安全技术与管理系列著述的力作之一。

  当今,我国正在进行历史上规模最大的基本建设。由于工程建设活动中的投资额大、从业人员多、建设规模巨大,设计和建造对象的单件性、施工现场作业的离散性和工人的流动性,以及易受环境影响等特点,使其安全生产具有与其他行业迥然不同的特点。在当下,我国经济社会发展已进入新型城镇化和社会主义新农村建设双轮驱动的新阶段,这使得安全生产工作显得尤为紧迫和重要。

  工程建设安全生产作为保护和发展社会生产力、促进社会和经济持续健康发展的一个必不可少的基本条件,是社会文明与进步的重要标志。世界上很多国家的政府、研究机构、科研团队和企业界,都在努力将安全科学与建筑业的许多特点相结合,应用安全科学的原理和方法,改进和指导工程建设过程中的安全技术和安全管理,以期达到减少人员伤亡和避免经济损失的目的。

  我们在安全问题上面临的矛盾是:一方面,工程建设活动在创造物质财富的同时也带来大量不安全的危险因素,并使其向深度和广度不断延伸拓展;技术进步过程中遇到的工程条件的复杂性,带来了工程安全风险、安全事故可能性和严重度的增加;另一方面,人们在满足基本生活需求之后,不断追求更安全、更健康、更舒适的生存空间和生产环境。

  未知的危险因素的绝对增长和人们对各类灾害在心理、身体上承受能力相对降低的矛盾,是人类进步过程中的基本特征和必然趋势,这使人们诉诸于安全目标的向往和努力更加迫切。在这对矛盾中,各类危险源的认知和防控是安全工作者要认真研究的主要矛盾。建设领域安全工作的艰巨性在于既要不断深入地控制已有的危险因素,又要预见并防控可能出现的各种新的危险因素,以满足人们日益增长的安全需求。工程建设质量安全工作者必须勇敢地承担起这个艰巨且义不容辞的社会责任。

本丛书的作者们都是长期活跃在浙江省工程建设一线的专业技术人员、管理人员、科研工作者和院校老师，他们有能力，责任心强，敢担当，有长期的社会实践经验和开拓创新精神。

5年多来，丛书编委会专注于做两件事。一是沉下来，求真务实，在积累中研究和探索，花费大量时间精力撰写、讨论和修改每一本书稿，使实践理性的火花迸发，给知识的归纳带来了富有生命力的结晶；二是自发开展丛书援建灾区活动，知道这件事情必须去做，知道做的意义，而且在投入过程中掌握做事的方法，知难而上，建设性地发挥独立思考精神。正是在这一点上，本丛书的组织编写和丛书援建灾区系列活动，把用脑、用心、用力、用勤和高度的社会责任感结合在一起，化作一种自觉的社会实践行动。

本着将工程建设安全工作做得更深入、细致和扎实，本着让从事建设的人们人人都养成安全习惯的想法，作者们从解决工程一线工作人员最迫切、最直接、最关心的实际问题入手，目的是为广大基层工作者提供一套全面、可用的建设安全技术与管理方法，推广工程建设安全标准规范的社会实践经验，推行知行合一的安全文化理念。我认为这是一项非常及时和有意义的事情。

再就是，5年多前，正值汶川特大地震发生后不久灾后重建的岁月。地震所造成的刻骨铭心的伤痛总是回响在人们耳畔，惨烈的哭泣、哀痛的眼神总是那么让人动容。丛书编委会不仅主动与出版社签约，将所有版权的收入捐给灾区建设；更克服了重重困难，历经5年多的不懈努力，成功推动了极重灾区四川省青川县未成年人校外活动中心的建设。真情所至，金石为开。他们用行动展示了建设工作者的精神风貌。

浙江省是建筑业大省，文化大省，我们要铆足一股劲，为进一步做好安全技术、管理和安全文化建设工作而努力。时代要求我们在继续推进建设领域的安全执法、安全工程的标准化、安全文化和教育工作过程中，要有高度的责任感和信心，从不同的视野、不同的起点，向前迈进。预祝本套丛书的出版将推进工程建设安全事业的发展。预祝本套丛书出版成功。

2015 年 1 月

丛书序三

安全是人类生存与发展活动中永恒的前提，也是当今乃至未来人类社会重点关注的重要议题之一。作为一名建筑师，我看重它与工程和建筑的关系，就如同看重探索神圣智慧和在其建筑法则规律中如何获取经验。工程建设的发展史在某种意义上说是解决建设领域安全问题的奋斗史。所以在本套丛书行将问世之际，我很高兴为之作序。

在世界建筑史上，维特鲁威最早提出建筑的三要素"实（适）用、坚固、美观"。"实用"还是"适用"，翻译不同，中文意思略有差别；而"坚固"，自有其安全的内涵在。20世纪50年代以来，不同的历史时期，我国的建筑方针曾有过调整。但从实践的角度加以认识，"安全、适用、经济、美观"应该是现阶段建筑设计的普遍原则。

建筑业是我国国民经济的重要支柱产业之一，也是我国最具活力和规模的基础产业，其关联产业众多，基本建设投资巨大，社会影响较大。但建筑业又是职业活动中伤亡事故多发的行业之一。

在建筑物和构筑物施工过程中，不可避免地存在势能、机械能、电能、热能、化学能等形式的能量，这些能量如果由于某种原因失去了控制，超越了人们设置的约束限制而意外地逸出或释放，则会引发事故，可能导致人员的伤害和财物的损失。

建筑工程的安全保障，需要有设计人员严谨的工作责任心来作支撑。在1987年的《民用建筑设计通则》JGJ 37-1987中，对建筑物的耐久年限、耐火等级就作了明确规定。要求必需有利于结构安全，它是建筑构成设计最基本的原则之一。根据荷载大小、结构要求确定构件的必须尺寸外，对零部件设计和加固必须在构造上采取必要措施。

我们关心建筑安全问题，包括建筑施工过程中的安全问题以及建筑本体服务期内的安全问题。设计人员需要格外看重这两方面，从图纸设计基本功做起，并遵循标准规范，预防因势能超越了人们设置的约束限制而引起的建筑物倒塌事故。

建筑造型再生动、耐看，都离不开结构安全本身。建筑是有生命的。美的建筑，当我们看到它时，立刻会产生一种或庄严肃穆或活跃充盈的印象。但切不可忘记，对空间尺度坚固平衡的适度把握和对安全的恰当评估。

如果说建筑艺术的特质是把一般与个别相联结、把一滴水所映照的生动造型与某个水珠莹莹的闪光相联结，那么，建筑本体的耐久性设计则使这一世界得以安全保存变得更为切实。

安全的实践知识是工程的一部分，它为工程师们提供了判别结构行为的方法。在一个成功的工程设计中，除了科学，工程师们还需要更多不同领域的知识和技能，如经济学、美学、管理学等。所以书一旦写出来，又要回到实践中去。进行交流很有必要，因为实践知识、标准给予了我们可靠的、可重复的、可公开检验的接触之门。

2008年5月12日我国四川汶川地区发生里氏8级特大地震后，常存于我们记忆中的经验教训，便是一个突出例证。强烈地震发生的时间、地点和强度迄今仍带有很大的不确定性，这是众所周知的；而地震一旦发生，不设防的后果又极其严重。按照《抗震减灾法》对地震灾害预防和震后重建的要求，需要通过标准提供相应的技术规定。

随着我国城市轨道交通和地下工程建设规模的加大，不同城市的地层与环境条件及其相互作用更加复杂，这对城市地下工程的安全性提出了更高要求。艰苦的攀登和严格的求索，需要经历许多阶段。为了能坚持不懈地走在这一旅程中，我们需要一个巨大的公共主体，来加入并忠诚于事关安全核心准则的构建。在历史的旅程中，我们常常提醒自己，要学习，要实践，要记住开创公共安全旅程的事件以及由求是和尊重科学带来的希望。

考虑到目前我国隧道及地下工程建设规模非常之大、条件各异，且该类工程具有典型的技术与管理相结合的特点，在缺乏有效的理论作指导的情况下作业，是多起相似类型安全事故发生的重要原因。因此，在系统研究和实践的基础上，尽快制定相应的技术标准和技术指南就显得尤为紧迫。

科学技术的不断进步，使建筑形态突破固有模式而不断产生新的形态特征，这已被中外建筑史所一再证明。但不可忘记，随着建设工程中高层、超高层和地下建设工程的涌现，工程结构、施工工艺的复杂化，新技术、新材料、新设备等的广泛应用，不仅给城市、建筑物提出了更高的安全要求，也给建设工程施工安全技术与管理带来了新的挑战。

一个真正的建筑师，一个出色的建筑艺人，必定也是一个懂得如何在建筑的复杂性和矛盾性中，选择各种材料安全性能并为其创作构思服务的行家。这样的气质共同构成了自我国古代匠师之后，历史课程教给我们最清楚最重要的经验传统之一。

建筑安全与否唯一的根本之道，是人们在其对人文关怀和价值理想的反思中，如何彰显出一套更加严格的科学方法，负责任地对现实、对历史做出回答。

两年多前，同事徐一骐先生向我谈及数年前筹划编写《为了生命和家园》系列丛书的设想和努力，以及这几年丛书援建极重灾区青川县未成年人校外活动中心的经历和苦乐。寻路问学，掩不住矻矻求真的一瓣心香。它们深藏于时代，酝酿已久。人的自我融入世界事件之流，它与其他事物产生共振，并对一切事物充满热情和爱之关切。

这引起我的思索。在漫长的历史进程中，知识分子如何以独立的立场面对这种情况？他们不是随声附和的群体。而是以自己的独立精神勤于探索，敢于企求，以自己的方式和行动坚持正义，尊重科学，服务社会。奔走于祖国广袤的大地和人民之间，更耐人寻味和更引人注目，但也无法避免劳心劳力的生活。

书的写作是件艰苦之事，它要有积累，要有研究和探索；而丛书援建灾区活动，先后邀请到如此多朋友和数十家企业单位相助，要有忧思和热诚，要有恒心和担当。既要有对现实的探索和实践的总结，又要有人文精神的终极关怀和对价值的真诚奉献。

邀请援建的这一项目，是一个根据抗震设计标准规范、质量安全要求和灾区未成年人健康成长需求而设计、建设起来的民生工程。浙江大学建筑设计研究院提供的这一设计作品，构思巧妙，造型优美，既体现了建筑师的想象力和智慧，又是结构工程师和各专业背景设计人员劳动和汗水的结晶。

汶川大地震过后，人们总结经验教训，在灾区重新规划时避开地震断裂带，同时严格按照标准来进行灾区重建，以便建设一个美好家园。

岁月匆匆而过，但朋友们的努力没有白费。回到自己土地上耕耘的地方，不断地重新开始工作，耐心地等待平和曙光的到来。他们的努力留住了一个群体的爱心和特有的吃苦耐劳精神，把这份厚礼献给自己的祖国。现在，两者都将渐趋完成，我想借此表达一名建筑师由衷的祝贺！

胡理琛

2015 年 1 月

实践思维、理论探索和体制建设，给当代工程建设安全研究带来了巨大的推进，主要体现在对知识的归纳总结、开拓的研究领域、新的看待事物的态度以及厘清规律的方法。本着寻求此一领域的共同性依据和工程经验的系统结合，本套丛书从数年前着手筹划，作为"为了生命和家园"书系之一，其中选择具有应用价值的书目，按分册撰写出版。这套丛书宗旨是"实践文本，知行阅读"，首批 10 种即出。现将它奉献给建设界以及广大职业工作者，希望能对于促进公共领域建设安全的事业和交流有所裨益。

改革开放 30 多年来，国家的开放政策，经济上的快速发展，社会进步的诉求和人们观念的转变，大大改变了安全工作的地位并强调了其在经济社会发展中的重要性。特别是《建筑法》和《安全生产法》的颁布实施，使此一事业的发展不仅具有了法律地位，而且大大要求其体系建设从内涵上及其自身方面提高到一个新的高度。质言之，我们需要有安全和工程建设安全科学理论与实践对接点的系统研究，我们需要有优秀的富有实践经验的安全技术和管理人才。我们何不把为人、为社会服务的人本思想融入书本的实践主张中去呢？

这套书的丛书名表明了一个广泛的课题：建设领域公共安全的各类活动。这是人们一直在不倦地探索的一个领域。在整个世界范围内，建筑业都是属于最危险的行业之一，因此建筑安全也是安全科学最重要的分支之一。而从广义的工程建设来讲，安全技术与管理所涉及的范畴要更广，因此每册书的选题都需要我们认真对待。

当前，我国经济社会发展已进入新型城镇化和社会主义新农村建设双轮驱动的新阶段，安全工作站在这样一个新的起点上，这正是需要我们研究和开拓的。

进入 21 世纪以来，我国逐渐迈入地下空间大发展的历史时期。由于特殊的地理位置，城市地下工程通常是在软弱地层中施工，且周围环境极其复杂，这使得城市地下工程建设期间蕴含着不可忽视的安全风险。在工程科学研究中，需要我们注重实践经验的升华，注重科学原理与工程经验的结合，这样才能满足研究成果的普遍性和适用性。

关于新农村规划建设安全的研究，主要来自于这样一个事实：我国村庄抗灾防灾能力普遍薄弱，而广大农村和乡镇地区往往又是我国自然灾害的主要受害地区。火灾、洪灾、震灾、风灾、滑坡、泥石流、雷击、雪灾和冻融等多种自然灾害发生频繁。这要求我们站在相对的时空关系中，分层次地认识问题。作为规划、勘察、设计、施工、验收和制度建设等，更需要可操作性，并将其贯穿到科学的规划和建设中去。

我们常说研究安全技术与管理是一门综合性的大课题。近年来安全工程学、管理学、经济学，甚至心理学等学科中的许多研究都涉及这个领域，这说明学科交叉的必然性和重要性，另一方面也加深了我们对安全，特别是具有中国特色的工程建设安全的认识。

在这样的历史进程中，历史赋予我们的重任就是要学习，就是要实践，这不仅要从书本中学习，同时也要从总结既往实践经验中再学习，这是人类积累知识不可缺少的环节。

除了坚持"学习"的主观能动性外，我们坚决否认人能以旁观者的身份来认识和获得经验，那种传统经验主义所谓的"旁观者认知模式"，在我们的社会实践中行不通。我们是建设者，不是旁观者。知行合一，抱着躬自执劳的责任感去从事安全工作，就必然会引出这个问题：我们需要什么理念、什么方法和什么运作来培训建设者？在生产作业现场，偶然作用——如能量意外释放、人类行为等造成局部风险难以避免。事故发生与否却划定了生死界线！许多工程案例所起到的"教鞭"作用，都告诫人们必须百倍重视已发生的事故，识别出各种体系和环节的缺陷，探索和总结事故规律，从中汲取经验教训。

为有效防范安全风险和安全事故的发生，我们希望通过努力对安全标准化活动作出必要的归纳总结。因为标准总是将相应的责任与预期的成果联系起来。而哪里需要实践规则，哪里就有人来发展其标准规范。

英语单词"standard"，它既可以解释为一面旗帜，也可以解释为一个准则、一个标准。另外，它还有一个暗含的意义，就是"现实主义的"。因为旗帜是一个外在于我们的客体，我们转而向它并且必须对它保持忠诚。安全标准化的凝聚力来自真知，来自对规律性的研究。但我们在认识这一点时，曾经历了多大的艰难啊！

人们通过标准来具体参与构建一个安全、可靠的现实世界。我国抗震防灾的经验已向我们反复表明了：凡是通过标准提供相应的技术规定进行设计、施工、验收的房屋基本"大震不倒"。因为工程建设抗震防灾技术标准编制的主要依据就是地震震害经验。1981年道孚地震、1988年澜沧耿马地震、1996年丽江地震，特别是2008年汶川地震中，严格按规范设计、施工的房屋建筑在无法预期的罕遇地震中没有倒塌，减少了人员的伤亡。

对工程安全日常管理的标准化转向可以看成工程实践和改革的一个长期结果。21世纪初，《工程建设标准强制性条文》的编制和颁布，正式开启了我国工程建设标准体制的改革。《强制性条文》颁布后，国家要求严格遵照执行。任何与之相违的行为，无论是否造成安全事故或经济损失，都要受到严厉处罚。

当然，须要说明的是，"强条"是国家对于涉及工程安全、环境、社会公众利益等方面最基本、最重要的要求，是每个人都必须遵守的最低要求，而不是安全生产的全部要求。我们还希望被写成书的经验解释，能在服务安全生产的过程中清晰地凸显出来，希望有效防控安全事故的措施，通过对事故及灾变发生机理以及演化、孕育过程的深入认识而凸显出来。为此，我们能做到的最好展示，便是竭尽全力，去共同构建科学的管理运作体系，推广有效的管理方法和经验，不断地总结工程安全管理的系统知识。

本套书强调对安全确定性的寻求，强调科学的系统管理，这是因为在复杂多变的工程现场，那迎面而来的作业环境，安全存在是不确定的。在建设活动中，事关安全生产的任何努力，无论是危险源的辨识和防控、安全技术措施和管理，还是安全生产保证体系和计划、安全检查和安全评价，抑或是对事故的分析和处理，都是对这一非确定性的应答。

它是一种文化构建，一种言行方式。而在我们对安全确定性的寻求过程中，所有安全警惕、团队工作、尊严和承诺、优秀、忠诚、沟通、领导和管理、创新以及培训等，都是十分必要的。在安全文化建设中，实践性知识是不会遭遗忘的。事关安全的实践性不同于随意行动，不可遗忘，因为实践性知识意识到，行动是不可避免的。

为了公众教育，需要得出一个结论。作者们通过专业性描述，使得安全技术和管理知识直接对接于实践，也使工程实践活动非常切合于企业的系统管理。一种更合社会之意的安全文化总在帮助我们照管和维护文明作业和职业健康，并警觉因主体异化带来的安全隐患和风险，避免价值关怀黯然不彰。

我坚持，公共空间、公共利益、公共服务、公益、公平等，是人文性的。它诉诸于城乡规划和建设的价值之维，并使我们的工作职责上升为一种公共生活方式。这种生活本身就应该是竭尽全力的。你所专注的不在你的背后，而是在前面。只有一个世界，我们的知识和行为给予我们所服务的世界，它将我们带进教室、临时工棚、施工现场、危险品仓库和一切可供交流沟通的地方。你的心灵是你的视域，是你关于世界以及你在公共生活中必须扮演的那个角色。

对这条漫漫长路的求索汇成了这样一套书。这条路穿越并串联起这片大地的景色。这条路是梦想之路，更是实践人生之路。有作者们的，有朋友们的，甚至有最深沉的印记——力求分担建设者的天职——忧思。

无法忘怀，在本套丛书申报选题的立项前期，正值汶川大地震发生后不久，我们奔赴现场，关注到极重灾区四川省青川县，还需要建设一座有利于5万名未成年人长期健康成长的精神家园。在该县财政极度困难的情况下，丛书编委会主动承担起了帮助青川县未成年人校外活动中心筹集建设资金和推动援建的责任。

积数年之功，青川这一民生工程即将交付使用，而丛书的10册书稿也将陆续完成，付梓出版。5年多的心血、5年多的坚守，皆因由筑而梦，皆希望有一天，凭着一份知识的良心，铺就一条用书铺成的路。假如历史终究在于破坏和培养这两种力量之间展开惊人的、不间断的、无止境的抗衡，那么这套丛书行将加入后者的奋争。

为此，热切地期待本丛书的出版能分担建设者天职的这份忧思，能对广大的基层工作者建设平安社会和美好的家园有所助益。同时，谨向青川县灾区的孩子们致以最美好的祝愿！

2014 年 12 月于杭州

　　为推动安装行业安全管理工作更规范、科学地发展，提升广大安全管理工作者的业务水平，杭州市建筑业协会组织编制了《安装工程安全技术管理》。

　　本书通过对国家、行业、企业有关法规、标准、规范之关键要求的综合提炼，征集安装人安全管理的经验和智慧结晶，吸取各类事故血的教训，深刻剖析影响安全的环境与人为因素、客观及主观原因，遵循"安全第一，预防为主，综合治理"的安全生产管理方针，编纂了安全管理过程控制的有关规定、要求和措施，供广大安全管理工作者学习和借鉴。

　　行业技术在不断发展，各类标准也在逐步更新，安全与技术是不可分割的主体，安全生产管理水平的提高，需要付出劳动的、经济的成本。安全的成本既是代价，更是效益。希望各级安全管理人员与时俱进，不断探索安全管理的有效方法，推动安装行业向新的高度迈进。

　　在本书编写过程中，虽然经过广泛收集、反复推敲，但编入的内容在专业上仍不够全面，难免有疏漏之处，恳请广大读者提出宝贵意见。

目 录 CONTENTS

第一章

建筑安装工程安全生产管理概述

第一节　安装工程安全生产特点

安装工程是一项复杂的系统工程，具有涉及工种多、专业性强、施工工艺技术要求高、作业人员多、作业面（点）分散、使用机具设备种类多、相互交叉配合要求高、其施工进度质量受土建及设备材料供应情况影响大、对作业环境要求高（温度、风力、雨雪）等特点，因此，安全隐患多，安全管理难度大。安装工程的安全管理应重点关注以下方面。

一、安全生产管理体系

（1）安装工程安全生产管理体系的建立，不仅要从施工企业自身的实际及项目特点出发，还要充分考虑总包方（如土建）的要求及专业分包等方面的情况，才能确保明确安全责任、安全目标分解到位、全面组织开展活动，使各项措施得到落实，全员的安全意识有效提升。

（2）安装工程专业性强、专业分包单位较多，往往造成专业分包单位安全管理体系及人员设置纵不到底，横不到边。《建设工程安全生产管理条例》规定，建设工程实行总承包的，由总包单位对施工现场的安全生产负总责。因此，工程监督管理部门主要督促好总承建单位，并要求层层管控、层层负责，使安装工程的各项安全责任落实到位。

（3）安装工程的安全机构或人员管理权限不够，只有建议权，没有决策权，安全员发现安全隐患要通过报告项目经理才能落实。因此项目经理必须十分重视安全管理工作，牢记自己的安全职责，支持并贯彻执行每一项合理的安全建议。

二、安全与技术

（1）安装工程专业性强，技术要求高，安全与技术有着密不可分的联系。不同的安装工艺，安全风险、重要危险因素不同，安全隐患及防范措施不同，在设计施工工艺同时就应考虑安全因素。

（2）编制施工组织设计时要针对工程特点及现场实际进行危险性较大分部分项工程及重大危险因素辨识和安全评价，并编制相应专项方案、管理方案和应急救援预案。对如起重吊装、脚手架、管沟开挖、易燃易爆或有毒场所施工等的专项方案，必要时应组织专家论证，并严格履行审批手续。

三、安全教育

（1）由于安装工程专业多、作业环境复杂、使用机具设备种类多等特点，对于安全、劳动保护、职业安全卫生设施等要求不同。在安全教育时，必须结合从事工作的特点、要求及有关规定、安全技术措施等分别进行，并经考核合格后才能上岗。

（2）对于电工、电焊工、起重工、机械操作工、无损检测等作业人员必须经专门的培训机构培训考核合格，持证上岗。

（3）施工前，对有关安全施工的技术要求，特别是对"危大工程"（如吊装、高空作业等）以及结构复杂或采用新技术、新工艺、新材料、新设备的工程，必须进行安全技术交底，交底记录经交接双方签字确认。

四、安全经费投入

《企业安全生产费用提取和使用管理办法》从制度上构建了一种长效机制和政策保障。着力发挥财政资金杠杆作用，鼓励和引导企业加大安全投入力度，重在满足应急救援和安全培训演练需要，提升企业安全保障能力。但在实施过程中仍然存在着各种问题及障碍，如：

（1）法律法规执行不到位：目前，多数业主采用将安装工程由土建单位总承包后再分包给安装单位的方式，而土建单位往往采用不平衡报价，这就造成了安装工程未开始就埋下了"亏损"隐患，难保安全经费的正常投入。

（2）市场不正当竞争：部分地区采用低价中标政策，施工单位为了中标，降低成本报价，中标后，克扣质量、安全等管理经费。

（3）疏于监管：由于机电安装专业性强，形成一个项目诸多分包，分包单位安全管理组织机构不健全，安全人员不到位，总包单位以包代管，疏于监管，安全措施未有效执行。

五、作业人员技能

作业人员的技能不仅决定施工工序和产品质量，对施工过程的安全影响也较大。安装工程作业人员工种多、技术性强、文化程度参差不齐、各专业单位来自不同的地区，地域文化差异大、范围广。各地的技能鉴定要求和掌握也有一定差异，特别是特种设备要求更高，据统计，特种作业人员已成为企业安全生产事故的高发人群，因此，对于作业人员不仅要求其了解安全生产法律法规、本专业相关安全技术知识、安全生产新技术、抢险救灾以及自救知识，而且更应提高作业人员自身的安全意识。而掌握安全操作规程和技能尤其重要，是消除不安全行为的重要保证。

第二节 建设工程责任主体的安全责任

根据《建设工程安全生产管理条例》规定，建设单位、勘察单位、设计单位、施工单位、工程监理单位及其他与建设工程安全生产有关的单位，作为建设工程的主要责任主体，必须遵守安全生产法律、法规的规定，保证建设工程安全生产的实施并依法承担建设工程安全生产责任。

一、建设单位的安全责任

（1）应当向施工单位提供施工现场及毗邻区域内供水、排水、供电、供气、供热、通信、广播电视等地下管线资料及气象和水文观测资料，相邻建筑物和构筑物、地下工程的有关资料，并保证资料的真实性、准确性和完整性。

建设单位因建设工程需要，向有关部门或者单位查询前款规定的资料时，有关部门或者单位应当及时提供。

（2）不得对勘察、设计、施工、工程监理等单位提出不符合建设工程安全生产法律、法规和强制性标准规定的要求，不得压缩合同约定的工期。

（3）在编制工程概算时，应当确定建设工程安全作业环境及安全施工措施所需费用。

（4）不得明示或者暗示施工单位购买、租赁、使用不符合安全施工要求的安全防护用具、机械设备、施工机具及配件、消防设施和器材。

（5）在申请领取施工许可证时，应当提供建设工程有关安全施工措施的资料。

依法批准开工报告的建设工程，建设单位应当自开工报告批准之日起15日内，将保证安全施工的措施报送建设工程所在地的县级以上地方人民政府建设行政主管部门或者其他有关部门备案。

（6）应当将拆除工程发包给具有相应资质等级的施工单位。

建设单位应当在拆除工程施工15日前，将下列资料报送建设工程所在地的县级以上地方人民政府建设行政主管部门或者其他有关部门备案：

1）施工单位资质等级证明。

2）拟拆除建筑物、构筑物及可能危及毗邻建筑的说明。

3）拆除施工组织方案。

4）堆放、清除废弃物的措施。

实施爆破作业的，应当遵守国家有关民用爆炸物品管理的规定。

二、勘察单位的安全责任

（1）应当按照法律、法规和工程建设强制性标准进行勘察，提供的勘察文件应当真实、准确，满足建设工程安全生产的需要。

（2）在勘察作业时，应当严格执行操作规程，采取措施保证各类管线、设施和周边建筑物、构筑物的安全。

三、设计单位的安全责任

（1）应当按照法律、法规和工程建设强制性标准进行设计，防止因设计不合理导致生产安全事故的发生。

（2）应当考虑施工安全操作和防护的需要，对涉及施工安全的重点部位和环节在设计文件中注明，并对防范生产安全事故提出指导意见。

（3）采用新结构、新材料、新工艺的建设工程和特殊结构的建设工程，设计单位应当在设计中提出保障施工作业人员安全和预防生产安全事故的措施建议。

（4）设计单位和注册建筑师等注册执业人员应当对其设计负责。

四、工程监理单位的安全责任

（1）工程监理单位应当审查施工组织设计中的安全技术措施或者专项施工方案是否符合工程建设强制性标准。

（2）工程监理单位在实施监理过程中，发现存在安全事故隐患的，应当要求施工单位进行整改；情况严重的，应当要求施工单位暂时停止施工，并及时报告建设单位。施工单位拒不整改或者不停止施工的，工程监理单位应当及时向有关主管部门报告。

（3）工程监理单位和监理工程师应当按照法律、法规和工程建设强制性标准实施监理，并对建设工程安全生产承担监理责任。

五、施工单位的安全责任

（1）施工单位从事建设工程的新建、扩建、改建和拆除等活动，应当具备国家规定的注册资本、专业技术人员、技术装备和安全生产等条件，依法取得相应等级的资质证书，并在其资质等级许可的范围内承揽工程。

（2）施工单位主要负责人依法对本单位的安全生产工作全面负责。应当建立健全安全生产责任制度和安全生产教育培训制度，制定安全生产规章制度和操作规程，保证本单位安全生产条件所需资金的投入，对所承担的建设工程进行定期和专项安全检查，并做好安全检查记录。

施工单位的项目负责人应当由取得相应执业资格的人员担任，对建设工程项目的安全施工负责，落实安全生产责任制度、安全生产规章制度和操作规程，确保安全生产费用的有效使用，并根据工程的特点组织制定安全施工措施，消除安全事故隐患，及时、如实报告生产安全事故。

（3）对列入建设工程概算的安全作业环境及安全施工措施所需费用，应当用于施工安全防护用具及设施的采购和更新、安全施工措施的落实、安全生产条件的改善，不得挪作他用。

（4）应当设立安全生产管理机构，配备专职安全生产管理人员。

专职安全生产管理人员负责对安全生产进行现场监督检查。发现安全事故隐患，应当及时向项目负责人和安全生产管理机构报告；对违章指挥、违章操作的，应当立即制止。

专职安全生产管理人员的配备办法由国务院建设行政主管部门会同国务院其他有关部门制定（专职安全生产管理人员的配备应根据《中华人民共和国安

全生产法》的有关规定执行）。

（5）建设工程实行施工总承包的，由总承包单位对施工现场的安全生产负总责。

总承包单位应当自行完成建设工程主体结构的施工。

总承包单位依法将建设工程分包给其他单位的，分包合同中应当明确各自的安全生产方面的权利、义务。总承包单位和分包单位对分包工程的安全生产承担连带责任。

分包单位应当服从总承包单位的安全生产管理，分包单位不服从管理导致生产安全事故的，由分包单位承担主要责任。

（6）垂直运输机械作业人员、安装拆卸工、爆破作业人员、起重信号工、登高架设作业人员等特种作业人员，必须按照国家有关规定经过专门的安全作业培训，并取得特种作业操作资格证书后，方可上岗作业。

（7）应当在施工组织设计中编制安全技术措施和施工现场临时用电方案，对下列达到一定规模的危险性较大的分部分项工程应编制专项施工方案，并附安全验算结果，经施工单位技术负责人、总监理工程师签字后实施，由专职安全生产管理人员进行现场监督：

1）基坑支护与降水工程。

2）土方开挖工程。

3）模板工程。

4）起重吊装工程。

5）脚手架工程。

6）拆除、爆破工程。

7）国务院建设行政主管部门或者其他有关部门规定的其他危险性较大的工程。

对前款所列工程中涉及深基坑、地下暗挖工程、高大模板工程的专项施工方案，施工单位还应当组织专家进行论证、审查。

本条第一款规定的达到一定规模的危险性较大工程的标准，由国务院建设行政主管部门会同国务院其他有关部门制定。

（8）建设工程施工前，施工单位负责项目管理的技术人员应当对有关安全施工的技术要求向施工作业班组、作业人员做出详细说明并交底，交底内容由双方签字确认。

（9）应当在施工现场入口处、施工起重机械、临时用电设施、脚手架、出入通道口、楼梯口、电梯井口、孔洞口、桥梁口、隧道口、基坑边沿、爆破物及有害危险气体和液体存放处等危险部位，设置明显的安全警示标志。安全警示标志必须符合国家标准。

施工单位应当根据不同施工阶段和周围环境及季节、气候的变化，在施工现场采取相应的安全施工措施。施工现场暂时停止施工的，施工单位应当做好现场防护，所需费用由责任方承担，或者按照合同约定执行。

（10）应当将施工现场的办公、生活区与作业区分开设置，并保持安全距离；办公、生活区的选址应当符合安全性要求。职工的膳食、饮水、休息场所等应当符合卫生标准。不得在尚未竣工的建筑物内设置员工集体宿舍。

施工现场临时搭建的建筑物应当符合安全使用要求。施工现场使用的装配式活动房屋应当具有产品合格证。

（11）对因建设工程施工可能造成损害的毗邻建筑物、构筑物和地下管线等，应当采取专项防护措施。

应当遵守国家有关环境保护法律、法规的规定，在施工现场采取措施，防止或者减少粉尘、废气、废水、固体废物、噪声、振动和施工照明对人和环境的危害和污染。

在城市市区内的建设工程，应当对施工现场实行封闭围挡。

（12）应当在施工现场建立消防安全责任制度，确定消防安全责任人，制定用火、用电、使用易燃易爆材料等各项消防安全管理制度和操作规程，设置消防通道、消防水源，配备消防设施和灭火器材，并在施工现场入口处设置明显标志。

（13）应当向作业人员提供安全防护用具和安全防护服装，并书面告知危险岗位的操作规程和违章操作的危害。

作业人员有权对施工现场的作业条件、作业程序和作业方式中存在的安全问题提出批评、检举和控告，有权拒绝违章指挥和强令冒险作业。

在施工中发生危及人身安全的紧急情况时，作业人员有权立即停止作业或者在采取必要的应急措施后撤离危险区域。

（14）作业人员应当遵守安全施工的强制性标准、规章制度和操作规程，正确使用安全防护用具、机械设备等。

（15）采购、租赁的安全防护用具、机械设备、施工机具及配件，应当具有生产（制造）许可证、产品合格证，并在进入施工现场前进行查验。

施工现场的安全防护用具、机械设备、施工机具及配件必须由专人管理，定期进行检查、维修和保养，建立相应的资料档案，并按照国家有关规定及时报废。

（16）在使用施工起重机械和整体提升脚手架、模板等自升式架设设施前，应当组织有关单位进行验收，也可以委托具有相应资质的检验检测机构进行验收；使用承租的机械设备和施工机具及配件的，由施工总承包单位、分包单位、出租单位和安装单位共同进行验收。验收合格后方可使用。

《特种设备安全监察条例》规定的施工起重机械，在验收前应当经有相应资质的检验检测机构监督检验合格。

应当自施工起重机械和整体提升脚手架、模板等自升式架设设施验收合格之日起 30 日内，向建设行政主管部门或者其他有关部门登记。登记标志应当置于或者附着于该设备的显著位置。

（17）施工单位的主要负责人、项目负责人、专职安全生产管理人员应当经建设行政主管部门或者其他有关部门考核合格后方可任职。

应当对管理人员和作业人员每年至少进行一次安全生产教育培训，其教育培训情况记入个人工作档案。安全生产教育培训考核不合格的人员，不得上岗。

（18）作业人员进入新的岗位或者新的施工现场前，应当接受安全生产教育培训。未经教育培训或者教育培训考核不合格的人员，不得上岗作业。

施工单位在采用新技术、新工艺、新设备、新材料时，应当对作业人员进行相应的安全生产教育培训。

（19）应当为施工现场从事危险作业的人员办理意外伤害保险。

意外伤害保险费由施工单位支付。实行施工总承包的，由总承包单位支付意外伤害保险费。意外伤害保险期限自建设工程开工之日起至竣工验收合格止。

六、其他有关单位的安全责任

（1）为建设工程提供机械设备和配件的单位，应当按照安全施工的要求配备齐全有效的保险、限位等安全设施和装置。

（2）出租的机械设备和施工机具及配件，应当具有生产（制造）许可证、产品合格证。

出租单位应当对出租的机械设备和施工机具及配件的安全性能进行检测，在签订租赁协议时，应当出具检测合格证明。

禁止出租检测不合格的机械设备和施工机具及配件。

（3）在施工现场安装、拆卸施工起重机械和整体提升脚手架、模板等自升式架设设施，必须由具有相应资质的单位承担。

安装、拆卸施工起重机械和整体提升脚手架、模板等自升式架设设施，应当编制拆装方案、制定安全施工措施，并由专业技术人员现场监督。

施工起重机械和整体提升脚手架、模板等自升式架设设施安装完毕后，安装单位应当自检，出具自检合格证明，并向施工单位进行安全使用说明，办理验收手续并签字。

（4）施工起重机械和整体提升脚手架、模板等自升式架设设施的使用达到国家规定的检验检测期限的，必须经具有专业资质的检验检测机构检测。经检测不合格的，不得继续使用。

（5）检验检测机构对检测合格的施工起重机械和整体提升脚手架、模板等自升式架设设施，应当出具安全合格证明文件，并对检测结果负责。

七、施工单位内部责任分工

安全生产不仅是企业安全管理部门和安全管理人员的职责，而且也是企业全体人员的责任，应以"安全生产、人人有责"为指导思想，在建立安全生产管理体系的基础上，按照所确定的方针和目标，明确各级管理责任人、各职能部门和各岗位员工职责分工及责任划分。

职责分工应坚持"纵向到底、横向到边"的原则，纵向包括企业安全生产主要负责人、技术负责人、安全部门负责人、项目经理以及员工的责任制；横向包括各部门，如经营、生产、技术、办公、财务等部门的责任分解。以下对企业主要管理人员安全生产责任进行列举。

1. 公司总经理

（1）作为企业安全生产第一责任人，承担本单位安全生产的最终责任,建立、健全本企业安全生产责任制。

（2）认真贯彻执行国家和上级行政主管部门有关安全生产的方针、政策及法律、法规、标准，组织和领导全公司安全生产管理工作。

（3）组织制定本企业安全生产目标计划和管理制度，对安全生产的重大事项做出决定，并对决定的执行情况进行检查；保证本企业安全生产条件所需资金的投入。

（4）督促、检查本企业的安全生产工作，及时消除安全事故隐患；批准公司综合应急预案。

（5）在事故调查组的指导下，领导、组织公司有关部门和人员，配合特大、重大伤亡事故调查处理的具体工作；监督防范措施的制订和落实，防止事故的重复发生。

（6）定期向上级主管部门报告企业安全生产情况；及时、如实报告安全事故。

2.（生产）副总经理

（1）协助总经理领导和管理公司的安全生产工作，对公司的安全生产工作负直接领导管理责任。

（2）组织实施公司中长期、年度、特殊时期的安全工作规划、目标及行动计划，组织落实安全生产责任制。

（3）组织公司定期和不定期的安全生产检查，对事故隐患指定专人负责整改，形成闭环。

（4）听取安全管理人员的工作汇报，领导安全管理人员开展正常的安全管理工作，支持安全管理人员行使安全否决权，并负责实施安全生产工作中的奖惩制度。

（5）发生死亡或重伤事故，要亲临现场，主持事故调查，查明原因，确定责任，提出对事故责任者及有关领导的处理意见，做到"四不放过"，并对杜绝类似事故的重复发生提出有效的措施。

3. 工会主席

（1）代表职工与企业交涉有关劳动安全卫生条件及女工和未成年工特殊权益事宜。

（2）对违章指挥、强令工人冒险作业，或者生产过程中发现明显重大事故隐患和职业危害有权提出解决的建议；发现危及职工生命安全的情况时，工会有权向企业建议组织职工撤离危险现场，并要求企业必须及时做出处理决定。

（3）参加职工因工伤亡事故和其他严重危害职工健康问题的调查处理，并向有关部门提出处理意见，并有权要求追究直接负责的主管人员和有关责任人员的责任。

（4）协助公司相关部门做好劳动安全卫生和社会保险工作。

（5）公司制定或讨论有关劳动安全卫生、社会保险等涉及职工切身利益的政策和措施时，必须派工会成员参加。

4. 企业技术负责人

（1）在总经理的领导下，对公司安全生产工作中的技术问题负责。

（2）组织工程技术人员学习，贯彻有关安全法律、法规、标准和规范。

（3）组织审批安全技术措施，在采用新技术、新工艺、新设备或进行高、大、难工程项目施工前，主持制定并负责批准针对性的安全技术操作规程和安全技术措施或方案，并对安全生产技术的落实提出实施意见。

（4）参与死亡或重伤事故的调查，对事故发生过程中的有关问题提出技术鉴定意见和防止类似事故重复发生的安全技术措施。

（5）组织对危及施工安全的工艺、设备、材料进行辨识（组织鉴定），督促实施淘汰制度。

（6）组织危险性较大分部分项工程专项方案专家论证工作。

5. 安全部

（1）安全部为公司常设安全生产管理机构，起草公司中长期、年度、特殊时期的安全工作规划、目标及行动计划，并组织执行。

（2）组织开展各项安全管理工作，负责项目部的安全生产组织、指导、监督。

（3）负责签订项目管理责任书，并组织责任指标考核。

（4）负责草拟安全生产管理制度，并根据法规的时效性及公司的实际情况及时提出修订意见。

（5）及时与上级主管部门沟通，确保上情下达。

6. 安全部门负责人

（1）在生产副总经理领导下，对公司的安全生产管理工作负管理责任，并定期汇报。

（2）公司制定年、季、月生产计划和技术措施计划的同时，主持组织制定安全技术措施计划，并督促实施，对实施中发现的问题及时予以纠正。

（3）主持重点工程的安全技术交底工作，履行签证手续。

（4）随时掌握安全生产动态，监督并保证安全生产保障体系的正常运转，定期和不定期组织安全生产检查，及时消除事故隐患与不安全因素。

（5）发生工伤及重大未遂事故，组织有关人员及时调查事故原因，制定并落实各项防范措施。

7. 办公室主任

（1）组织、负责公司职工的安全教育、培训工作，确保所有上岗人员通过岗前培训。

（2）严格执行国家、省、市有关特种作业人员上岗作业的规定，适时组织特种作业人员的培训工作。

（3）认真落实国家和省市有关劳动保护的法规，严格执行有关人员的劳动保护待遇，并监督实施情况。

（4）参加工伤事故的调查，负责善后工作。

（5）组织进行职业病的识别和防治措施的制定。

8. 财务经理

（1）负责落实安全专项资金的提取和管理，统计安全专项资金使用的情况并建立台账。

（2）负责安全生产投入专款专用审批，并及时向领导汇报专项资金使用情况。

9. 安全主管

（1）贯彻上级有关安全生产的法规、规范、标准及规章制度，负责公司日常安全管理工作。

（2）定期和不定期对项目部进行安全生产检查，督促整改，并做好检查记录。及时完善各类安全台账。

（3）及时将公司安全生产动态反馈公司领导，并积极提出安全生产的合理化建议。

（4）对新开工的项目进行安全管理交底工作；对工人进行三级（公司级）安全教育，并签字存档。

（5）根据公司安全生产的需要，提出安全员等培训需求。

（6）参加工伤事故调查，进行伤亡事故统计、分析，及时上报伤亡事故和重大未遂事件责任者的处理意见。

（7）行使安全一票否决权。

第三节　监督管理的责任

（1）国务院负责安全生产监督管理的部门依照《中华人民共和国安全生产法》的规定，对全国建设工程安全生产工作实施综合监督管理。

县级以上地方人民政府负责安全生产监督管理的部门依照《中华人民共和国安全生产法》的规定，对本行政区域内建设工程安全生产工作实施综合监督管理。

（2）国务院建设行政主管部门对全国的建设工程安全生产实施监督管理。国务院铁路、交通、水利等有关部门按照国务院规定的职责分工，负责有关专业建设工程安全生产的监督管理。

县级以上地方人民政府建设行政主管部门对本行政区域内的建设工程安全生产实施监督管理。县级以上地方人民政府交通、水利等有关部门在各自的职责范围内，负责本行政区域内的专业建设工程安全生产的监督管理。

（3）建设行政主管部门和其他有关部门应当将《建设工程安全生产管理条例》第十条、第十一条规定的有关资料的主要内容抄送同级负责安全生产监督管理的部门。

（4）建设行政主管部门在审核发放施工许可证时，应当对建设工程是否有安全施工措施进行审查，对没有安全施工措施的，不得颁发施工许可证。

建设行政主管部门或者其他有关部门对建设工程是否有安全施工措施进行审查时，不得收取费用。

（5）县级以上人民政府负有建设工程安全生产监督管理职责的部门在各自的职责范围内履行安全监督检查职责时，有权采取下列措施：

1）要求被检查单位提供有关建设工程安全生产的文件和资料。

2）进入被检查单位施工现场进行检查。

3）纠正施工中违反安全生产要求的行为。

4）对检查中发现的安全事故隐患，责令立即排除；重大安全事故隐患排除前或者排除过程中无法保证安全的，责令从危险区域内撤出作业人员或者暂时停止施工。

（6）建设行政主管部门或者其他有关部门可以将施工现场的监督检查委托给建设工程安全监督机构具体实施。

（7）国家对严重危及施工安全的工艺、设备、材料实行淘汰制度。具体目录由国务院建设行政主管部门会同国务院其他有关部门制定并公布。

（8）县级以上人民政府建设行政主管部门和其他有关部门应当及时受理对建设工程生产安全事故及安全事故隐患的检举、控告和投诉。

第二章

施工现场安全生产管理制度

　　施工单位必须根据国家安全生产法律法规及其他相关要求，建立并健全以安全生产责任制为核心的规章制度和操作规程，督促施工现场严格执行，确保生产安全，达成各项安全管理目标。

第一节　施工现场安全生产责任制度

　　施工企业应建立健全的安全生产管理体系，项目部应根据公司的管理体系，结合项目的实际情况，建立并健全项目部安全生产责任制。按照"纵向到底、横向到边"的原则，覆盖到项目负责人、项目技术负责人、施工员、安全员及各管理人员，包括班组长及工人。项目部管理人员的安全生产责任制度应制牌上墙。

一、责任制的落实

　　（1）施工企业应和项目部签订安全生产责任书，总包方应和分包方签订安全生产责任书。项目部应根据上述责任书内容，结合企业的总目标、施工合同的安全目标，确定工程项目安全管理目标。安全管理目标的内容应包括生产安全事故控制指标、安全生产隐患治理目标、文明施工管理目标等。

　　（2）项目部应根据安全生产责任制、安全管理目标，将责任层层落实到人，并与其签订目标责任书，包括项目部与各管理人员、项目部与班组、班组与组员等层面。安全生产目标责任书必须明确安全生产指标、安全保证措施、双方的责任、考核及奖罚办法。

　　（3）项目部应实行目标管理，建立安全生产目标考核制度，根据签订的目标责任书进行定期检查和考核，落实奖罚，促进管理。项目部对管理人员的考核每半年不少于一次，项目部对班组考核每月不少于一次。

二、施工项目安全管理机构及专、兼职安全管理人员的配备

　　（1）机电总承包的项目，应组建由总承包、专业承包和劳务分包企业的项目经理、技术负责人、施工员、专职安全生产管理人员、班组长组成的项目安全生产管理小组。

　　（2）安装施工现场工程项目部的专职安全生产管理人员配备（按合同价）应满足以下要求：5000万元以下工程不少于1人；5000万～1亿元的工程不少于2人；1亿及以上工程不少于3人，且按专业配备专职安全管理人员。专业分

包施工项目应当配置的专职安全管理人员不少于1人。

（3）施工班组设兼职安全巡查员，对本班组的作业进行安全监督检查。

三、施工现场各级管理人员的安全生产责任

1. 项目负责人安全生产责任

（1）项目经理为项目部安全生产的第一责任人。对项目在实施过程的安全生产工作负直接领导责任，确保项目部安全生产管理目标的实现。

（2）健全项目安全管理网络，支持专（兼）职安全员工作。

（3）根据项目的施工特点，主持编制安全施工方案，并组织对项目的环境因素、风险因素进行辨识、评价，对重大的环境因素、风险因素要制定预防管理措施，并在施工过程中检查落实情况。

（4）组织编制项目安全施工条件所需的资金概算，组织落实安全生产责任制、安全生产规章制度和操作规程，确保安全生产费用的有效使用。

（5）组织项目相关人员进行每周一次安全生产检查，对检查出的问题应闭环管理，并有台账记录，把工作重点放到发现事故苗子和消除事故隐患上；对无力解决的重大隐患，在向公司工程部报告的同时，负责采取临时有效的防护措施。

（6）主持召开每月全体项目员工的安全大会，并做好对专业施工管理人员的书面安全交底工作。同时，检查专业施工员、班组书面安全交底制度执行情况。

（7）组织落实施工组织设计（方案）中的安全技术措施（方案），按安全要求和施工程序组织施工。

（8）发生工伤（亡）事故或重大未遂事故，必须立即上报，负责组织保护好事故现场及抢救伤员（因抢救伤员而变动现场的，应及时恢复原状）等工作。负责轻伤事故及一般未遂事故的调查和分析，提出防范措施并组织落实。

2. 项目技术负责人安全生产责任

（1）负责项目部安全技术措施或安全专项方案的制订和审核，负责安全生产技术措施落实过程中的问题处置，并适时修订。

（2）负责对施工员、班组长进行安全生产技术交底工作，负责对专、兼职安全员的技术指导。

（3）负责召开重大危险源、重大环境因素、职业病辨识评价会议，制定安全技术措施。

（4）经常深入现场，进行作业中的安全检查，及时研究和处理重大安全技

术难题，对安全生产技术措施的落实提出整改意见。

（5）总结交流安全生产技术的经验。

3. 施工员安全生产责任

（1）根据"管生产要管安全"的原则，负责本专业施工安全技术交底和管理，及时解决施工中存在的安全问题，对所负责的施工内容的安全生产负直接责任。

（2）每周必须对所管辖的施工班组进行针对性的书面安全交底，并要有交底人和被交底人的签字。

（3）对现场搭设的脚手架、供电线路场地、机具及安全防护设施进行检查确认，合格后方准使用。

（4）参加项目部组织的每周一次安全检查，负责进行隐患整改。杜绝违章指挥，制止违章作业，对违章作业者有权令其停止工作，不得无视和迫使工人违章作业。

4. 安全员安全生产责任

（1）协助项目经理做好日常安全生产管理工作，贯彻劳动保护法令、公司管理制度，检查项目安全技术措施落实情况。

（2）熟悉安全生产制度和安全技术规范，勤于检查，严于执行，及时发现并消除安全事故隐患。负责施工现场安全生产日常检查，并做好检查记录；杜绝安全生产事故的发生，对安全违章行为及时指出，督促整改。

（3）负责督促施工现场的安全措施的落实，对关键部位的安全生产进行过程监控，旁站监督危险性较大工程安全专项施工方案实施情况；遇到特别紧急的不安全情况时，有权指令先行停止生产，并上报项目经理。对于发现的重大安全隐患，有权直接向企业安全生产管理机构报告。

（4）配合公司安全管理人员的现场检查工作，记录检查中发现的安全问题，并且负责落实整改。

（5）加强职工安全生产的宣传教育，指导班组安全员工作，指导并检查班组安全交底工作。在项目部的组织下，对新进场职工进行三级（项目级）安全教育。

（6）依法报告生产安全事故情况。

（7）做好安全管理台账管理，指导和督促各责任人做好安全管理记录。

5. 班组长安全生产责任

（1）严格按安全技术措施（方案）、安全操作规程和施工程序进行施工，根据班组人员的技术、体力等情况，合理安排工作，对班组人员在施工（生产）中的安全、职业健康负责。

（2）认真开好每天的班前安全会，根据施工环境、作业条件、工作内容、机具状况、天气情况等作好有针对性的书面安全交底，并应有交底人签字。

（3）班前对所需用的机具设备、防护用品、作业环境等进行检查，组织班组人员学习安全技术操作规程，严格执行安全措施，遵守安全纪律。

（4）每周进行一次安全讲评。

6.班组兼职安全巡查员安全生产责任

（1）配合项目安全员进行现场日常巡检，向安全员汇报巡检情况。

（2）对违章作业现象有权立即阻止，如果有安全隐患立即报告安全员或项目经理。

7.工人安全生产责任

（1）认真学习安全技术操作规程，严格遵守安全纪律。

（2）积极参加各项安全活动，认真接受安全生产交底，不违章作业。

（3）发扬团结友爱精神，在遵守安全生产规章制度方面做到互相监督，对新工人要积极传授安全生产知识。

（4）正确使用个人防护用品，维护一切安全防护设施的完整、齐全、有效。

（5）对不安全的作业要立即提出建议，有权拒绝违章的指令，发生事故（未遂）要立即报告。

第二节 施工现场安全生产教育培训制度

安全教育的目的是贯彻"安全第一、预防为主、综合治理"的方针，加强现场管理人员和工人的安全培训教育工作，增强职工的安全意识和安全防范能力，减少伤亡事故的发生。项目部必须建立教育培训制度，坚持先教育后上岗的原则。

一、积极参加继续教育，满足上岗资格要求

（1）项目经理每年接受安全培训的时间，不得少于30学时。

（2）专职安全管理人员按照要求必须取得岗位合格证书，每年还必须接受安全专业技术培训，时间不得少于40学时。

（3）特种工种（包括电工、焊工、司炉工、机械操作工、起重工等）在通

过安全、专业技术培训并取得上岗证后，每年仍需接受针对性的安全培训，时间不得少于 24 学时。

（4）项目部其他管理人员也应接受安全教育，时间不得少于 15 学时。

二、三级安全教育

（1）项目部新进场工人须接受公司、项目、班组的三级安全培训教育，经考核合格后方能上岗；教育人分别是公司安全主管、项目安全员、班组长。

（2）教育形式分为面授、录像播放、资料传阅等。

（3）教育内容：

1）公司级教育内容：《中华人民共和国劳动保护法》、《中华人民共和国安全生产法》、《建设工程安全生产管理条例》，以及有关方针、政策（从业人员权利和义务）；企业安全生产规章制度、安全纪律和遵章守纪；公司安全生产情况及安全生产基础知识；事故案例等内容的教育。不少于 15 学时，经考试合格后方可进场。

2）项目级教育内容在公司级教育的基础上，根据本项目的施工特点、工作环境及危险因素，教育内容包括：所从事工种可能遭受的职业伤害和伤亡事故，所从事工种的安全职责、操作技能及强制性标准，自救、互救、急救方法、疏散和现场紧急情况的处理，安全设备设施、个人防护用品的使用和维护，本项目安全生产状况及规章制度，预防事故和职业危害的措施及应注意的安全事项，有关事故案例等。不少于 15 学时。

3）班组级教育内容在公司级、项目级教育的基础上，对新入场人员进入施工现场应注意的事项，包括岗位安全操作规程，岗位之间工作衔接配合的安全与职业卫生事项，有关事故案例等内容进行教育。不少于 20 学时。

4）调换新工种（岗位）及离岗一年以上重新上岗时应重新接受项目级和班组级安全教育。

（4）项目部必须建立三级教育卡，教育人和被教育人签字确认。

（5）各工种三级安全教育（安全技术）考试卷格式举例如下所示。

焊工三级安全教育考试卷（一）

■ 填空题

1. 焊接是借助于____的结合把两个____的物体连接成一个整体的过程。

2. 手工电弧焊接电源分____和____两类。

3. 乙炔发生器是利用____与____相互作用来制取乙炔的设备。

4. 乙炔发生器的安全装置包括有____装置、____装置和____装置。

5. 与电焊作业在同一工作中使用的气瓶，瓶底应垫____物，以防气瓶带电。

6. 液化石油气瓶由____、____、____和____等组成。

7. 气焊气割用的减压器按用途分有_____减压器、_____减压器和_____减压器等。

8. 气焊气割发生的回火是气体火焰进入____逆向____的现象。

9. 中压干回火保险主要有____和____式两种。

10. 国产射吸式焊柜型号中，"H"表示____，"O"表示____，"I"表示____。

■ 选择题

1. 常用脱脂剂二氧乙烷和酒精为____液体。

　　A. 不燃　　　B. 可燃　　　C. 易燃

2. 架空乙炔管道靠近热源敷设时，宜采用隔热措施，管壁温度严禁超过____。

　　A. 50℃　　　B. 60℃　　　C. 70℃

3. 不锈钢和铝、铜及其合金需要热切割时，可采用____弧切割。

　　A. 等分子　　B. 等原子　　C. 等离子

4. 液化石油气的主要成分是____。

　　A. 甲烷　　　B. 丙烷　　　C. 丁烷

5. 电弧的温度可高达____。

　　A. 1000～2000℃　　　B. 2000～5000℃　　　C. 5000～8000℃

■ 判断题

1. 搬运氧气瓶时，可直接用肩膀扛或用手抬运。　　　　　　　（　　）

2. 乙炔发生器内正常工作的水温不得超过100℃。　　　　　　（　　）

3. 燃点越高，发生火灾的危险性越大。　　　　　　　　　　　（　　）

4. 严禁在有压力的容器、管道上进行焊接作业。　　　　　　　（　　）

5. 严禁铜、银、汞等及其制品与乙炔接触，必须使用铜合金器具时，合金含铜量应低于70%。　　　　　　　　　　　　　　　　　　　　　（　　）

■ 简答题

1. 乙炔主要理化性质有哪些?

2. 手工电弧焊登高作业时应做好哪些安全事项？

3. 氧气瓶发生爆炸可能有哪些原因？

4. 我国目前生产的手工电弧焊焊机（弧焊变压器）的空载电压范围是多少？其工作电压范围是多少？

■ 叙述题

为防止意外事故发生，焊工应做到焊割"十不烧"。请你叙述"十不烧"的具体内容？

电工三级安全教育考试卷（二）

■ 填空题

1. 安全用电检查应_____进行，应根据不同的_____特点，自觉进行_____。

2. 架空线必须采用_____线或_____线，必须架设在专用电杆上，严禁架设在____、____上。

3. 根据不同情况，采取保护接地或保护接零，加强____，等化____。

4. 电气____，____环境，是防止触及意外带电体的安全措施。

5. 临时用电设备在_____或设备总容量在_____，应编制临时用电施工组织设计。

6. 保险丝断后，应先____，查明____，排除____，才可更换新熔丝。

7. 动力配电与照明配电合置在同一配电箱内，_____和_____线路应分路设置。

8. 所有配电箱应标明其____、____，做出____标志。

9. 室内配线所用导线截面，铝芯线应不小于_____mm²，铜芯线应不小于_____mm²。

10. 配电箱，开关箱导线的进、出线应设在箱体的_____。严禁设在箱体的_____、_____或_____。

11. 电器，灯具的相线必须经过____，不得将相线____灯具。

■ 选择题

1. 现场触电急救的抢救原则必须做到____、____、____、____。
A. 迅速　　　B. 救护　　　C. 打针　　　D. 就地　　　E. 住院
F. 准确　　　G. 坚持

2. 配电线路发生火灾的主要原因是____、____、____引起的____和____。
A. 电弧　　　B. 电火花　　　C. 短路　　　D. 超负荷　　　E. 接错
F. 导线电阻大。

3. 在建工程（含脚手架具）的外侧边缘与外电架空线路边线之间的最小安全操作距离；1kV 以下为____m，1～10kV 为____m。
A. 4　　　B. 5　　　C. 6

4. 保护零线应____，不作它用，____线应与____线相连接。
A. 工作接地　　　B. 重复接地　　　C. 保护接地　　　D. 保护零
E. 单独敷设

5. 施工现场所有用电设备，除做____外，必须在设备负荷线的____处装设____装置。
A. 漏电保护　　　B. 首端　　　C. 保护接零　　　D. 末端

6. 配电屏（盘）上的各配电线路应____，并标明____标志。
A. 配锁　　　B. 编号　　　C. 警告　　　D. 用途

7. 每台用电设备应有____的开关箱，必须实行____制，严禁用____电器____二台以上用电设备。
A. 各自专用　　　B. 插座　　　C. 直接控制　　　D. 同一开关
E. 一机一闸

8. 施工现场内所有防雷装置的冲击接地电阻应____欧。
A. 大于 30　　　B. 不大丁 30

9. 配电箱，开关箱内不得放置____并经常____。不得____其他用电设备。
A. 保持整洁　　　B. 任何杂物　　　C. 挂接

10.熔断器的熔体更换时____用____的熔体代替。

    A.准许　　　　B.不符合原规格　　　　C.严禁　　　　D.其他

■ 判断题

  1.保护零线可以装设开关或熔断器。（　　　）

  2.为了使用方便，插座不必经过开关控制。（　　　）

  3.已经配备漏电保护器，夯土机械的操作扶手不必绝缘。（　　　）

  4.导线的接头是线路的薄弱环节，接头常常是发生事故的地方。（　　　）

  5.进户线的室外端应采用绝缘子固定。（　　　）

  6.在潮湿和易触及带电体场所的照明电源电压不得大于24V。（　　　）

  7.现场使用橡皮电缆架空敷设时，可以使用金属裸线绑扎。（　　　）

  8.行灯的灯头与灯体结合牢固，灯头应设开关控制。（　　　）

  9.停电的操作顺序，总配电箱，分配电箱，开关箱。（　　　）

  10.开关箱的漏电保护器额定的漏电动作时间应不大于0.1s。（　　　）

■ 问答题

  1.对于独立工作的电气工作人员，应具备哪些知识和技能？

  2.预防线路过负荷的主要措施是什么？

提升机操作工三级安全教育考试卷（三）

■ 填空题

  1.提升机操作工必须经过____，____持证上岗。

  2.购置新的物料提升机，应检验____，____和____。

  3.物料提升机的配套设施有____，____，____，____。

  4.物料提升机吊笼限定载荷____或____，严禁____或____运行。

  5.物料提升机严禁____，吊笼下不得作为____，周围应加设____。

  6.卸料平台应____，与井架间距不大于____，不得与井架连在一起，周边应设____。

  7.钢丝绳与吊笼之间的扎头，绳卡不得少于_____，间距不少于钢绳直径的_____，且不得少于_____。

8. 应经常检查井架的安全设备如____、____等是否失灵或损坏。

9. 起吊和降落期间，应注意指挥联系信号，观察吊笼____，警示附近人员，不得进入井架周围____以内。

10. 操作时，应____，不准和他人____，不准将机械交给____操作。

11. "四会"是____，____，____和____。

12. SSD 系列物料提升机的运行速度，不得大于____，提升高度一般限制在____以内。

13. 物料提升机安全检查分表分为____项目和____项目。它们分别占____%和____%。

14. 附壁或高层物料提升机，应严格遵守生产厂家电器____使用，决不允许____。

15. 对重块的钢绳调整螺栓是调整____张力平衡的，必须调整____，确保各绳的张力一致。

16. 曳引机必须搭设____保护，防止雨水淋湿电机或____掉入绳槽内。

17. 当使用一段时间后，钢绳与曳引轮槽底距离变小，当小于____时，应及时更换____。

18. 雨天和风速大于____时，不得进行架设或____作业。当风速大于____时，不得开机作业。

19. 电控箱应装设在____内，应能紧急____，开关电器应____，进出线应做____。

20. 提升机安装完毕后，应由____，组织____、____、____进行检查验收，经确定合格后____。

■ 问答题

1. 物料提升机使用前要做哪些准备工作？

2. 物料提升机安全操作要求有哪些具体规定？

3. 楼层卸料平台应怎样搭设才符合安全要求？

4.比较曳引机和卷扬机的结构、性能的相同与不同之处？

架子工三级安全教育考试卷（四）

■ 简答题

1.脚手架在使用期间，严禁拆除什么杆件？

2.国标对安全网技术指标的规定？

3.脚手架搭设人员必须按国家标准培训考核合格后持证上岗，其国家标准是什么？

4.《建筑施工安全检查标准》JGJ 59-2011对落地式外脚手架检查评分其保证项目包括几个检查项目？

5.什么叫临边作业？

■ 填充题

1.我国安全生产方针是:（   ）。

2.旧扣件使用前应进行质量检查，有（   ），变形的严禁使用，出现（   ）的螺栓必须更换。

3.在脚手架上进行电、气焊作业时，必须有防火措施和（   ）。

4.扣件式钢管脚手架应由杆件和（   ）组成，并辅以竹笆和（   ）。

5.建筑施工过程中，操作人员在不同的部位、不同的（   ),不同的（   ）同时作业，称交叉作业。

6.悬空作业是指在周边临空状态下（   ）或无牢靠立足点的条件下进行高处作业。

7. 脚手架搭设人员必须戴安全帽，系（　　　　），穿（　　　　）。

8. 钢管立杆搭设，必须垂直，架设中，可以以目测的手段对附近建筑物的（　　　　）或采用线锤作垂直校正。

9. 钢管扣件的种类主要分（　　　　）和对接扣件。

10. 杆件采用外径（　　　　）mm，壁厚（　　　　）mm 的钢管。

11. 钢管脚手架对杆件选材要求：管面无（　　　　）状，无疵点裂纹或（　　　　），并有出厂合格证。

12. 不得在脚手架基础及邻近处进行（　　　　）作业，否则应采取安全措施，并报（　　　　）批准。

13. 当有六级及六级以上大风和雾、雨天气时应（　　　　）脚手架搭设与拆除作业。

14. 凡在坠落高度基准面 2m 以上（　　　　）有可能坠落的高处进行作业，均称为高处作业。

15. 钢管脚手架搭设对高度控制，步距（　　　　）有严格要求其搭设时的技术参数必须符合标准。

16. 临街搭设脚手架时，外侧应有（　　　　）伤人的防护措施。

17. 安全网由网绳、筋绳、边绳和系绳组成，其网绳的断裂强力不小于（　　　　）。

18. 脚手架使用中，对地基应定期检查是否（　　　　），底座是否松动，立杆是否（　　　　）。

19. 杆长 1800mm 主要用于（　　　　）、底步、顶步的交错立杆。

20. 当高处（　　　　）为 15～30m 时，其坠落半径 R 为（　　　　）m。

■ 问答题

1. 钢管脚手架搭设之前，如何对新钢管构配件进行检查与验收？

2. 高处作业的级别划分为几级？

3. 施工现场如何对待安全带的正确使用和保管办法？

4. 高处作业，对防护栏杆的具体要求是什么？

管道工三级安全教育考试卷（五）

1. 直径多少米以下的管可采用溜绳法下管？

2. 多少米至多少米直径的管可采用压绳法下管？

3. 下多少米以上的管应设马道？

4. 下管坡道的坡度不宜大于多大的比例？

5. 用三脚架下管时应注意什么？

6. 稳定后的管子必须怎样处理？

7. 稳管时两侧人员不能通视时，应怎样做？

8. 怎样进行"四合一"稳管？

9. 胶圈接口作业应遵守哪些规定？

10. 管道勾头作业应注意哪些安全事项？

11. 常用的水泥管按成型工艺分为哪三种？

12. 管道施工用的照明电压应用多少伏的电压?

13. 封堵管道的方法有几种?

14. 雨水管道和雨污水合流管道均可不作闭水检验是否正确?

15. 进入废的管道内进行作业前应做哪些准备工作?

16. 人工推管时，管的前方是否允许站人?

17. 管道吹洗时排出口应设专人监护对吗?

18. 往沟槽内运管时应注意什么?

19. 安装立管时应注意什么?

20. 在吊顶棚安管应注意什么?

21. 装运管子时重点注意什么?

22. 沟槽边堆放管子有什么要求?

23. 人工推运混凝土管有什么安全要求?

24. 多大直径的管子不宜人工推运?

25. 用起重机下管、稳定有何规定?

油漆工三级安全教育考试卷(六)

1. 年满多少岁才能从事建筑工程施工工作?

2. 说出几种不适合作为油漆工的病症。

3. 喷涂人员作业时,如头痛、恶心、心闷、心悸应怎么办?

4. 人字梯中间搭铺的脚手板能上几人操作?

5. 说出使用人字梯的安全注意事项?

6. 搭设、安装在窗口、阳台处的钢管妨碍作业时能自行拆除吗?

7. 什么是探头板?

8. 外墙、外窗作业时应采取什么个人防护措施?

9. 阳台口顶板作业时应有什么个人防护措施？

10. 建筑涂料应如何按出厂日期使用？

11. 喷浆掉粉、起皮是什么原因？

12. 施涂涂料时发生流坠是什么原因？

13. 壁纸一般情况下从何处开始裱糊？

14. 人工应如何短距离运输玻璃？

15. 玻璃存放离地面多高为宜？

起重工、信号工三级安全教育考试卷（七）

1. 信号工要持证上岗吗？

2. 吊物上可以站人吗？

3. 塔吊在几级风以上不可以作业？

4. 指挥吊车用哪几种工具？

5. 吊索具由谁负责检查?

6. 信号工可以帮忙挂钩吗?

7. 只喝了一瓶啤酒可以指挥吊车吗?

8. 吊运大模板时可以用小钩挂住大模板吗?

9. 信号工和挂钩工一起作业时由谁发号施令?

10. 在大钩上焊一个挂钩可以吗?

11. 大钩上有一个很小的裂纹, 还可以使用吗?

12. 卡环出现裂纹, 补焊后还可以使用吗?

13. 吊具包括什么?

14. 吊钩应有防脱钩的什么装置?

15. 信号工属于哪一类特种作业?

16. 卡环能够侧向受力吗？

17. 信号工必须持证上岗吗？

18. 吊钩危险断面磨损程度达到尺寸的 10% 时，要报废吗？

19. 起吊物可以从人的头顶上越过吗？

20. 挂钩工必须服从信号工的指挥吗？

21. 除指挥及挂钩人员外，其他人也可以进入吊装作业区吗？

22. 零散碎料如果没有容器装载，只要绑扎好就可以吊运？

23. 如果挂钩工配备人数不够，信号指挥工可以帮助挂钩吗？

24. 在起重吊装中，钢丝绳捆绑点的选择主要依据是构件的重心吗？

25. 在吊装过程中，任何人不得在吊物下停留和在吊物下行走？

26. 信号工必须监督、纠正挂钩工的安全操作？

27. 塔式起重机顶升时可以回转臂杆?

28. 塔式起重机驾驶员对任何人发出的危险信号均应听从?

29. 在高处拆卸、修理或检查起重机时要系好安全带?

30. 吊钩处于工作位置最低点时,钢丝绳在卷筒上的缠绕,除固定绳尾圈数外,不得少于几圈?

31. 塔式起重机工作完毕后,应将空钩停放在什么位置?

32. 吊运重物时,吊物下降到几米时,应及时发出慢就位信号?

33. 吊装使用卡环时,应使环底和轴销受力对吗?

34. 吊物水平移动,必须高于所跨越的障碍物至少几米时,方可发出转臂信号?

35. 在吊运易损、易滚、易滑、易倒物品时,可以使用机械抽绳吗?

36. 起重吊装中,钢丝绳捆绑点的选择主要依据设备的什么?

37. 吊运大模板,风力达到五级时,还可以继续进行作业吗?

38. 起重作业中可以同时使用钢丝绳和链条等不同的索具吗？

39. 夜间进行吊装作业时，必须要有足够的照明吗？

40. 钢丝绳报废的标准是什么？

41. 起重机械"十不吊"的内容是什么？

焊工三级安全教育考试样板卷（一）参考答案

■ 填空题

1. 原子、分离；

2. 交流、直流；

3. 电面、水；

4. 阻水、泄压、瓶内液体；

5. 绝缘；

6. 瓶体、瓶阀、瓶座和护罩；

7. 氧气、乙炔、液化石油气；

8. 喷嘴、燃烧；

9. 泄压模式、粉末冶金片；

10. 焊炬、手工、射吸式。

■ 选择题

1.C； 2.A； 3.C； 4.B； 5.C。

■ 判断题

1.×； 2.√； 3.×； 4.√； 5.√。

■ 简答题

1. 能溶于水和丙酮等液体；易燃性；易爆性。

2. 脚手架应牢靠；戴好合格安全带；作业点下面不得有其他人员；禁止乱抛焊头等物；下面不得堆放任何易燃易爆物品。

3. 氧气瓶的材质、结构和制造质量不符合安全要求；搬运、装卸时发生剧烈的碰撞冲击；保管不当，瓶体严重腐蚀成日光暴晒高温辐射等。

4. 空载电压在 60~80V 之间；工作电压在 16~35V 之间。

■ 叙述题

（1）焊工无操作证，又没有正式焊工在场指导，不能焊接；（2）凡属一、二、三级动火范围作业未经审批，不得擅自焊接；（3）不了解作业现场及周围情况，不能盲目焊接；（4）不了解焊件内部是否安全，不能盲目焊接；（5）盛装过易燃易爆有毒物质的各种容器，未经彻底清洗，不能焊接；（6）用可燃材料做保温层的部位及设备，未经采取可靠安全措施，不能焊接；（7）有压力或密封的管道容器不能焊接；（8）附近有易燃易爆物品，在未彻底清理或采取有效安全措施前不能焊接；（9）作业部位与外单位相接触，在未弄清对外单位有影响或明知有危险而未采取有效措施，不能焊接；（10）作业场所附近有与明火相抵触的工种，不能焊接。

电工三级安全教育考试样板卷（二）参考答案

■ 填空题

1. 定时、季节、自检自查；

2. 绝缘铜、绝缘铝、树木、脚手架；

3. 绝缘、对地电压；

4. 隔离、不导电；

5. 5 台或 5 台以上、50kW 或 50kW 以上；

6. 切断电源、原因、故障；

7. 动力线路、照明；

8. 名称、用途、分路；

9. 2.5、1.5；

10. 下底面、上顶面、侧面、箱门处；

11. 开关控制、直接引入。

■ 选择题

1.A、D、F、G；　2.C、D、F、A、B；　3.A、C；　4.E、B、D；　5.C、B、A；

6.B、D；　7.A、E、D、C；　8.B；　9.B、A、C；　10.C、B。

■ 判断题

1.×；　2.×；　3.×；　4.√；　5.√；　6.√；　7.×；　8.×；　9.×；　10.√。

■ 问答题

1. 答：应熟悉电气装置在安装、使用、维护和检修过程中的安全要求，熟知电气安全操作要求，学会电气灭火的方法，掌握触电急救的方法，并通过考试，取得合格证明。

2. 正确选择配电导线的面积；严禁乱拉乱接过多的负载，并定期检测线路负荷量；坚持定期检查线路和熔断器，严禁用不符合原规格的熔体代替；防止导线接触电阻过大，导线接头必须牢固可靠；根据生产和实际需要，合理调节用电高峰时间，减少负载及线路过负荷运行。

提升机操作工三级安全教育考试卷（三）参考答案

■ 填空题

1. 安全技术培训、考试合格；

2. 生产许可证、安全认可证、质量检验证；

3. 钢筋架、吊笼、卷扬机、缆风绳；

4. 600kg、800kg、乘人、超负荷；

5. 乘人、通道、围栏；

6. 单独搭设、10m、护身围栏；

7. 3、10、10；

8. 断绳制动器、停层制动器；

9. 运行情况、7m；

10. 精力集中、谈笑、无操作证人员；

11. 会使用、会保养、会检查、会排除故障；

12. 50m/min、50m；

13. 保证、一般、58、42；

14. 规定条件、任意更改；

15. 多根钢绳、各个螺栓；

16. 防护棚、砂石；

17. 1m、检修；

18. 13m/s、拆除、20m/s；

19. 操作棚、关断电源、齐全有效、防水弯；

20. 工地负责人、安装人员、安全员、操作工、签字确认。

■ 问答题

1. 答：检查井架各零部件、联络信号装置、安全防护装置是否完好，发现松动或不可靠，应及时检修至完好方可使用。

2. 答：井架周围 9m 以内为危险地区，非操作人员不能进入；井架吊篮严禁载人，吊篮下不得作为通道、吊篮边及后三侧应加设防护围栏；起吊和降落应注意指挥联络信号和观察井架运行情况；严禁超荷载运转和运送超长构件，遇六级大风应停止井架作业；操作时应精力集中，不准和外人开玩笑；作业中不准将机械交给无证人员操作。

3. 答：卸料平台应单独搭设，井架外沿间距不得超过 10cm，且不得与井架连接；卸料平台一般使用扣件式钢管搭设且于楼层预埋件用钢管及扣件连接，单独固定，且铺满脚手板；应有不低于 1m 及 50cm 高的双道护身栏杆；平台应有不低于 1.6m 的定型化防护门。

4. 答：结构相同部分有电动机、减速箱和制动器；不同的是卷扬机用卷扬筒，电引机用多槽绳轮；卷扬机是单绳提升，电引机是多绳提升；卷扬机与电引机工作状况不同，或引轮打滑较少，钢绳不易松脱。

架子工三级安全教育考试卷（四）参考答案

■ 简答题

1. 答：主节点的纵、横向水平杆，纵横向扫地杆，连墙件。

2. 答：网绳的断裂能力 ≥ 1500N，边缘的直径至少为网绳直径的两倍。平网边绳的断裂能力 ≥ 7500N，立网边绳的断裂能力 ≥ 3000N。

3. 答：《特种作业人员安全技术考核管理规则》GB 5036。

4. 答：施工方案；立杆基础；架体与建筑结构拉结；杆件间距与剪刀撑；脚手板与防护栏杆；交底与验收。

5. 答：在建筑施工中，由于高处作业工作面的边缘没有围护设施或虽有围护设施，当其高度低于 80cm 时，在工作面上的作业统称临边作业。

■ 填充题

1. 安全第一、预防为主；

2. 裂纹、滑丝；

3. 专人看守；

4. 扣件、安全网；

5. 高度、工序；

6. 无立足点；

7. 安全带、防滑鞋；

8. 墙角；

9. 直角扣件、回转扣件；

10. 48、3.50；

11. 凹凸、变形；

12. 挖掘、主管部门；

13. 停止；

14. 含 2m；

15. 高度；

16. 防止坠物；

17. 1500N；

18. 积水、悬空；

19. 上步；

20. H、4。

■ 问答题

1. 答：（1）应有产品质量合格证；（2）应有质量检验报告，检验方法符合国家标准《金属材料 拉伸试验 第 1 部分：室温试验部分》GB/T 228.1–2010 的有关规定，质量应符合规范的规定；（3）钢管表面应平直光滑，不应有裂纹、结疤、分层、错位、硬弯、毛刺、压痕和深的划痕；（4）钢管外径、壁厚、端面等的偏差，应分别符合规范规定；（5）钢管必须涂有防锈漆。

2. 答：（1）一级高处作业：作业高度在 2 ~ 5m 时。（2）二级高处作业：作业高度在 5 ~ 15m 时。（3）三级高处作业：作业高度在 15 ~ 30m 时。（4）特级高处作业：作业高度在 30m 以上时。

3. 答：（1）安全带应高挂低用，注意防止摆动碰撞，使用 3m 以上长绳应加缓冲器，绳不准打结，应挂连接环上，也不准将钩直接挂在安全绳上使用。

（2）安全带上的各种部件不能任意拆掉，更换新绳时要注意加绳套。（3）安全带使用 2 年以后，应按批量购入情况抽验一次，合格并更换安全绳方可使用。（4）经常使用的绳要经常检查，发现异常立即更换报废。（5）安全带在运输过程中，要防止日晒、雨淋。搬运时，不准使用有钩刺的工具，并放在干燥通风的仓库内，不能接触高温、明火、强酸和尘锐的坚硬物体，不准长期暴晒。

4.答：（1）防护栏杆上杆高地面高度 1 ~ 1.20m，下杆高地面 0.50 ~ 0.60m，横杆大 2m 时，须加设立杆。（2）沿地面设防护栏杆时，立杆应埋入土中 5 ~ 70cm，立杆距坑槽边的距离 ≥ 50cm，在砖结构和混凝土楼面上固定时，可采用预埋铁件或预埋底脚螺栓的方法，进行焊接，用螺栓紧固。（3）防护栏杆的结构，整体应牢固，能经受任何方向的 1000N 的外力。（4）防护栏杆自上而下用密目安全网封闭或栏杆下边加设挡脚板。（5）当临边外侧靠近街道或人行通道时，除设置防护栏杆外，还要沿建筑物脚手架外侧，满挂密目安全网作全封闭。

管道工三级安全教育考试卷（五）参考答案

1.答：0.5m 以下。

2.答：0.6~0.9m。

3.答：0.9m 以上。

4.答：不宜大于 1：1。

5.答：搭设牢固平台，上设防护栏，人员不得站在管上和管下作业。

6.答：必须将管子挡掩牢固。

7.答：设专人高处指挥。

8.答：相互配合，协调一致。严禁将手指放在连接缝之间，连接端严禁用手抬管。

9.答：作业前检查捯链、钢丝绳、索具等，确认安全，接口时手应离开管口位置。

10.答：（1）必须进行安全技术交底；（2）保证通风及井口防护；（3）专人指挥，分工明确；（4）如遇异常情况，停止作业，撤离现场，报告上级。

11.答：挤压管、悬辊管、离心管。

12.答：36V 电压。

13.答：管塞封堵，砖砌封堵。

14.答：不正确。

15.答：（1）打开相邻井盖通风；（2）必要时加设排风措施；（3）做有毒有

害气体检测；（4）有保证人员在遇到异常情况时能及时撤出的绳、带等。

16. 答：不允许。

17. 答：对。

18. 答：（1）上下配合一致，管的下方不得站人；（2）不得往沟内抛管件。

19. 答：（1）开启预留洞口向总包单位提出申请；（2）办理洞口使用交接手续，方可拆除防护设施；（3）作业下班时将洞口防护恢复牢固。

20. 答：（1）龙骨上铺设脚手板；（2）脚手板应固定；（3）不得在龙骨和顶板上行走。

21. 答：（1绳子必须系牢固；（2)挡掩稳固；（3卸管前确认无滚坍后方可松绳。

22. 答：（1）管子不能平行于沟槽；（2）管近端距沟槽边的距离不小于2m；（3）管子码放高度不超过2m；（4）场地坚实平整，堆管打掩牢固。

23. 答：（1）道路平整坚实；（2）推运速度不得超过人的行走速度；（3）上边应有专人备、移掩木；（4）下边应用大绳控制速度；（5）平道两管前后保持5m以上距离，上下坡不得前后同时推运；（6）任何情况下人员不得站在管子行进的前方。

24. 答：0.6m以上。

25. 答：（1）严禁在高压线下方作业，在高压线一侧时要保证足够的安全距离；（2）起重机及支腿必须在坚实平整的地方；（3）有信号工指挥，在起重机回转半径内严禁站人；（4）管子就位，将掩木打牢固方可摘钩。

油漆工三级安全教育考试卷（六）参考答案

1. 答：年满18周岁。2. 答：眼病、皮肤病、气管炎、结核病等。3. 答：应停止作业，到通风处呼吸新鲜空气。4. 答：只能上一人操作。5. 答：四脚落地，摆放平稳，梯脚应有防滑橡皮垫，应有保险拉链。6. 答：不能。7. 答：脚手板端头超出小横杆15cm。8. 答：应系挂好安全带。9. 答：应系挂好安全带。10. 答：应按出厂日期先后使用。11. 答：涂料中任意加水。12. 答：涂料施涂太厚。13. 答：从门扇后的阴角处。14. 答：把玻璃箱立放，用抬杠抬运。15. 答：离地面100mm最佳。

起重工、信号工三级安全教育考试卷（七）参考答案

1. 答：要。2. 答：不能。3. 答：六级。4. 答：口哨、旗语、对讲机。5. 答：信号工。6. 答：不可。7. 答：不可以。8. 答：不可以，应用卡环。9. 答：信号工。10. 答：不行，大钩上禁止施焊。11. 答：不可以。12. 答：不可以。13. 答：吊钩、

吊索及附件、平衡梁。14. 答：保险装置。15. 答：起重类。16. 答：不能，卡环严禁侧向受力。17. 答：是。18. 答：要。19. 答：不可以。20. 答：是。21. 答：不可以。22. 答：不可以。23. 答：不可以。24. 答：是。25. 答：对。26. 答：对。27. 答：错。不可以。28. 答：对。29. 答：对。30. 答：3圈。31. 答：近吊钩高度限位。32. 答：1m。33. 答：对。34. 答：1m。35. 答：不可以，禁止使用。36. 答：设备的重心。37. 答：不可以。38. 答：不可以混用。39. 答：是。40. 答：（1）在一个节距内的断丝数量超过总丝数的10%；（2）出现拧扭死结、死弯、压扁、股松明显、波浪形、钢丝外飞、绳芯挤出以及断股等现象；（3）钢丝绳直径减少7%~10%；（4）钢丝绳表面钢丝磨损或腐蚀程度，达表面钢丝绳直径40%以上，或钢丝绳被腐蚀后，表面麻痕清晰可见，整根钢丝绳明显变硬。41. 答：（1）信号指挥不明不准吊；（2）斜牵斜挂不准吊；（3）吊物重量不明或超负荷不准吊；（4）散物捆扎不牢或物料装放过满不准吊；（5）吊物上有人不准吊；（6）埋在地下物不准吊；（7）安全装置失灵或带病不准吊；（8）现场光线阴暗看不清吊物起落点不准吊；（9）棱刃物与钢丝绳直接接触无保护措施不准吊；（10）六级以上强风不准吊。

三、安全技术交底

安全技术交底是项目部一项重要的安全教育工作，认真开展安全技术交底是确保工人安全作业的前提。安全技术交底包括但不限于分部分项或者专项方案交底、采用"四新"安全交底、上岗前交底、季节性安全交底等。安全技术交底内容由项目技术负责人和项目安全员共同编写，项目技术负责人负责安全技术方面的内容交底；安全员负责劳保用品的使用方法、劳动纪律和项目部规章制度等安全注意事项交底。交底应形成书面记录，交底人与被交底人双方签字确认。

（1）各分部分项工程施工作业前，项目部应组织对作业人员进行安全技术交底。交底主要内容包括分部分项工程的作业特点、工艺技术、涉及的标准规范和操作规程；危险源及防范措施、安全注意事项、事故避险和急救措施等。

（2）对特种作业人员应进行专门的安全交底，交底的主要内容包括操作规程及安全注意事项。

（3）对作业场所和施工对象相对固定的，可进行定期交底。

（4）季节性施工和特殊环境下作业，施工前应进行有针对性的安全技术交底。

（5）总包项目部应对分包工程项目负责人进行安全交底；总分包之间涉及安全防护设施移交的双方应进行验收交接，分包项目技术负责人和专职安全管理人员应负责分包范围内作业人员安全技术交底工作。

四、开办民工学校

民工学校最早起源于杭州、青岛、北京等地，这些地区按照科学发展观和构建社会主义和谐社会的要求，坚持以人为本、教育优先，在建筑工地设立农民工业余学校，通过农民工业余学校把农民工组织起来，对农民工进行安全教育、技术培训、权益保护、思想和文化教育等服务，取得了显著成效。为贯彻落实《中共中央关于构建社会主义和谐社会若干重大问题的决定》和《国务院关于解决农民工问题的若干意见》的精神，国家各部委联合决定推广杭州、青岛、北京等地经验，创建农民工业余学校。加强对建筑业农民工的教育培训，既提高农民工的综合素质、维护农民工权益，又能丰富农民工文化生活，保证工程质量和安全生产。住房和城乡建设部对民工学校创办工作提出了明确的要求。

（1）建筑面积或工程造价达到一定规模的工程项目，工程开工后要依托施工现场设立农民工业余学校，负责本企业农民工培训工作，报当地建设行政主管部门备案。具体标准由各省（自治区、直辖市）建设行政主管部门根据当地实际情况确定。面向社会开展培训的，报当地教育行政部门审批。

（2）农民工业余学校由工程项目承包企业负责组建和管理，工程项目部具体负责教育培训的组织实施工作。专业分包和劳务分包企业要积极配合承包企业，组织农民工参加教育培训。建设单位也要对农民工业余学校的建设予以支持。

（3）农民工业余学校主要依托施工现场，利用施工现场的食堂、会议室或活动室等现有场地，也可选择在农民工集中居住的场所设立，一般要有相对固定的培训场地，配置黑板、桌椅、电视机、DVD 等基本教学设施，并悬挂"××工地农民工业余学校"标识。

（4）农民工业余学校的教育培训内容要按照工程进度和农民工的实际需要确定，重点是安全知识、法律法规、文明礼仪、社会公德、职业道德、卫生防疫、操作技能等内容。培训方法要灵活多样，注重实效。

（5）农民工业余学校的师资队伍主要由企业负责人、技术管理人员和高技能人员组成。当地建设行政主管部门要积极协调劳动、教育、卫生、公安、文化、工会等部门和单位的负责人和有关专家，担任农民工业余学校兼职教师。建筑类或开设建筑类专业的职业院校、社区教育机构要主动支持本地农民工业余学校的教学、培训活动，选派优秀教师担任农民工业余学校兼职教师。

（6）农民工业余学校的建设费用主要由工程承包企业负担，可在建设工程安全生产费、企业职工教育培训费和建筑意外伤害保险费中安排。要积极拓宽资金渠道，争取各类资金，支持农民工业余学校的建设和教育培训活动。

（7）工程承包企业要制定农民工业余学校的培训、师资、管理、考核等规章制度，积极发挥农民工业余学校的综合作用。要通过农民工业余学校，推动基层党团组织建设和工会组织建设，开展健康向上的文体活动，丰富农民工业余文化生活。

（8）各级建设、文明办、教育、工会、共青团等部门和单位要积极创造条件，采取有效措施，加强对农民工业余学校创建工作的指导，鼓励和支持企业创建农民工业余学校。建设行政主管部门要将农民工业余学校的创建情况，作为企业安全质量标准化工作、优质工程评选的重要指标。

（9）切实加强对农民工业余学校创建工作的组织领导。建设、文明办、教育、工会、共青团等部门和单位要加强协调，密切配合，形成工作合力，落实工作责任，加强督促检查，共同做好农民工业余学校创建工作。要加强对农民工业余学校创建工作的舆论宣传工作，营造全社会关爱农民工的良好环境。

施工项目应按照属地管理规定，开办民工学校，开展教学活动，提高民工技能水平及自我安全防护意识，丰富民工业余生活。民工学校应具备以下条件，有管理制度、组织机构、师资人员、学员守则、教学计划、教材和教学活动记录等，并建立相应的台账。

此外应积极参加各级创优工作，积极推广优秀经验和课件，为提高建筑业作业人员的综合能力做出贡献。

五、特殊作业人员持证上岗制度

（1）建筑施工特种作业人员包括建筑电工、建筑架子工、建筑起重信号司索工、建筑起重机械司机、建筑起重机械安装拆卸工、高处作业吊篮安装拆卸工，及经省级以上人民政府建设主管部门认定的其他特种作业。具体按照《建筑施工特种作业人员管理规定》，必须经过建设行政主管部门考核合格，取得建筑施工特种作业人员操作资格证书，发证机关是各省、市建设委员会。

（2）特种设备作业人员种类详见《特种设备作业人员作业种类与项目》，其资格证由各地质量技术监督局颁发。

（3）特种作业人员应受聘于一个建筑业企业。

（4）施工项目所需的特种作业人员，应该根据作业内容进行配备，必须持证并且有效，有效性包括专业类别和有效期。项目部必须建立特种作业人员花名册，对进场特种作业人员的证件进行验证。

（5）项目部应根据企业的要求及时安排特种作业人员继续教育和换证工作。

（6）项目部应加强特种作业人员的教育，促使其严格按照标准规范和操作规程作业，正确佩戴和使用安全劳动保护用品，并按规定对作业工具和设备进行维护保养和岗前检查。

六、特种设备作业人员证书样式

特种设备作业人员证书样式，见图2-1。

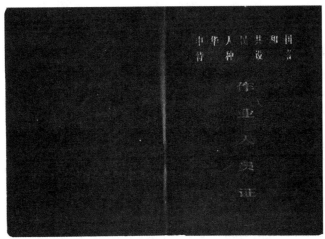

（a）左封二，右封面

（b）左第1页，右第2页

图2-1 特种设备作业人员证书样式（一）

考试合格项目

作业项目代号	批准日期 有效日期	经办人章

复审记录

复审合格项目代号：	复审合格项目代号：
有效期至：	有效期至：
经办人章 复审机关盖章	经办人章 复审机关盖章
复审合格项目代号：	复审合格项目代号：
有效期至：	有效期至：
经办人章 复审机关盖章	经办人章 复审机关盖章

（c）左第 3 ~ 5 页，右第 6 ~ 8 页

聘用记录

聘用单位	聘用项目	聘用起止日期	法定代表人

特种设备作业人员作业种类与项目

序号	作业项目	项目代号
1	特种设备安全管理负责人	A1
2	特种设备质量管理负责人	A2
3	锅炉压力容器压力管道安全管理	A3
4	电梯安全管理	A4
5	起重机械安全管理	A5
6	客运索道安全管理	A6
7	大型游乐设施安全管理	A7
8	场（厂）内专用机动车辆安全管理	A8
9	一级锅炉司炉	G1
10	二级锅炉司炉	G2
11	三级锅炉司炉	G3
12	一级锅炉水质处理	G4
13	二级锅炉水质处理	G5
14	锅炉能效作业	G6
15	固定式压力容器操作	R1
16	移动式压力容器充装	R2
17	氧舱维护保养	R3
18	永久气体气瓶充装	P1
19	液化气体气瓶充装	P2
20	溶解乙炔气瓶充装	P3
21	液化石油气瓶充装	P4
22	车用气瓶充装	P5
23	压力管道巡检维护	D1
24	带压封堵	D2
25	带压密封	D3
26	电梯机械安装维修	T1

（d）左第 9 ~ 10 页，右第 11 页

图 2-1 特种设备作业人员证书样式（二）

（续表）

27	电梯电气安装维修	T2
28	电梯司机	T3
29	起重机械机械安装维修	Q1
30	起重机械电气指挥	Q2
31	起重机械指挥	Q3
32	桥门式起重机司机	Q4
33	塔式起重机司机	Q5
34	门座式起重机司机	Q6
35	缆索式起重机司机	Q7
36	流动式起重机司机	Q8
37	升降机司机	Q9
38	机械式停车设备司机	Q10
39	客运索道安装	S1
40	客运索道维修	S2
41	客运索道司机	S3
42	客运索道编索	S4
43	大型游乐设施安装	Y1
44	大型游乐设施维修	Y2
45	大型游乐设施操作	Y3
46	水上游乐设施操作与维修	Y4
47	车辆维修	N1
48	叉车司机	N2
49	搬运车牵引车推顶车司机	N3
50	内燃观光车司机	N4
51	蓄电池观光车司机	N5
52	安全阀校验	F1
53	安全阀维修	F2
54	金属焊接操作	（注）
55	非金属焊接操作	

注：金属焊接操作和非金属焊接操作人员代号按照《特种设备焊接操作人员考核细则》的规定执行。

注　意　事　项

作业项目有效期为四年，有效期满前三个月，持证人应申请办理复审。需要考试后复审的，凭考试合格成绩向考场所所在地发证部门申请复审。复审不需要考试的，向原发证部门或作业所在地发证部门申请复审。逾期未复审或复审不合格，特种设备作业人员证不再有效。

（e）左第12页，右封三

图2-1　特种设备作业人员证书样式（三）

七、特殊工种操作规程

1. 起重工安全技术操作规程

（1）司机必须经过培训考核合格，并取得"特种作业人员资格证"后，方能独立操作。

（2）起重机作业时，应有足够的工作场地，起重臂杆起落及回转半径内无障碍物。

（3）作业前，必须对工作现场周围环境、行驶道路、架空电线、建筑物以及构件重量和分布等情况进行全面了解。

（4）操作人员在进行起重机回转、变幅、行走和吊钩升降等动作前，应鸣声示意。

（5）起重机的指挥人员，必须经过培训取得合格证后，方可担任指挥。如果由于指挥失误而造成事故，应由指挥人员负责。

（6）操纵室远离地面的起重机在正常指挥发生困难时，可设高空、地面两个指挥人员，或采取有效联系办法进行指挥。

（7）遇有六级以上大风或大雨、大雪、大雾等恶劣天气时，应停止起重机露天作业。

（8）起重机的变幅指示器，力矩限位器以及各种行程限位开关等安全保护装置，必须齐全完整，灵敏可靠，不得随意调整和拆除。严禁用限位装置代替操纵机构。

（9）起重机作业时，重物下方不得有人停留，严禁用起重机载运人员。

（10）起重机必须按规定的起重性能作业，不得超荷载和起吊不明重物。

（11）严禁使用起重机起吊凝固在地下的物体，现场的混凝土构件必须全部松动后，方可起吊。

（12）起吊重物时应绑扎平稳、牢固，不得在重物上堆放或悬挂零星构件。零星材料和物件，必须用吊笼或钢丝绳绑扎牢固后，方可起吊，标有绑扎位置或记号的物件，应按标明位置绑扎。绑扎钢丝绳与物体的夹角不得小于30°。

（13）起重机在雨、雪天作业时，应先经过试吊，确认制动器灵敏可靠后方可进行作业。

（14）起重机在起吊满载荷时，应先将重物吊起离地面20cm停止提升，检查起重机的稳定性，制动器的可靠性，重物的平稳性，绑扎的牢固性。确认无误后方可再行提升。对于有可能晃动的重物，必须拴拉绳。

（15）重物提升和降落速度要均匀，严禁忽快忽慢和突然制动。左右回转动作要平稳，当回转未停前不得作反向动作。非重力下降式起重机，严禁带载自由下降。

（16）起重机不得靠近架空输电线路作业，如限于现场条件，必须执行《施工现场临时用电安全技术规范》JGJ 46-2005规定的最小安全操作距离。

（17）起重机使用的钢丝绳，应有制造厂的技术证明文件作为依据。

（18）起重机使用的钢丝绳应连接牢固，排列整齐，放出钢丝绳时，卷筒上至少要保留3圈以上。收放钢丝绳时，应防止钢丝绳打环、扭结、弯折和乱绳。不得使用扭结、变形的钢丝绳。

（19）钢丝绳采用编结固接时，编结部分的长度，不得小于钢丝绳直径15倍，并不得少于300mm，其编结部分应捆扎细钢丝。采用绳卡固接时，数量不得少于3个。绳的规格数量应与钢丝直径匹配。最后一个卡子距绳头的长度不小于140mm，绳卡滑鞍（夹板）应在钢丝绳工作时受力的一侧，绳卡固定后，待钢丝绳受力后再度紧固，作业中必须经常检查紧固情况。

（20）每班操作前，应对钢丝绳所有可见部分以及钢丝绳的连接部位进行检查。钢丝绳表面磨损严重时要进行更换。

（21）起重机的吊钩、吊环严禁补焊，有下列之一的应更换：

1）表面有裂纹。

2）危险断面及钩颈有永久变形度。

3）挂绳处断面磨损超过高度 10%。

4）吊钩衬套磨损超过原厚度 50%，心轴（销子）磨损超过其直径的 3%～5%。

（22）起重机制动器的制动表面磨损达 1.5～2.0mm 时（大直径取大值，小直径取小值）或制动带磨损超过原厚度 50% 时均应更换。

（23）起重机停止作业时，应将起吊物件放下，制动器操纵杆放在空挡，切断电闸，并关门上锁。

2. 电焊工安全技术操作规程

（1）所有交、直流电焊机的金属外壳，都必须采取可靠接地。接地电阻值应小于 4Ω。

（2）焊接的金属设备、容器本身有接地、接零保护时，焊机的二次绕组禁止设有接地或接零。

（3）多台焊机的接地、接零线不得串接接入接地体，每台焊机应设独立的接地、接零线，其接点应用螺丝压紧。

（4）每台电焊机须设专用断路开关，并有与焊机相匹配的过流保护装置。一次线与电源接点不宜用插销连接，其长度不得大于 3.0m，且须双层绝缘。

（5）电焊机二次侧把、地线需接长使用时，应保证搭接面积，接点处用绝缘胶带包裹好，接点不宜超过两处；严禁长距离使用管道、轨道及建筑物的金属结构或其他金属物体串接起来作为导线使用。

（6）电焊机的一次、二次接线端应有防护罩，且一次线端须用绝缘带包裹严密，二次线端应使用线卡子压接牢固。

（7）电焊机应放置在干燥和通风的地方（水冷式除外），露天使用时，其下方应防潮且高于周围地面，上方应防雨雪或搭设防雨棚。

（8）焊接带压力、带电及盛装有易燃、易爆、有毒物质的容器或管道，以及施焊点周围有易燃、易爆危险物质时，应在采取必要的安全措施后方可施焊。

（9）焊接贮存过易燃、易爆、有毒物质的容器和管道时，必须经过严格的置换、清洗、吹扫，必要时要进行检测和施焊过程中的随时监测，确认无危险时方可施焊；并注意通风换气，严禁向容器和管道内直接输氧气。

（10）遇有雨、雪、雾或六级以上强风，影响施工安全时，应停止室外焊接作业。雨、雪后应先清除操作地点积水、积雪后方可施焊。

（11）焊接操作地点与氧气瓶、电石桶和乙炔发生器等危险物品的距离不得少于 10m，与易燃易爆物品的距离不得小于 30m，必要时应设围挡。

3. 电工安全技术操作规程

（1）施工现场临时用电设备、线路、配置应按照"临时施工用电设计"及"三相五线制"供电系统和三级分配二级保护安全技术进行安装和架设。

（2）电气设备和线路的绝缘必须良好。电气设备必须执行"一机、一闸、一漏、一箱、一锁"，严禁一箱保护多台用电设备。

（3）电器设备的金属外壳，必须根据技术条件采取保护接地或保护接零措施。总箱、分箱、开关箱必须做好重复接地保护措施。

（4）末端电器设备必须使用额定动作电流不大于 30mA，动作时间在 0.1s 内的漏电保护装置和闸刀开关或自动保护开关，严禁用其他金属丝代替保险丝。

（5）在高压带电区域内作业时，人体与带电部分应保持安全距离（表 2-1），并需有人监护。

人体与带电部分间的安全距离 表2-1

电压（kV）	距离（m）
1	4
1～10	6
35～110	8

（6）线路上禁止带负荷接电或断电，禁止带电操作。

（7）施工现场进行线路或机械维修时，应切断有关电源，配电箱应上锁或挂禁止牌。

（8）所有绝缘、检验工具，应妥善保管，严禁他用，并应定期检查、校验。

（9）有人触电，应立即切断电源，进行急救；电器着火，应立即切断电源，使用二氧化碳灭火器、1211 干粉灭火器或干砂灭火。

（10）配电箱（开关箱）安装必须牢固，高度符合有关规定。严禁放在楼地面上及脚手架上。

（11）用摇表测定绝缘电阻，应防止有人触电，正在测定中的线路、设备应有专人负责监护，测定容性或感性设备、材料后，必须放电。遇雷电时，禁止测定线路绝缘。

（12）施工现场夜间临时照明线路及灯具，高度不低于 2.5m。

（13）照明开关、灯口及插座，应正确接入火线及零线。

4. 塔吊司机安全技术操作规程

（1）起重量必须严格按照原厂规定，不得超载。

（2）司机在工作中严格按照起重工发出的信号、旗语、手势进行操作；操作前要鸣铃示意；如发现指挥信号不清或指挥错误将引起事故时，司机有权拒绝执行并采取相应措施，防止事故发生。

（3）严禁利用起重吊钩升降人员。

（4）操纵控制器时，应从止点零位开始推到第一档，然后依次逐级推到其他档位，严禁越档操作，在传动装置运转中变换方向时，先将控制器拨回零位，待传动停止后，再行逆向运转，严禁直接变换运转方向，操作时力求平稳，严禁急升急停。

（5）吊钩上升高度与起重臂头部距离最少不能小于1m。

（6）重物平移时，其高度距所跨越物应在50cm以上。

（7）上旋式塔吊旋转不得超过360°。

（8）起重机禁止悬挂重物调臂，回转半径严格执行说明书规定。

（9）起重机在停工、休息或中途停电时，应放松抱闸，将重物卸下，再松钩，不得使重物悬在空中。

（10）操作室冬季取暖必须采取安全措施，防止火灾、触电事故。

（11）工作时间操作室内禁止打闹、吸烟。司机应专心操作，不得与他人闲谈；在工作时间不得脱离岗位。

（12）起重吊装中要坚持"十不吊"规定。

（13）六级风以上以及雷雨天时禁止作业；暴风时起重机须特别处理。

（14）遇有超载情况应经过质安部门会同站、队、组研究，在采取措施并经主任工程师批准方可进行。

（15）当两塔在同一两条相平行或相互垂直作业时，应注意保持两机之间的安全操作距离，吊钩上所悬挂重物之间的安全距离不得小于5m。

（16）起重臂与起吊物必须与高低压架空输电线路保持安全距离：

1）距离低压供电线路水平距离不得小于3m。

2）距离高压供电线路水平距离不得小于6m。

（17）严禁重物自由下落，只允许在重物距离就位地点1～2m处使用缓慢下降脚踏开关（只允许短时间按压该开关）。

（18）在构件、重物起吊或落吊时，在吊件重物下方，不得有人停留或行走。

（19）起重机在运行中严禁修理、调整和保养作业，除必要情况外，不准带电检查。

（20）司机必须经由扶梯上下，上下扶梯时不得携笨重物品。

（21）未设专人看守作业区时，禁止由塔机上向下抛掷任何物品。

（22）操作完毕后，起重机将起重臂转至顺风方向。

（23）将所有控制器拨回零位，切断电源。

（24）认真进行机械检查，提早发现隐患，做好保养，保持机械完好。

（25）双班、多班作业，必须做好交接。任务要求不清不交不接，机械保养不彻底不交不接，机件工具丢失损坏原因不清不交接。

5. 架子工安全技术操作规程

（1）脚手架材料

1）严格遵守高空作业规程及一般规定。

2）搭设之前要严格检查使用的工具和脚手架板、钢管、扣件的质量。不符合安全要求的不准使用，脚手架、脚手板、斜道架设好后要进行检查，验收后才准交付使用。

3）扣件应有出厂合格证书，发现有脆裂、变形、滑丝的禁止使用。

4）木脚手板应用厚度不小于 5cm 的杉木松木板、宽度以 20 ~ 30cm 为宜。凡是腐朽、扭曲、斜纹破裂和大横透节的不得使用。

5）竹片脚手板（跳板）板厚不得小于 5cm，螺栓孔径不得大于 1cm，螺栓必须拧紧。竹编脚手板，其两边的竹竿直径不得小于 4.5cm，长度一般以 2.2 ~ 3m，宽度以 40cm 为宜。

6）脚手架搭设前，应根据工程特点和施工工艺，确定搭设方案，并绘制施工详图及大样图。

7）当搭设高度在 25 ~ 50m 时，纵横向剪刀撑必须连续设置。连墙杆的强度相应提高，间距缩小，高度超过 40m 的脚手架，应在设置水平连墙杆的同时，还应有抗上升反流作用的连墙措施等，高度超过 50m 时采用分段搭设，并经设计计算。

（2）外脚手架

1）钢管脚手架的立杆应垂直稳放在底座或垫木上。立杆间距不得大于 1.5m，大横杆间距不得大于 1.8m；钢管立杆，大横杆接头应错开，要用扣件连接拧紧螺栓，不允许用铁丝绑扎。

2）抹灰、勾缝、油漆等外装修用的脚手架，宽度不得小于 0.8m，立杆间距不得大于 1.5m，大横杆间距不得大于 1.8m。

3）单排脚手架的小横杆伸入墙内不得小于 24cm；伸出大横杆外不得少 10cm。通过门窗和通道时，小横杆的间距大于 1m 应绑吊杆；间距大于 2m 时，吊杆下需加设顶撑。

4）18cm 厚的砖墙，空斗墙和砂浆强度等级在 M10 以下的砖墙，不得用单排脚手架。

5）高度在24m以下的单、双排脚手架，均必须在外侧立面的两端各设置一组剪刀撑，由底部至顶部随脚手架的搭设连续设置，中间部分可间断不大于15m间距设置。

6）每组剪刀撑跨越立杆根数为5～7根，斜杆与地面夹角在45°～60°之间，斜杆应与立杆和伸出的小横杆进行连接，底部斜杆的下端应置于垫板上，斜杆搭接长度不小于1m。

7）脚手架连墙件必须在不大于竖4m、平7m的范围内，设置牢固的连接接头。

8）架子的铺设宽度不得小于1.2m。脚手架板必须满铺，离墙面不得大于20cm，不得有空隙和探头板。脚手架板搭接时不得小于20cm；对接时应架设双排小横杆，间距不得大于20cm，在架设拐弯处脚手架板应交叉搭接。垫脚手架板应用木块，并且要钉牢，不得用砖垫。

9）翻脚手板应两人由内往外按顺序进行，在铺第一块或翻到最外一块脚手板时，必须挂牢安全带。

10）上料斜道的铺设宽度不得小于1.5m，坡度不得大于1∶3，防滑条的间距不得大于30cm。

11）脚手架的外侧、斜道和平台，要绑1.2m高的防护栏杆和18cm高的挡脚板和防护立网。

12）在门窗洞口搭设挑架（外伸脚手架），斜杆与墙面一般不大于30°，并应支撑在建筑物的牢固部分，不得支撑在窗台板、窗檐、线角等地方。墙内大横杆两端都必须伸过门窗两侧不少于25cm。挑架所受力点都要绑双扣，同时要绑防护栏杆。

（3）里脚手架

1）砌筑用里脚手架铺设宽度不能小于1.2m，高度应保持低于外墙壁20cm，里脚手架的支架间距不得大于1.5m，支架底脚要垫木块，并支在能承受荷重的结构上。搭设双层架时，上下支架必须对齐。同时支架间应绑斜撑拉固。

2）多层建筑应在二层或每隔四层设一道固定的安全网，同时再设一道随施工高度提升的安全网。

（4）其他脚手架

1）吊篮应严格按照设计图纸进行安装，悬挂吊篮的钢丝绳围绕挑梁不得少于3圈，卡头的卡子不得少于3个，每个吊篮不少于2根保险绳。每次提升后必须将保险绳与吊篮卡牢固定。钢丝绳不得与建筑物或其他构件摩擦，靠近时应用垫物或滑轮隔开。散落在上面的杂物应及时清除。

2）用手扳葫芦升降的吊篮，操纵时严禁同时扳动前进杆与反向杆，降落时应先取掉前进杆上的套管，然后扳动反向杆徐徐降落。

3）脚手架安装完毕，必须经施工负责人验收合格后方准使用。

（5）脚手架拆除

1）拆除脚手架时周围应设围栏或警戒标志，并设专人看管，禁止人员入内。拆除顺序应由上而下，一步一清，不准上下同时作业。

2）拆除脚手架大横杆、剪刀撑。应先拆中间扣再拆两头扣，由中间操作人往下顺杆子。

3）拆下的脚手杆、脚手板、钢管、扣件等材料，应向下传递或由绳吊下，禁止往下投扔。

6. 信号工安全技术操作规程

（1）信号指挥工佩戴"信号指挥"标志或特殊标志，安全帽、安全带、指挥旗、口哨具备，并正确配合使用。

（2）熟悉起重机机械的基本性能，向起重司机及挂钩人员进行旗语手势、声响信号的交底约定。

（3）必须了解吊运物件重量、堆放位置、其他固定物的连接和掩埋情况等，确定吊点、吊装方法的具体事宜。

（4）检查吊索具的磨损状况，有达"报废"标准情况之一的立即更换。尚未达标准却又磨损程度轻的，必须降低其允许适用范围。

（5）检查吊索具、容器等是否符合要求，发现吊具有变形、扭曲、开焊、裂缝等情况必须及时处理，否则停止使用。

（6）吊装作业人员、信号指挥必须集中精力，按规定要求操作，时刻注意塔机的运转、吊装情况。

（7）坚持"十不吊"原则，有权拒绝违章指令。

（8）信号指挥人员要站立得当，旗语（或手势）明显准确，哨声清晰洪亮，与旗语（手势）配合协调一致。上下信号密切联系，应当清楚地注视吊物起吊、运转、就位的全过程。

（9）信号指挥者应当站在有利于保护自身安全，又能正常指挥作业的有效位置。

（10）吊物起吊 200 ~ 300mm 高度时，应停钩检查，待妥当后再行吊运。

（11）吊物悬空运转后突发异常时，指挥者应迅速视情况判断，紧急通告危险部位人员撤离。指挥塔吊司机将重物慢慢放下，排除险情后，再行起吊。

（12）吊运中若突然停电或机械故障，重物不准长时间悬挂高空，应想办法将重物落放到稳妥的位置并垫好。

（13）吊物时，严禁超低空从人的头顶位置越过，要保证吊物与人的头顶最小的安全距离不小于 1m。

（14）两台塔机交叉作业时，指挥人员必须相互配合，注意两吊机间的最小安全距离，以防两吊机相撞或吊物挂钩。

7. 机械操作工安全技术操作规程

（1）混凝土、泥浆搅拌机

1）搅拌机必须安置在坚实的基础上。

2）开动搅拌机前应检查离合器、振动器、钢丝绳等是否良好，滚筒内不得有异物，并检查电线线路是否良好。

3）进料斗升起时，严禁任何人在料斗下通过或停留。工作完毕后需将料斗固定好。

4）运转时，严禁将工具及身体的任何一部位伸进滚筒内。

5）现场检修时，应固定好料斗，切断电源。进入滚筒时，外面应有人监护。

（2）卷扬机

1）卷扬机应安装在平整、坚实、视野良好的地方，机身和地锚必须牢固。卷扬筒与导向滑轮中心线应对正；卷扬机距滑轮一般应不少于 15m。

2）作业前应检查钢丝绳、离合器、制动器、保险棘轮、转动滑轮等，确认安全可靠后方准操作。

3）钢丝绳在卷筒上必须排列整齐，作业中最少需保留 3 圈。

4）作业时，不得有人跨越卷扬机的钢丝绳。

5）吊运重物需在空中停留时，除使用制动器外，并应用保险棘轮卡牢。操作中，严禁擅自离开岗位。

6）工作中要听从指挥人员的信号，信号不明或可能引起事故时，应暂停操作，待弄清情况后方可继续作业。

7）作业中突然停电，应立即拉开闸刀，并将运送物件放下。

第三节 专项施工方案审批制度

施工企业必须建立专项施工方案的审批制度，规范审批流程和权限，加强对危险性较大的分部分项工程的安全管理；必须对施工项目的分部分项工程进行识别，列出危险性较大分部分项工程清单和安全管理措施进行报备；及时落实危险性较大的分部分项工程的方案编制等工作，有效指导施工，防范施工生产安全事故的发生。

安装工程可能涉及的危险性较大分部分项工程有基坑支护、降水工程、土方开挖工程（如水厂工程、市政管网工程等），起重吊装及安装拆除工程，脚手架工程，钢结构安装工程，采用新技术、新工艺、新材料、新设备及尚无相关技术标准的危险性较大的分部分项工程。

一、专项施工方案的编制

1. 编制内容

施工单位在编制施工组织设计的基础上，针对危险性较大分部分项工程单独编制安全技术措施文件。专项方案必须结合工程周边环境条件、工程复杂程度、管理水平、气候变化、设计要求等因素编制；编审过程必须从可行性、针对性、科学性出发，使方案真正起到指导施工作用。专项施工方案一般应包括工程概况、编制依据、施工计划、施工工艺技术、施工安全保障措施、劳动力计划、施工机具、计算书及相关图纸等章节，但在编制不同的专项方案时应根据施工关联因素确定其他内容，如深基坑工程施工专项方案就应该包括工程概况、编制依据、工程场地地质条件、维护结构设计概况、施工部署、施工方法和技术措施、基坑工程监测、应急预案、质量安全文明施工及环境保护措施、汛期、台风、高温等季节性施工措施等内容。

2. 编制人员

专项施工方案由项目技术负责人组织编制，超过一定规模的危险性较大的分部分项工程专项方案由单位技术部门组织编制，按照规定进行报批。

二、专项施工方案的审批

（1）危险性分部分项工程专项方案应当由施工单位技术部门组织本单位施工技术、安全、质量等部门的专业技术人员进行审核，企业技术负责人和监理单位总监批准后实施。

（2）超过一定规模的危险性较大的分部分项工程专项方案在企业技术负责人和监理单位总监审核后，申请专家论证，并按照专家意见进行修订后实施。

三、深基坑工程、顶管工程、深井工程专项方案的编制大纲

1.深基坑工程专项方案编制大纲

（1）编制依据

1）岩土工程勘察报告。

2）工程主体和维护设计单位提供的施工图及其他相关资料，包括图纸会审纪要、围护方案的专家论证意见及设计回复。

3）现行国家、行业及浙江省的相关规范规程以及本市的地方规定。

4）政府颁布的相关文件。

5）企业内部管理体系标准、程序性文件。

（2）工程概况

1）工程基本情况

①工程总体情况，包括工程地点、工程规模、总建筑面积、地下室建筑面积、结构类型、层数、总高度；对群体建筑尚应介绍各单位工程的建筑面积、结构类型和层数等。

②地下室、工程桩及基础的详细情况，包括基坑平面尺寸、周长，地下室层数，工程桩类型，基础形式，各层地下室的楼面标高以及底板、承台的厚度，坑中坑的信息，自然地面标高（核实是否与设计地坪标高相符），±0.000 标高相对于黄海高程的标高，基底标高，开挖深度（当基坑各部位开挖深度不同时，应标注各种深度所对应的平面范围）等。

③工程参建各方主体，包括工程建设、主体工程设计、围护设计、监理、勘察、施工总承包（如有专业分包单位时应明确专业分包单位名称、分包范围和内容）等单位的具体名称。

2）周边环境

①用地红线范围，如有围护结构超红线或借地放坡情况，出具相应的批文或协议。

②周边道路的基本特征和交通负载量,周边管线设施的详细资料(包括管径、管材、压力大小及埋深等基本参数）。

③周边既有建筑物和构筑物的结构形式，基础形式、层数等。

④附近河道的水位、水深及随季节变化情况，山坡坡度及高度等。

⑤邻近有在建工程或拟建工程时，应明确该工程的形象进度、与本基坑的距离及相互之间的关系。

⑥若距离基坑 50m 范围内有地铁工程，应与该工程各参建主体沟通，收集

详细资料，将本项目基坑专项施工方案报对方建设单位并得到认可。

上述环境要素及其与基坑的距离应在周边环境平面图上进行标注。

3）场地条件

明确坑边施工道路、临时设施、各类料场、塔吊等布置，并说明与坑边距离；明确与道路宽度、料场及临设的平面尺寸及荷载控制值（荷载值应进行计算，并得到设计同意）。以上信息应在施工总平面布置图中表示。

明确场地的现状，包括"三通一平"、地下管线搬迁、地下障碍物清除及目前处于何种施工状态、目前工程形象进度等。

4）工程地质和水文地质条件

①与基坑有关的底层描述，包括土层名称、厚度、状态、性质及相应标高等。

②含水层的类型、富水性、渗透性、补给及排泄条件、水位标高及动态变化情况，承压水的水头大小及变化情况。

③对于地层变化较大的场地，宜沿基坑周边绘制地层展开剖面图。

④土方开挖所涉及各土层的物理、力学指标汇总表。

⑤不良地质条件的分析。

⑥工程地质勘探点平面位置图、典型地质剖面图等。

（3）围护设计方案

1）设计方案介绍

①基坑各部位采用的围护形式。

②围护桩桩型、直径、深度、混凝土强度等级、配筋情况及桩中心距、桩顶标高等。

③止水帷幕类型、平面布置、入土深度，设计要求的施工方法及工艺参数等。

④支撑系统（包括支撑构件、围檩、冠梁、竖向立柱等）的平面布置、竖向标高、截面设计等，传力带及换撑设计资料。

⑤土钉的主要信息。

⑥地下连续墙的厚度、墙深、接头形式、插入深度、混凝土强度等级、配筋情况，以及与主体结构的连接要求等。

⑦自然放坡的坡率、护坡混凝土厚度、强度等级和配筋情况。

⑧锚杆类型、直径、锚固段长度及锚杆总长，锚杆间距、倾角、标高及数量、注浆材料及其强度等级，抗拔力设计值，抗拔试验要求等。

⑨降排水设施（包括地表水和坑内外降水）、降水设备类型、降水设备的平面布置、埋深及构造情况。

以上设计方案介绍宜采用简练的文字，并结合图表的形式表述。专家论证意见及设计回复以附件形式提供。

2）设计方案的施工要求

明确设计文件中对围护结构施工、土方开挖、换撑、拆撑及回填等施工要素和要求，包括施工机械的选取、施工工艺及参数的确定、基坑土方开挖原则、分块分层的要求及坑中坑的施工顺序等。

（4）基坑施工的重点、难点及重大危险源识别

根据本工程的开挖深度、地质情况、环境条件、工期要求和采用的围护形式等，确定本工程的重点、难点内容，进行重大危险源分析，对各种重大危险源应有针对性的风险管控措施，应绘制重大危险源与风险管控措施表（表2-2）。

重大危险源与风险管控措施表　　　　　　　　　表2-2

编号	重大危险源	风险管控措施
1		
2		
3		
...		

（5）施工部署

1）管理体系

明确管理目标、管理体系及项目班子配置情况（包括项目经理、技术负责人、质量、安全及其他专业人员配置，应落实具体姓名和联系方式）。

2）施工进度计划

主要介绍施工进度计划（可以网络图或横道图反映），总体施工顺序，施工流水段划分。具体各阶段进度安排（包括围护结构施工阶段、土方工程分段分层划分及范围、地下室施工及换撑拆撑等）。

3）施工准备

包括施工机械、材料、设备的配置、各阶段劳动力配置、垂直与水平运输设备类型及数量、挖土机、土方运输车辆的配备等；用表格形式表达选用的机械设备，明确机械设备的名称、规格、数量及进退场时间。

4）总平面布置

包括临时设施布置、加工操作棚布置、运输道路、水电管网布置、塔吊位置、泵车停放位置、散装水泥罐布置、基坑周边安全防护人员上下基坑通道的布置等，

上述设施布置均应在施工平面中标注，并有具体的离坑边距离尺寸。

5）施工用电

包括用电量计算，自备发电机等情况，用电满足施工要求。

6）塔吊方案

介绍塔吊的数量、平面位置及其基础做法。出具塔吊结构图，明确塔吊与地梁、承台、工程桩的相互关系。

7）上下基坑安全通道

可按 50m 左右距离布置一个上下通道，靠近生活区适当加密，应有图示。明确上下安全通道的具体搭设要求，挖土深度超过 6m，上下安全通道应设中间休息平台，如生活区与施工区很近，应有隔音措施和管理办法。

（6）施工方法和技术措施

1）围护结构施工

包括围护桩、止水帷幕、内支撑、支撑立柱、压顶梁、围檩、土钉墙、锚杆、地下连续墙、传力带等的施工工艺、施工顺序、流程以及相关技术参数的控制和质量验收要求等。

2）基坑降排水

按照设计要求，具体落实坑内外降排水的措施，明确排水沟、集水井平面布置及具体做法；深井（包括普通自流井、真空深井、减压井等）或轻型井点平面布置、施工构造及技术措施，降水的控制要求及排水去向。

当周边环境条件较为复杂时，应认真分析降水、挖土对周边环境的影响，采取相应措施减小对周边的影响。

降水设施的拆除和封堵时间安排及集体措施。

3）土方开挖

①各阶段挖土流程。

②分层分段施工方案（段层具体划分、土方量的具体数量等）。

③坑中坑的挖土方法。

④出土口的布置。

⑤运土坡道布置、坡率及稳定措施。

⑥挖掘机及运输车辆作业流程、行走路线及停车位置。

上述内容一般应结合平面图和局部剖面图进一步说明，土方开挖施工应附开挖分段分区平面布置图，分层施工工况以剖面图形式示意。特别应明确下列技术要点：

①挖土与降水的协调安排、土钉（或锚杆）施工与降水的协调安排、土钉

施工与挖土的协调安排。

②挖土施工过程中对工程桩、支撑立柱、塔吊基础的保护措施。

③坑边的荷载控制措施以及尾土挖除方法。

4）换撑及拆撑

传力带的施工，换撑、拆撑安排，支撑拆除顺序、安全措施。

5）基坑回填

回填料选择、回填工艺及回填土质量控制。

（7）基坑监测

1）工程监测分专业监测（具有相关资质）、施工企业自行监测和特别监测（含特种管线、周边河道水位、重要建筑物）三方面。

2）专业监测单位及监测内容（含周边建筑物及构筑物、单路沉降及裂缝，道路下各种管线的位移、沉降，基坑深层土体位移，地下水位变化，支撑轴立变化等）。

3）列明监测点的布置（附监测点平面布置图）和监测警戒值。

4）监测数据的记录、收集、分析、管理的具体安排和措施以及信息反馈的要求。

5）施工单位自行安排的日常监测内容（包括人工巡视检测）、监测布置和措施，责任人和监测频率。

6）特别监测措施，主要针对工程基坑施工中危险性较大，可能产生重大事故和社会影响的部位（含周边建筑、管线、道路等）的监测。

当施工单位监测过程中，发现基坑支护有异常现象时（包括坑壁渗漏水、裂缝、位移、降水出水浑浊、周边地面沉降等现象），及时与专业监理单位的监测结果比对，分析问题产生的原因，采取必要的补救措施。

（8）应急预案

针对本工程施工过程中可能发生的问题，提出相应的对策和排险措施，组织应急领导小组，落实相应的人员（包括联络方式）、材料物资和设备，一旦发生意外，能及时组织抢险，避免重大事故的发生和事故的进一步扩大。

（9）环境保护

针对基坑周边存在的道路、管线、建筑物、地铁设施、河流等保护对象，明确相应的变形控制标准和施工保护措施。建议对各个重要保护对象逐个说明施工全过程采取的保护措施，包括：围护桩施工阶段、土方开挖阶段、地下结构施工阶段（换撑和拆撑），并交代采取的其他针对性保护措施，如控制性降水、坑外超载控制、限制车辆通行和堆载、主动加固措施（注浆、换托、隔离）等。

（10）工程质量、安全生产和文明施工

工程质量主要包括质量保证体系，围护结构施工质量的控制，挖土过程中工程桩、围护结构的保护、降排水设施安装质量控制。

安全生产主要包括安全生产管理体系，周边环境的安全，基坑及围护结构的安全，施工人员的安全意识及设备安全等安全生产保证措施。

文明施工还包括废水排泄，扬尘、噪声控制，渣土运输，门卫管理，车辆冲洗，指挥等具体措施。

（11）汛期、台风、高温季节性施工措施

主要根据基坑施工具体时段决定涉及内容，应考虑季节性措施的人员材料组织、落实，预防事故方案、抢险措施，作业时间安排，安全作业和降温通风措施等。

（12）相关附件、图表

1）场地地质勘察报告（勘探点平面图、地层物理力学性能指标汇总、典型地质剖面图等）。

2）基坑围护设计总说明，基坑围护设计平面图、剖面图（包括围护桩、止水帷幕、水平支撑、角撑、斜撑、传力带布置、坑中坑支护等平面和剖面）。

3）基坑围护设计论证专家意见及设计修改回复。

4）周边环境平面图、周边环境查勘表。

5）基坑降水平面布置图、相关节点图。

6）基坑监测平面布置图。

7）基坑施工总平面布置图。

8）施工流水段划分图、土方开挖顺序图（含分段分层挖土工况示意图）。

9）其他节点详图（运输车平面布置、车道剖面图、降排水沟及集水井剖面图、基坑周边安全围护及人员上下基坑应急通道剖面图等）。

10）进度计划表。

11）机具设备一览表。

2. 顶管工程专项方案编制大纲

（1）编制依据

简述专项施工方案编制所依据的相关法律、法规、规范性文件、标准、规范及设计图纸（国标图集）等。

（2）工程概况

1）工程简介

说明工程名称、地点，各相关参建单位（含专业分包单位）；简要描述工程概况、施工图的技术要求、施工平面布置、施工要求和技术保证条件。工程起讫位置及桩号、管道结构大小尺寸、管材及允许最大顶力、其他设计要求（对周边环境的保护、曲线控制等）。

2）工程地质地貌及水文条件

工程地质地貌及水文条件、地层物理力学指标参数表、顶管沿线地质剖面情况、不良地质分布情况、沿线地下障碍物调查结果。

3）周边环境条件

简述顶管沿线穿越可能影响范围内的道路、地下管线、周边塘河以及附近临近构筑物等平面图、剖面图，说明情况并标明相关尺寸。

4）顶管工程的特点、难点和重点及对策

说明地质影响、周边环境影响、顶进控制、进出洞保护、地下障碍物等方面对工程的影响，施工中要解决的重点难点问题，相应对策。

（3）施工部署

1）管理目标、管理体系

明确管理目标；明确安全、文明施工目标、工程质量目标；安全、文明施工、质量管理体系及项目组织机构；顶管施工主要班组配置，落实具体姓名和联系方式。

2）施工总平面布置

包括临时设施，管道对应场地，运输道路，施工用水、用电、排水，工作井周边安全防护及机械停放位置，渣土堆放及车辆冲洗池等。

3）工作井内布置

顶管机油泵安置、千斤顶布置、轨道设置、后靠背设置、井内排水、安全防护、人员上下楼梯、照明。

4）顶管管道内管线布置（针对机械顶管）

进水管、排泥管（出土通道）通风、供电、照明、通信、人员进出通道。

5）施工安排

阐述施工准备情况、施工目标保证措施、主要材料与设备计划、施工进度计划。

6）临时用电计算和电缆电线选配

核算用电总量，复核供电情况，选择备用电源，根据用电情况配备用电线路。

（4）顶管设备选型

1）顶管机的选型

顶管机头类型、规格、性能等主要参数、环境条件适应性、数量。

2）顶力计算

根据《给水排水管道工程施工及验收规范》GB 50268-2008 计算各段管道最大顶力，复核管道最大允许顶力、沉井后靠背允许顶力（当最大顶力大于其中任一最大允许顶力时，必须考虑设置中继间，配备合适的顶进设备）。

3）工作井内设施尺寸复核。

（5）施工方法和技术措施

1）施工工艺流程

工艺流程图、工艺简介、工艺特点。

2）设备安装技术措施

主要内容：井底顶进导轨安装；后靠背安装；操作平台安装；垂直运输设备安装就位；主顶油缸、千斤顶安装；顶铁、护口铁配置；机头吊运就位；出洞口止水装置；联机试顶（采用非常规的起重设备且单件起吊重量在 100kN 及以上的吊装，起重量 300kN 及以上的起重设备安装需按《危险性较大的分部分项工程安全管理办法》的通知（建质〔2009〕87 号）要求另行论证）。

3）进洞口、出洞口处理

主要有洞口土体加固方法、范围；降水止水措施、要求。

4）顶管机进出洞技术措施

阐述洞口围护结构拆除方法，封门拆除方法；降水止水要求（在透水性较好的地段）；洞口密封施工方法。

5）初始顶进技术措施

初始顶进时防止管道后退、扭转措施；初始顶进测量要求；初始顶进管节加固。

6）顶管机中间顶进技术措施

①顶管设备各技术参数控制值；

②土压平衡顶管机泥土流塑化改良方法；

③泥水平衡顶管机泥水配比与参数；

④排土量管理方法；

⑤减阻措施；

⑥方向控制；

⑦管接口处理选择；

⑧顶进过程中一般障碍物处理；

⑨垂直运输方法；

⑩长距离管道中继间设置措施及防腐处理；

⑪泥水平衡顶进泥浆置换；

⑫弃土处理措施；

⑬纠偏措施；

⑭地下水控制措施。

7）复杂（不良）地质条件下施工措施

①过塘、河，穿越建筑物、构筑物、地下障碍物保护措施；

②曲线顶管措施；

③双管并列顶进前后顺序、控制措施；

④复杂清障处理措施。

8）施工测量控制方法

详细叙述测量方法、频率要求、偏差要求、测站设置、误差分析、测量数据分析、数据交接交底。

（6）工程检测

1）专业监测

专业监测单位、监测内容（含顶管管道沿线建筑物、构筑物、道路沉降裂缝、道路下的管线、深层土体位移、裂缝，地下水位变化等）、监测频率及报警值。

2）施工单位监测

施工单位自行安排的日常监测内容、监测布置和措施，责任人和监测频率；与专业监测的监测信息交换、管理、处置等。

（7）工程质量、安全、文明施工和环境保护措施

1）顶管质量通病防治

如：机头出洞防磕头措施，碰到地下障碍，土质土层变化，地面沉降或隆起，顶进过程中压力突然增大，泥水管阻塞，顶管机旋转，工作井后背破坏等。

2）安全、文明施工管理

垂直运输安全管理、沉井制作安全管理、顶进安全管理、安全用电技术措施。

3）环境保护措施

（8）季节性施工措施

（9）应急预案

1）危险源辨析

针对顶管施工过程中可能发生的重大事故的危险源进行分析，提出相应的对策和排险措施。

2）应急管理组织

应急领导小组组织机构、名单、联系方式。

3）应急措施

包括项目所在地点最近的医院，制定应急流程，做好应急交底工作，落实应急材料物资和设备等。

（10）相关附件和图表

1）场地地质勘探报告（勘探点平面图、土层物理力学性能指标汇总表、典型地质剖面图）。

2）施工现场平面布置图。

3）顶管沿线周边管线机环境平面图。

4）管线穿越地层纵断面图（有河道的需标注顶管和规划河床底的最小距离，穿越管线的需注明两者之间的最小距离）。

5）洞口防水处理图。

6）工作井内布置图。

7）顶管管道进出管线里面布置图。

8）进出洞口加固、降水图布置。

9）顶管机使用说明书中设备性能表复印件。

10）特殊工种证书。

3.深井工程专项方案编制大纲

（1）编制说明及依据

简述专项施工方案编制所依据的相关法律、法规、规范性文件、标准、规范及设计图纸（国标图集）等。

（2）工程概况

1）工程简介

说明工程名称、地点，各相关参建单位；简要描述工程概况、施工图的技术要求、施工要求和技术保证条件。

2）工程地质地貌及水文条件

简述沉井位置及地质地貌及水文条件；土层物理力学指标参数表、典型地质剖面图；地下、地表水分布情况。

3）周边环境条件

简述沉井施工可能影响范围内的道路、架空线、地下管线、周边塘河及附近临近构筑物等平面图、剖面图，说明情况并标明相关尺寸。

4）沉井的设计概况

简述沉井的数量、结构尺寸、下沉深度、选择的下沉工艺。

5）沉井施工过程中的难点和重点及对策

说明地质影响、周边环境影响、下沉控制、地下障碍物等方面对工程的影响；施工中要解决的重点难点问题；相应对策。

（3）施工部署

1）管理目标、管理体系

明确管理目标，明确安全、文明施工目标、工程质量目标，安全、文明施工、质量管理体系及项目组织机构，沉井施工主要班组配置，落实具体姓名和联系方式。

2）施工总平面布置

包括临时设施，加工场地，运输道路，施工用水、用电及排水，沉井周边安全防护及机械停放位置，渣土堆放、渣土车冲洗池等。

3）施工安排

简述施工准备情况、施工目标保证措施、主要材料与设备进出计划、施工进度计划。

（4）施工工艺技术

1）施工工艺流程

描述施工顺序、工艺流程。

2）施工测量控制方法

导线点布设（水准点与沉井远离，通视情况）；沉井位置与标高的控制方法、沉井下沉标高控制方法、沉井过程中的测量控制措施；测量工作的管理（复核、频率、统计分析要求）。

3）地基处理

简述初次沉井制作刃脚基础处理、沉井止沉地基处理。

4）减阻、止沉、助沉措施

5）周边建筑物（地下管网）的监测和保护措施

阐述：监测方法，施工技术保护措施，安全、环境保护措施，降水止水方法（如：井内外降水措施、井外止水帷幕）。

6）基坑开挖及处理

详细叙述基坑尺寸（深度、宽度、长度）；基坑开挖方法、工艺、挖土坡度设置；坑内排水；刃脚基础形式，垫层所用材料及厚度，计算复核厚度。

7）沉井的制作技术措施

详细叙述作业条件，分几次制作、几次下沉；钢筋施工工艺，预埋件设置，模板施工工艺，脚手架搭设方式；混凝土浇筑工艺，脚手架拆除方式方法，人员上下通道，临边安全防护。模板工程及支撑体系，必须要有设计计算，并附计算简图。

8）沉井下沉计算

沉井下沉验算、下沉稳定性验算、封底后的抗浮稳定验算；根据下沉计算结论，确定下沉过程中需要采取的相应技术措施。

9）沉井下沉技术措施

详细叙述沉井下沉的作业顺序安排；下沉的主要方法和技术措施；下沉纠偏，止沉措施，井内挖土与出土方法。

10）特殊情况的处理

如遇到：障碍、止沉、助沉困难情况下的处置方法；软土、流砂的防治；周边环境影响的应对。

11）降水排水施工方法

当采用排水下沉时，阐述降水条件（包括降水对周边环境影响的评估），降水管径的构造、运行、止停时间和封堵措施，应附降水平面布置图、剖面图、降水管井的构造图等。

12）不排水下沉措施

当采用不排水下沉时，需说明水下出土的方式方法、泥浆处置，下沉过程中沉井内水头高度，水下封底的技术措施，人员下水需持潜水员资格证书，及供氧措施。

13）沉井的封底措施

阐述封底前准备工作（干封底或水下封底），封底方法，封底后的注意事项（养护要求、止水要求）。

（5）工程监测

1）专业监测

专业监测单位（具有相关资质）、监测内容（含周边建筑物、构筑物、道路沉降裂缝，道路下的管线、深层土体位移、裂缝，地下水位变化等）、监测频率及报警值。

2）施工单位监测

明确施工单位自行安排的日常监测内容、监测布置和措施，责任人和监测频率。

（6）工程质量、安全、文明施工和环境保护措施

1）沉井质量控制

阐述沉井制作质量控制、下沉质量控制、封底质量控制、周边环境影响的控制及沉井的验收要求。

2）安全、文明施工管理

叙述垂直运输安全管理、沉井制作安全管理、沉井下沉安全管理、安全用电技术措施。

3）环境保护措施

叙述排泥管理、周边沉降控制。

（7）季节性施工措施

（8）应急预案

1）危险源辨析

针对沉井施工过程中可能发生的重大事故的危险源进行分析，提出相应的对策和排险措施。

2）应急管理组织

明确应急领导小组组织机构、名单、联系方式。

3）应急措施

包括项目所在地点最近的医院，制定应急流程，做好应急交底工作，落实应急材料物资和设备等。

（9）相关附件和图表

1）场地地质勘探报告（勘探点平面图、土层物理力学性能指标汇总表、典型地质剖面图或柱状图）。

2）进度计划（各个沉井的各阶段时间节点安排）。

3）施工现场平面布置图（含道路交通布置、井边安全维护措施、弃土堆放场地、用电布置、材料堆场、降排水）。

4）沉井周边管线及环境图。

5）沉井设计结构尺寸图（含平、立、剖面）。

6）沉井制作支模图（含节点详图）。

7）沉井下沉开挖方法示意图。

8）特殊工种证书。

第四节　施工现场消防安全管理

施工项目消防管理必须坚持"预防为主、防消结合"方针，加强消防管理意识，杜绝消防安全事故。实行公司、项目部二级消防管理责任制，公司承担检查、指导各部门及项目部的消防安全管理工作；项目部负责施工现场消防管理工作。建设工程实行总分包的，施工现场消防管理由总包单位实行统一管理，分包单位负责分包范围内施工现场的消防安全，并接受总承包单位的监督管理。项目部应根据《中华人民共和国建筑法》、《中华人民共和国消防法》及省、市、企业等相关要求制定施工现场消防管理规章制度。

一、项目部消防管理机构设置

（1）项目经理为施工项目的消防责任人。

（2）确定一名消防负责人，成立义务消防队，并上墙公示。

（3）定期组织义务消防队进行学习和应急演练。

二、施工项目消防管理责任制

1.项目经理消防管理责任

（1）贯彻执行《中华人民共和国建筑法》、《中华人民共和国消防法》等有关建筑、消防法规。

（2）组织落实防火责任制和岗位防火责任制。

（3）建立健全防火管理制度和安全操作规程。

（4）组织职工进行消防知识教育、培训。

（5）组织防火检查，消除火灾隐患，改善消防安全条件，完善消防设施。

（6）组织制订灭火预案，当火灾发生时，带领职工扑救火灾，保护现场。

（7）协助调查火灾原因，查处火灾事故。

2.消防负责人

（1）建立施工现场防火档案，确立施工现场的防火重点部位。

（2）经常性开展消防安全宣传、教育工作，利用各种形式（如黑板报，图片，录像等）宣传、普及消防知识，提高施工现场人员消防安全意识，增强防火工作的自觉性。

（3）合理设置各种防火警示标志，维护好消防设施。

（4）每周对施工现场进行防火巡检和排查，发现安全问题或消防隐患及时处理并报相关部门。

3. 义务消防队

（1）明确自身的职责，参加消防培训，认真学习消防知识。

（2）学会正确使用消防器具和自我防护用品。

（3）学会相应的急救知识及人员疏散途径和方法。

（4）发生火灾时，听从统一指挥，确保自身安全的前提下，及时、尽力地完成救灾工作。

三、现场消防管理内容和要求

施工现场临设、临时消防设施等的设置应符合《建设工程施工现场消防安全技术规范》GB 50720–2011 要求，加强重点部位和设施的日常管理。

（1）施工现场必须有消防平面布置图，对整个现场要划分禁火区域和动火等级区域。禁火区域要挂牌明确，严禁烟火；动火等级区域动火应建立三级动火审批制度。

（2）施工现场用电和职工宿舍用电的线路及施工用电设施的安装和使用必须符合规范和安全操作规程，并按照施工组织设计进行架设，严禁任意拉线接电。

（3）施工现场职工宿舍内不准使用液化气灶、煤气灶、电炉等燃具。不准使用"热得快"等大功率电器，严禁使用碘钨灯照明及取暖。

（4）施工现场不准烤火取暖，不准在建筑物内或高空明火融化沥青。

（5）施工现场的食堂炉灶应远离建筑物和生活区。

（6）施工现场使用的易燃易爆物品、化学物品应根据施工生产需要限额存放，并单独设库。易燃可燃液体不能用敞开的或有漏洞的容器盛装。仓库周围应悬挂禁火标志，配备相应的消防器材，专人管理，严格实行领用登记制度。

（7）施工现场应保证消防用水的水压和水量，并根据工程进度设立贮水池，设置消防竖管、消火栓，配置消防水带和水枪及满足电气火灾的消防器材。

（8）施工作业面、加工场地按工程进度合理配置灭火器，不得少于 4 只。

（9）施工现场食堂、油漆间等物资仓库按 2 只 /100m² 标准配置灭火器。大型临时设施超过 1200m² 的应有专供消防用的太平桶、积水桶（池）和黄砂、铁铲等器材和设施。

（10）消防灭火器应放置在显眼易取的地方，周围不准堆放杂物。灭火器应按规定期限换药、充液和更换，并做好标记和记录。已经使用或药液气压不足的灭火器不得悬挂或放置在待用处。施工现场的灭火器材必须保持其有效性。

（11）施工进入安装（装饰）阶段，要增设专职或兼职消防巡视员，加强施工现场消防巡回检查，保证一旦发生火警，可及时发现和消除。

（12）施工现场定时开展防火检查，整改火险隐患，并建立消防工作台账。

四、动火管理

1. 施工现场用火，应符合下列规定

（1）动火作业应办理动火许可证，动火许可证的签发人收到动火申请后，应前往现场查验并确认动火作业的防火措施落实后，再签发动火许可证。

（2）动火操作人员应具有相应资格。

（3）焊接、切割、烘烤或加热等动火作业前，应对作业现场的可燃物进行清理；作业现场及其附近无法移走的可燃物应采用不燃材料覆盖或隔离。

（4）施工作业安排时，宜将动火作业安排在使用可燃建筑材料施工作业之前进行。确需在可燃建筑材料施工作业之后进行动火作业的，应采取可靠的防火保护措施。

（5）裸露的可燃材料上严禁直接进行动火作业。

（6）焊接、切割、烘烤或加热等动火作业应配备灭火器材，并应设置动火监护人进行现场监护，每个动火作业点均应设置1个监护人。

（7）五级（含五级）以上风力时，应停止焊接、切割等室外动火作业，确需动火作业时，应采取可靠的挡风措施。

（8）动火作业后，应对现场进行检查，并应在确认无火灾危险后，动火操作人员再离开。

（9）具有火灾、爆炸危险的场所严禁明火。

（10）厨房操作间炉灶使用完毕后，应将炉火熄灭，排油烟机及油烟管道应定期清理油垢。

2. 动火审批制度

现场明火作业严格分级申请，施工现场按动火危险程度划分三个等级。施工现场明火作业需办理动火审批手续，填写"动火申请表"，明确动火部位、动火时间、动火人、监火人和防范措施，动火人必须具有上岗操作证。动火审批部门凭"动火申请表"开具"动火证"。"动火证"应一处一证。一、二级动火时间一次申请不得超过3天，三级动火一次申请不得超过7天。施工现场安全消防部门应加强对动火部位的检查，及时清除易燃物品，采取有效防范措施，对高空明火作业，必须在其下放处做好隔离措施，不得使火种从高空坠落。

（1）凡在下列范围内明火作业的为一级动火：

1）禁火区域内。

2）油罐、油箱、油槽车和储存过可燃气体、易燃液体的容器以及与其连接在一起的辅助设备。

3）各种受压设备。

4）已安装完毕的非阻燃型冷却塔四周和周围有大量易燃物品的场所。

一级动火由项目经理填写动火申请表，编制消防安全技术措施方案，工程总包单位保卫消防责任部门审批。

（2）凡在下列情况下动火为二级动火：

1）在非禁火区域内的施工形成具有一定危险因素的临时焊、割等明火作业。

2）在比较密闭的室内、容器内、地下室等场所动火。

3）登高焊、割等动火作业。

二级动火作业由施工作业班组填写动火申请表，提出消防安全防范措施，经项目经理同意后，报工程总包单位保卫消防责任部门审批。

（3）在固定的、无明显危险因素的场所进行动火作业，均属三级动火作业。

三级动火作业由施工班组填写动火申请表，经项目经理审批，也可授权项目专职消防员审批。

五、建立奖罚措施，确保消防管理制度得以落实

对于违反规定的应给予一定额度的经济处罚和行政处分；情节严重的，由公安机关依照《中华人民共和国消防法》的有关规定处罚，构成犯罪的，依法追究刑事责任。比如：

（1）未按规定配置消防设施和消防器材，或擅自将消防器材挪作他用或损坏的。

（2）违反消防法规和制度，施工现场未办理动火手续，擅自动火作业的，作业场所、职工宿舍乱拉乱接电线发生事故的。

（3）施工现场职工宿舍违反规定使用液化石油气灶、电炉、煤气炉等灶具，以及使用"热得快"等大功率电器（具）的。

（4）对存在火险隐患经检查人员提出后未予整改的，或被公安消防部门通报批评的。

（5）贯彻消防法规措施不力、管理不严，或因玩忽职守，造成火灾事故或未造成火灾事故，但造成不良社会影响，损害企业形象的。

第五节　生产事故报告制度

进一步规范安全管理行为，督促项目部及时、如实报告生产安全事故，确保妥善处理，降低安全生产事故带来的不良影响。通过对事故的统计分析，及时发现管理的薄弱环节，促进管理改进，施工企业必须建立生产事故报告制度。

一、事故报告

（1）生产安全事故发生后，施工单位接到现场有关人员报告后，应在 1 小时内，如实地向事发地县级以上人民政府安全生产监督管理部门和负有安全生产监督管理职责的有关部门（建设局、安监局等）报告。实行施工总承包的，应由总承包企业负责上报。

（2）事故报告的内容，详见工程建设安全事故快报表（表2-3）。

（3）事故发生之日起 30 日内（火灾事故自发生之日起 7 日内），造成的伤亡人数发生变化的，应当及时补报给公司及上级主管部门。

（4）迟报或者瞒报，导致投诉或者公司从其他途径获悉的，每发生一起，处以项目责任人一定额度的罚款；此外结合主管部门的处罚额度，另行处罚。

工程建设安全事故快报表 表2-3

事故基本信息			
序　号		*事故发生时间	
*天气气候		*事故发生地点	
*发生地域类型		*发生区域类型	
*事故发生部位		*事故类型	
事故简要经过原因初步分析			
工程概况			
*工程名称			

续表

事故基本信息				
工程概况				
*工程类别		*工程专业		
工程规模 （平方米/延米）		工程造价 （万元）		
*结构类型		*形象进度		
*工程性质		投资主体		
本工程第几次事故		承包形式		
开工日期		计划竣工日期		
基本建设程序 履行情况	□立项　□用地许可证　□规划许可证　□招标投标　□施工图审查 □施工许可证　□质量监督　□安全监督			
负责该工程安全生产监督单位				
*建设单位名称		资质证书编号	资质等级	
勘察单位名称		资质证书编号	资质等级	
设计单位名称		资质证书编号	资质等级	
*监理单位名称		资质证书编号	资质等级	
监理总监姓名		资质证书编号	资质等级	
总承包单位				
*名称		资质等级	企业性质	
资质证书编号		安全生产许可证编号		
法定代表人		安全考核合格证编号		
项目经理姓名		安全考核合格证编号		
专职安全人员姓名		安全考核合格证编号		
本年度第几次事故		企业注册地		

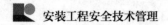

续表

事故基本信息

专业承包单位

*名称		资质等级		企业性质	
资质证书编号		安全生产许可证编号			
法定代表人		安全考核合格证编号			
项目经理姓名		安全考核合格证编号			
专职安全人员姓名		安全考核合格证编号			
本年度第几次事故		企业注册地			

劳务分包

*名称		资质等级		企业性质	
资质证书编号		安全生产许可证编号			
法定代表人		安全考核合格证编号			
项目经理姓名		安全考核合格证编号			
专职安全人员姓名		安全考核合格证编号			
本年度第几次事故		企业注册地			

事故人员伤亡情况

*死亡人员数量			*重伤人员数量		
总人数	施工人员人数	非施工人员人数	总人数	施工人员人数	非施工人员人数

施工伤亡人员情况

姓名	性别	年龄	工种	用工形式	文化程度	从业时间	承包形式	伤亡情况

编制人：　　　　　审核人：　　　　　日期：20__ 年 __ 月 __ 日

备注：加 * 的项目为一次快报必填项。

第六节 生产安全事故应急救援制度

建立生产安全事故应急救援制度，目的是为了识别项目施工过程中潜在的环境、安全事故或紧急情况，做好应急准备策划，在必要时及时响应，建立联动机制，以便预防或降低损失。

一、施工单位职责

施工单位负责协调处理施工过程中潜在事故或紧急事件；负责对紧急事情发生后所采取的纠正、预防措施进行验证，并不断总结、完善应急救援制度。根据应急救援制度制定综合应急预案；每年开展一次专项事故应急演练，评价公司综合应急预案的适宜性并修订。

二、项目部职责

项目部负责预防潜在事故，制定应急预案，准备应急物资，组织应急演练；并且在紧急事件发生时立即启动项目应急救援预案，评价和修订项目应急预案。

三、应急控制流程

应急控制流程见图 2-2。

图 2-2 应急控制流程

四、潜在事故和紧急情况的识别

施工过程中一般有火灾、爆炸、触电、高温中暑、中毒、台风、雷击、暴雨、地震、机械伤害、施工过程中挖断水电、通信、燃气管线、基坑坍塌、高处坠落等潜在事故，具体结合项目部重大危险源和环境因素的评价后确定。

五、应急准备

1.制定应急预案

对于潜在事故和紧急情况因素，编制应急预案，应急预案应包含以下内容。

（1）可能发生的事故、事件的性质、后果；

（2）建立组织机构，明确职责；

（3）事故报告机制，按照制度逐级上报，同时报监理和业主单位，确定报警及医疗机构的联络方法；

（4）确定应急处理措施，注意与总包、业主等单位的应急协调；

（5）确定疏散程序，撤离和疏散路线应与总包、业主进行协调和统一；

（6）确定物资准备的种类和数量，列出应急设备、材料清单（表2-4）。

应急设备、材料清单 表2-4

序号	设备、材料名称	型号、规格	数量	备注

2.应急预案的审批

（1）企业综合应急预案编制完毕后，由本单位主要负责人组织有关部门和人员进行内部评审，经生产经营单位主要负责人签署发布。

（2）项目部专项处置方案由项目经理审批发布，报公司备案。

3.应急演练

（1）对于评价的易发（高发）事故，根据应急预案，组织演习，并对活动进行记录（表2-5）。

应急小组活动记录

表2–5

活动名称		活动负责人	
活动地点		活动时间	

参加人员：

活动内容：

活动效果：

记录人		时间		确认人		时间	

（2）施工现场其他潜在事故和紧急情况的应急准备，暂无条件开展现场演练的，由项目经理负责组织"桌面推演演练"❶，保留相应的记录。

4.应急物资准备

（1）配备足够数量、种类的应急器材。

（2）应急器材应定时检查，作好标识，防止失效。

5.应急标识

（1）应急小组成员和联系电话上墙明示。

（2）应急疏散路线进行明显的标识。

---

❶ 桌面演练是指参演人员利用平面图、沙盘、流程图、计算机模拟、视频会议等辅助手段，针对事先假定的演练情景，讨论和推演应急决策及现场处置的过程，从而促进相关人员掌握应急预案中所规定的职责和程序，提高指挥决策和协同配合能力。桌面演练通常在室内完成。

六、应急救援响应

（1）当施工现场发现紧急事故（事件），根据规定逐级上报。并按照事故等级启动相应层级的应急预案。

（2）机关办公区域发生紧急事故（事件），由各自办公室组织人员疏散、自救、报警。

（3）当事态发展到难以控制和处理时（如施工过程中挖断水电管线、燃气管线、化工管线等），应立即疏散现场人员，并向有关单位报告请求救援。

（4）在紧急事件结束后 24 小时内，各层级应急组织部门应填写应急情况（事故）处理记录（表2-6）。

<table>
<tr><td colspan="3" align="center">应急情况（事故）处理记录</td><td colspan="2">表2-6</td></tr>
<tr><td>事件（事故）发生部门（项目部）</td><td></td><td></td><td>发生时间</td><td>年　月　日</td></tr>
<tr><td colspan="5">事件（事故）主要经过及造成的损失：

</td></tr>
<tr><td colspan="5">事件（事故）主要责任人：</td></tr>
<tr><td colspan="5">事件（事故）处理经过：

</td></tr>
<tr><td colspan="5">整改、纠正措施制订及落实情况：

</td></tr>
<tr><td colspan="2" align="center">填表人</td><td></td><td>时间</td><td>年　月　日</td></tr>
<tr><td colspan="5" align="center">确认人</td></tr>
<tr><td colspan="2" align="center">责任部门（项目部）负责人</td><td></td><td>时间</td><td>年　月　日</td></tr>
<tr><td colspan="2" align="center">事件（事故）处理小组负责人</td><td></td><td>时间</td><td>年　月　日</td></tr>
</table>

七、评价和改进

每次应急响应或应急演练后应进行评价，及时修缮应急救援制度和应急预案。

第七节 工伤保险制度

《中华人民共和国建筑法》第四十八条规定建筑施工企业应当依法为职工参加工伤保险并缴纳工伤保险费。鼓励企业为从事危险作业的职工办理意外伤害保险，支付保险费。根据本条规定，为职工购买工伤保险是强制性规定。各省、市、区均有相对应的农民工工伤保险制度。

一、工伤保险和意外伤害保险的购买

以杭州市建筑施工企业农民工工伤保险的规定为例，凡在本市行政区域范围内从事房屋建筑工程、市政基础设施工程、装饰装修工程等活动的建筑施工企业，包括建设工程项目的建筑施工总承包企业、单项工程的建筑施工承包企业、直接发包的专业承包企业，应当按照《工伤保险条例》和《杭州市人民政府办公厅转发市劳动保障局等部门关于推进杭州市建筑施工企业农民工参加工伤保险的通知》（杭政办函［2007］148号）的规定，为从事建筑施工的农民工办理工伤保险，落实工伤保险待遇。建筑施工企业农民工参加工伤保险，以建设工程项目为单位，由建筑施工企业为参与该项目建设的所有农民工统一办理参保登记和缴费手续。农民工个人不缴纳工伤保险费，应由所在单位为其缴纳。

建设工程项目农民工工伤保险的缴费数额，按照建设工程项目造价乘以1.1‰计算（缴费基数以建设工程造价的11%作为工资总额，按1%的工伤保险基准费率计算）。其他地区参照当地的社会保障部门规定执行。

工伤补偿是无过错赔偿，而购买意外伤害保险是对工伤保险的一种补充，一旦事故发生，通过工伤保险和意外伤害保险的双重赔付，可以大大地减轻企业的负担。

二、工伤和视同工伤的各种情形

1. 职工有下列情形之一的，应当认定为工伤

（1）在工作时间和工作场所内，因工作原因受到事故伤害的；

（2）工作时间前后在工作场所内，从事与工作有关的预备性或者收尾性工作受到事故伤害的；

（3）在工作时间和工作场所内，因履行工作职责受到暴力等意外伤害的；

（4）患职业病的；

（5）因工外出期间，由于工作原因受到伤害或者发生事故下落不明的；

（6）在上下班途中，受到非本人主要责任的交通事故或者城市轨道交通、客运轮渡、火车事故伤害的；

（7）法律、行政法规规定应当认定为工伤的其他情形。

2. 视同工伤的情形主要有以下几种

（1）在工作时间和工作岗位，突发疾病死亡或者在 48 小时之内经抢救无效死亡的；

（2）在抢险救灾等维护国家利益、公共利益活动中受到伤害的；

（3）职工原在军队服役，因战、因公负伤致残，已取得革命伤残军人证，到用人单位后旧伤复发的。

三、工伤认定

用人单位、工伤职工或者其直系亲属均可以申请工伤认定。职工发生事故伤害或者按照职业病防治法规定被诊断、鉴定为职业病，所在单位应当自事故伤害发生之日或者被诊断、鉴定为职业病之日起 30 日内，向统筹地区社会保险行政部门提出工伤认定申请。遇有特殊情况，经报社会保险行政部门同意，申请时限可以适当延长。用人单位未在规定的时限内提出工伤认定申请的，受伤害职工或者其近亲属、工会组织在事故伤害发生之日或者被诊断、鉴定为职业病之日起 1 年内，可以直接按照《工伤认定管理办法》第四条规定提出工伤认定申请。

工伤认定需要提供的材料包括：

（1）工伤认定申请表。

（2）劳动合同。

（3）医疗机构出具的受伤后诊断证明书或者职业病诊断证明书（或者职业

病诊断鉴定书）。

用人单位应积极配合并协助社会保险行政部门工作人员进行调查核实工作。

四、劳动能力鉴定

单位职工已被认定为工伤，在停工留薪期内治愈、伤情处于相对稳定状态，或者停工留薪期满，且已因工伤造成残疾影响劳动能力的，应当进行劳动能力鉴定，鉴定劳动功能障碍程度、评定护理依赖程度。

1. 申请劳动能力鉴定需要提供的材料

（1）被鉴定人所在单位填写职工因工致残程度鉴定表，一式四份；

（2）工伤认定书原件和复印件；

（3）受伤害职工的身份证复印件；

（4）医疗诊断证明书；

（5）工伤治疗的原始病历等相关材料。

2. 办理工作基本程序

（1）劳动能力鉴定委员会受理后，2 个月内通知被鉴定人到指定地点进行体检，由医学鉴定小组的相关医疗卫生专家，对照《劳动能力鉴定职工工伤与职业病致残等级》GB/T 16180-2006，提出鉴定意见；市劳动能力鉴定委员会根据鉴定意见作出因工致残程度和护理依赖程度等级的鉴定结论，并书面通知单位和被鉴定人。

（2）申请鉴定的单位和个人对鉴定结论不服的，可以在收到该鉴定结论之日起 15 日内向省级劳动能力鉴定委员会提出再次鉴定的申请。

（3）用人单位和工伤职工在鉴定结论作出满 1 年后，认为伤残情况发生变化的，可以申请劳动能力复查鉴定。

五、工伤赔付

凡是购买工伤保险的项目，发生工伤事故后，根据工伤认定和劳动能力鉴定以及《工伤保险条例》规定，确定工伤赔付。各地均有明确的工伤待遇，具体以杭州市为例，见表 2-7。

没有按照规定购买工伤保险的施工单位，自行承担工人的工伤赔付，且必须按照《工伤保险条例》及统筹地区的工伤标准进行赔付。

建设工程项目农民工工伤保险待遇明细表（2012年）

表2-7

补偿类型			一次性享受的工伤保险长期待遇*（包括、一次性伤残补助金、生活护理费、后期的医疗费和辅助器具费等）	一次性待遇		
				伤残补助金*	工伤医疗补助金*	伤残就业补助金
因工伤残待遇	完全丧失劳动能力	1级	工伤发生时上年度浙江省在岗职工年平均工资为基数 16倍			
		2级	14倍			
		3级	12倍			
		4级	10倍			
	大部分丧失劳动能力	5级		工伤发生时上年度浙江省在岗职工月工资的60%为基数 18个月	农民工与用人单位解除或终止劳动关系后,由所在省度浙江省在岗职工月平均工资为基数计发 30个月	农民工与用人单位解除或终止劳动关系后,由所在单位按上年度浙江省在岗职工工资为基数计发 30个月
		6级		16个月	25个月	25个月
	部分丧失劳动能力	7级		13个月	10个月	10个月
		8级		11个月	7个月	7个月
		9级		9个月	4个月	4个月
		10级		7个月	2个月	2个月
停工留薪期间待遇			工资不低于当地最低工资标准,由所在单位按月支付。住院期间生活不能自需要护理的,由所在单位负责(可参照所在医院不低于统筹地护工工资支付)			
住院伙食补助费*			按住院期间的实际天数实行定额补助,标准为每人每天15元			
交通、食宿费*			经医疗机构出具证明,报经办机构同意,工伤职工到统筹地区以外就医所需涉及交通、食宿费用,依规定凭据报销			
残疾辅助器具费*			经劳动能力鉴定委员会确认,可以安装辅助器具的,配置辅助器具费用按国家规定的标准支付			

续表

因工死亡待遇	工伤医疗费*		治疗工伤的医疗费，按《浙江省基本医疗保险、工伤保险和生育保险药品目录》范围支付	
	丧葬补助金*		上年度浙江省在岗职工月平均工资×6个月	
	一次性工亡补助金*		上一年度全国城镇居民人均可支配收入的20倍	
	一次性领取供养亲属抚恤金*	配偶：上年度浙江省在岗职工月平均工资的60%×40%	应符合《因工死亡职工供养亲属范围的规定》条件的供养亲属，核定各供养亲属之和不应高于上年度浙江省在岗职工月平均工资的60%。因工死亡职工供养亲属不满18周岁的，计算到满18周岁；其他供养亲属年满55周岁以上的，但55周岁以上的，年龄每增加1岁减少1年，70周岁以上亲属计算20周年，上的按5年计算	
		其他供养亲属：上年度浙江省在岗职工月平均工资的60%×30%		
		孤寡老人或孤儿：在上述标准基础上增加10%		
	工伤医疗费*		在医疗机构抢救治疗的医疗费，按《浙江省工伤保险药品目录、医疗服务项目目录》范围支付	

注：1.依据《工伤保险条例》（国务院令第375号）、《因工死亡职工供养亲属范围规定》、《浙江省人力资源和社会保障厅浙江省财政厅关于贯彻落实国务院〈工伤保险条例〉若干问题的通知》（浙人社发[2011]253号）、《浙江省工伤保险市级统筹暂行办法》（浙政办[2011]21号）、《关于公布杭州市职工工伤治疗期间伙食交通费补助费支付标准的通知》（杭政函[2011]99号）、《转发劳动和社会保障部关于农民工参加工伤保险有关问题的通知》（浙劳社工伤[2004]140号）、《关于一次性工伤保险待遇问题的复函》（浙劳社厅字[2004]294号）。
2.带"*"的为工伤保险基金支付。

第三章

施工现场安全与文明施工、职业健康管理

    施工现场安全与职业健康管理、文明施工管理必须满足国家法律法规、标准规范及地方性的要求，还应同时满足公司管理制度的要求。安全文明施工管理最能体现施工队伍的整体素质和施工部署水平；做好现场安全、文明施工、职业健康管理，是降低安全成本、提升施工企业美誉度的必经之路。

第一节 现场警示标志的设置

一、安全标志布置的意义

正确使用安全标志，可以使作业人员能够及时、准确地得到提醒，以防止事故、危害发生以及人员伤亡；安全标志不但能够提醒工作人员预防危险发生，而且当危险发生时，能够指示人们尽快逃离，或者指示人们采取正确、有效、得力的措施，将危害降到最低。安全警示标志在安全生产过程中起到积极的作用。

二、安全标志的定义

安全标志是根据国家标准规定，由安全色、几何图形和图形、符号构成。国家规定了四类传递安全信息的安全标志：禁止标志表示不准或制止人们的某种行为；警告标志使人们注意可能发生的危险；指令标志表示必须遵守，用来强制或限制人们的行为；提示标志示意目标地点或方向。施工现场常用安全标志基本形式见图 3–1 ~ 图 3–3，安全标志样板见图 3–4 ~ 图 3–7。

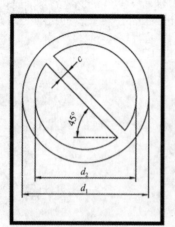

外径 $d_1 = 0.025L$；
内径 $d_2 = 0.800d_1$；
斜杠宽 $c = 0.080d_1$；
斜杠与水平线的夹角 $a = 45°$；
L 为观察距离

图 3–1 禁止标志的基本形式及参数

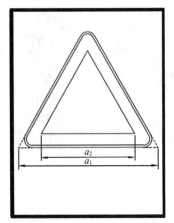

外边 $a_1 = 0.034L$;
内边 $a_2 = 0.700a_1$;
边框外角圆弧半径 $r = 0.080a_2$

图 3-2　警告标志基本形式及参数

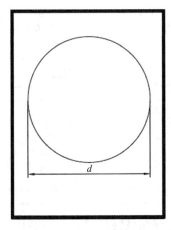

直径 $d=0.025L$;
L 为观察距离

图 3-3　指示标志的基本形式及参数

图 3-4　禁止标志样式（一）

图 3-4 禁止标志样式（二）

图 3-5 警告标志样式

图 3-6 指令标志样式

图 3-7　提示标志样式

三、安全标志的设置

（1）施工现场应有安全标志布置平面图，在主要施工部位、作业点、危险区域及主要通道口均应挂设标志。

（2）安全标志必须符合《安全标志及其使用导则》GB 2894-2008 等国家相关标准要求。

（3）现场挂设位置的要求：安装高度要与往来人员视线水平；危险和警告标志应设置在危险源前方足够远处，保证人们有足够的时间注意其所表示的内容。例如，警告不要接触开关或其他电气设备的标志，应设置在它们近旁，而大厂区或运输道路上的标志，应设置于危险区域前方足够远的位置，以保证在到达危险区之前就可观察到此种警告。

（4）设立于某一特定位置的安全标志均应被牢固地安装，保证其自身安全性。不应设置于移动物体上，例如门、窗等，因为物体位置的任何变化都会造成标志失效。

（5）当安全标志被置于墙壁或其他现存的结构上时，背景色应与标志上的主色形成对比色，确保醒目。

（6）安装好的标志不应被任意移动，除非位置的变化有益于标志的警示作用。对于那些已经无用的安全标志，应立即卸下，特别是临时性危险的标志，以防干扰其他有用标志。

（7）经常移动的警示标志，应设置可靠的支架，确保能够架立于适当的地方。

（8）安全标志应由项目部专职安全生产管理人员负责管理，作为平时巡查内容，及时维护和更换。

第二节　临时设施

一、临时设施的种类

（1）办公设施，包括办公室、会议室、保卫传达室。

（2）生活设施，包括宿舍、食堂、厕所、淋浴室、阅览娱乐室、卫生保健室等。

（3）生产设施，包括材料仓库、防护棚、加工棚（如预制场和机械维修厂）、操作棚等。

（4）消防设施。

（5）辅助设施，包括道路、现场排水、供电、供热设施、围墙、大门、供水处、吸烟处等。

二、临时设施布置的原则

（1）应选址合理，不应建造在易发生滑坡、坍塌、泥石流、山洪等危险地段和低洼积水区域，应避开水源保护区、水库泄洪区、濒险水库下游地段、强风口和危房影响范围。

（2）应避免有害气体、强噪声等对使用人员的影响。

（3）不应占压原有的地下管线，不应影响文物和历史文化遗产的保护与修复。

（4）协调紧凑，功能分区明确，节约用地。

（5）尽量利用建设单位在施工现场或附近能提供的现有房屋和设施。

（6）应本着厉行节约、减少浪费的精神，充分利用当地材料，尽量采用活动式或容易拆装的房屋。

（7）应方便生产和生活。

（8）应执行国家有关建筑节能、绿色环保的相关规定，符合节能、节地、节水、节材和环境保护等绿色施工要求。

（9）应满足现场防火、灭火及人员安全疏散的要求。

三、临时设施的搭设

1.一般规定

（1）应根据建设规模与现场情况，确定临时建筑各类用房的功能配置和结构形式；

（2）临时建筑应根据用地条件、使用要求、结构选型、生产制作等情况按建筑模数选择开间和进深，合理确定建筑平面；

（3）临时建筑不应超过二层，会议室、餐厅、仓库等人员较密集、荷载较大的用房应设在临时建筑的底层；

（4）临时建筑的办公用房、宿舍宜采用活动房，临时围挡用材宜选用彩钢板；

（5）临时建筑的外窗不宜过大，可开启面积不应小于床面积的30%，应有良好的气密性、水密性和保温隔热性能；

（6）严寒和寒冷地区应设置防寒设施；

（7）临时建筑地面应具有防水、防潮、防虫等功能，且应高出室外地面不少于150mm，周边应排水通畅、无积水，不堆放杂物；

（8）临时建筑应设置灭火器、临时消防给水系统和应急照明等临时消防设施。

2.防火规定

（1）临时用房应采取可靠的防火分隔和安全疏散等防火措施。

（2）临时用房的防火设计应根据其使用性质及火灾危险性等情况进行确定。

（3）宿舍、办公室用房的防火设计应符合下列规定：

1）建筑构件的燃烧性能等级应为A级。当采用金属夹芯板材时，其芯材的燃烧性能等级应为A级。

2）建筑层数不应超过3层，每层建筑面积不应大于300m²。

3）层数为3层或每层建筑面积大于200m²时，应设置不少于两部疏散楼梯，房间疏散门至疏散楼梯的最大距离不应大于25m。

4）单面布置用房时，疏散走道的净宽度不应小于1.0m；双面布置用房时，疏散走道的净宽度不应小于1.5m。

5）疏散楼梯的净宽度不应小于疏散走道的净宽度。

6）宿舍房间的建筑面积不应大于30m²，其他房间的建筑面积不宜大于100m²。

7）房间内任一点至最近疏散门的距离不应大于15m，房门的净宽度不应小于0.8m，房间建筑面积超过50m²时，房门的净宽度不应小于1.2m。

8）隔墙应从楼地面基层隔断至顶板基层底面。

（4）发电机房、变配电房、厨房操作间、锅炉房、可燃材料房及易燃易爆危险品库房的防火设计等级应符合下列规定：

1）建筑构件的燃烧性能等级应为 A 级。

2）层数应为 1 层，建筑面积不应大于 200m²。

3）可燃材料库房单个房间的建筑面积不应超过 30m²，易燃易爆危险品库房单个房间的建筑面积不应超过 20m²。

4）房间内任一点至最近疏散门的距离不应大于 10m，房门的净宽度不应小于 0.8m。

3. 办公用房的搭设

（1）办公区应设置办公用房、停车场、宣传栏、密闭式垃圾容器等设施。

（2）办公用房室内净高不应低于 2.5m。普通办公室每人使用面积不应小于 4m²，会议室使用面积不宜小于 30m²。

（3）办公室、会议室应有天然采光和自然通风，窗地面积比不应小于 1/7，通风开口面积不应小于房间地板面积的 1/20。

（4）办公室、会议室各个管理制度张贴上墙。

4. 生活用房的搭设

（1）宿舍

1）宿舍应当选择在通风、干燥的位置，防止雨水、污水流入。

2）不得在尚未竣工建筑物内设置员工集体宿舍。

3）宿舍必须设置可开启式窗户，设置外开门，房间的通风开口有效面积不应小于该房间地板面积的 1/20。

4）宿舍内应保证有必要的生活空间，室内净高不得小于 2.5m，通道宽度不得小于 0.9m，每间宿舍居住人员不应超过 16 人。

5）宿舍内的单人铺不得超过 2 层，严禁使用通铺，床铺应高于地面 0.3m，人均床铺面积不得小于 1.9m×0.9m，床铺间距不得小于 0.3m。

6）宿舍内应设置生活用品专柜，有条件的宿舍宜设置生活用品储藏室；宿舍内严禁存放施工材料、施工机具和其他杂物。

7）宿舍周围应当搞好环境卫生，应设置垃圾桶、鞋柜或鞋架，生活区内应为作业人员提供晾晒衣物的场地，房屋外应道路平整，晚间有充足的照明。

8）寒冷地区冬季宿舍应有保暖措施、防煤气中毒措施，火炉应当统一设置、管理，炎热季节应有消暑和防蚊虫叮咬措施。

9）应当制定宿舍管理使用责任制，轮流负责卫生和使用管理或安排专人管理。

10）宿舍管理制度要张贴上墙。

（2）食堂

1）食堂宜采用单层结构，屋面严禁采用石棉瓦搭盖，顶棚宜采用吊顶。

2）食堂应当选择在通风、干燥的位置，防止雨水、污水流入，应当保持环境卫生，远离厕所、垃圾站、有毒有害场所等污染源的地方，装修材料必须符合环保、消防要求。

3）食堂应设置独立的制作间、储藏间。

4）食堂应配备必要的排风设施和冷藏设施，安装纱门纱窗，室内不得有蚊蝇，门下方应设不低于 0.2m 的防鼠挡板。

5）食堂的燃气罐应单独设置存放间，存放间应通风良好并严禁存放其他物品。

6）食堂制作间灶台及其周边应贴瓷砖，瓷砖的高度不宜小于 1.5m；地面应做硬化和防滑处理，按规定设置污水排放设施。

7）食堂制作间的刀、盆、案板等炊具必须生熟分开，食品必须有遮盖，遮盖物品应有正反面标识，炊具宜存放在封闭的橱柜内。

8）食堂内应有存放各种佐料和副食的密闭器皿，并应有标识，粮食存放台距墙和地面应大于 0.2m。

9）食堂外应设置密闭式泔水桶，并应及时清运，保持清洁。

10）食堂管理制度要张贴在墙上。

（3）厕所、盥洗室、浴室的搭设

1）施工现场应设置自动水冲式或移动式厕所。

2）厕所的蹲位设置应满足男厕每 50 人、女厕每 25 人设 1 个蹲便器，男厕每 50 人设 1m 长小便槽的要求。蹲便器间距不小于 900mm，蹲位之间宜设置隔板，隔板高度不低于 900mm。

3）应设置满足施工现场人员使用的盥洗池和水龙头。盥洗池水嘴与员工的比例为 1：20，水嘴间距不小于 700mm。

4）淋浴间的淋浴器与员工的比例为 1：30，淋浴器间距不小于 1100mm。

5）淋浴间应设置储衣柜或挂衣架。

6）厕所、盥洗室、淋浴间的地面应硬化处理。

7）厕所、盥洗室、淋浴间的管理制度要对应地张贴在墙上。

（4）文体活动室

1）文体活动室使用面积宜为 30 ~ 50m²，并应配备电视机、书报和必要的文体活动设施、用品。

2）安排专人负责监督室内物品保全、卫生保洁、门窗关闭。

3）文体活动室管理制度张贴上墙。

5. 仓库的搭设

（1）仓库的面积应通过计算确定，根据各个施工阶段的需要先后进行布置。

（2）易燃易爆品仓库的布置应当符合防火、防爆安全距离要求。

（3）仓库内各种工具、器件、物品应分类集中放置，设置标牌，标明规格型号。

（4）易燃、易爆和剧毒物品不得与其他物品混放，并建立严格的进出库制度，由专人管理。

6. 防护棚

（1）大型防护棚可用砖混、砖木结构，应当进行结构计算，保证结构安全。小型防护棚一般钢管扣件脚手架搭设，应当严格按照《建筑施工扣件式钢管脚手架安全技术规范》JGJ 130–2011 要求搭设。

（2）防护棚顶应当满足承重、防雨要求，在施工坠落半径之内的，棚顶应当具有抗砸能力。可采用多层结构。最上层材料强度应能承受 10kPa 的均布静荷载，也可采用 50mm 厚木板架设或采用两层竹笆，上下竹笆层间距应不小于 600mm。

7. 疏散通道

（1）耐火极限不应低于 0.5h。

（2）置在地面上的临时疏散通道，其净宽度不应小于 1.5m；利用在建工程施工完毕的水平结构、楼梯作临时疏散通道，其净宽度不应小于 1.0m；用于疏散的爬梯及设置在脚手架上的临时疏散通道，其净宽度不应小于 0.6m。

（3）疏散通道为坡道时，且坡度大于 25° 时，应修建楼梯或台阶踏步或设置防滑条。

（4）临时疏散通道不宜采用爬梯，确需采用爬梯时，应有可靠固定措施。

（5）临时疏散通道的侧面如为临空面，必须沿临空面设置高度不小于 1.2m 的防护栏杆。

（6）临时疏散通道设置在脚手架上时，脚手架应采用不燃材料搭设。

（7）通道应设置明显的疏散指示标识。

（8）疏散通道应设置照明设施。

8. 消防设施

（1）一般规定：

1）施工现场应设置灭火器、临时消防给水系统和临时消防应急照明等临时消防设施。

2）临时消防设施应与在建工程的施工同步设置，房屋建筑工程中，临时消防设施的设置与在建工程主体结构施工进度的差距不应超过 3 层。

3）施工现场在建工程可利用已具备使用条件的永久性消防设施作为临时消防设施，当永久性消防设施无法满足使用要求时，应增设临时消防设施，并应符合有关的规定。

4）施工现场的消火栓泵应采用专用消防配电线路，专用消防配电线路应自施工现场总配电箱的总断路器上端接入，且应保持不间断供电。

5）地下工程的施工作业场所宜配备防毒面具。

6）临时消防给水系统的贮水池、消火栓泵、室内消防竖管及水泵接合器等，应设有醒目标识。

（2）灭火器：

1）易燃易爆危险品存放及使用场所。

2）动火作业场所。

3）可燃材料存放、加工及使用场所。

4）厨房操作间、发电机房、变配电房、设备用房、办公用房、宿舍等临时用房。

5）其他具有火灾危险的场所。

6）施工现场灭火器配置应符合下列规定：

①灭火器的类型应与配备场所可能发生的火灾类型相匹配。

②灭火器的最大保护距离应符合表3-1的规定。

灭火器最大保护距离   表3-1

灭火器配置场所	固体物质火灾（m）	液体或可熔化固体物质火灾、气体类火灾（m）
易燃易爆危险品存放及使用场所	15	9
固定动火作业场	15	9
临时动火作业点	10	6
可燃材料存放、加工及使用场所	20	12
厨房操作间	20	12
发电机房、变配电房	20	12
办公用房、宿舍等	25	—

③灭火器的配置数量应按照《建筑灭火器配置设计规范》GB 50140-2005经计算确定，且每个场所的灭火器数量不应少于2只。

④灭火器的最低配置标准应符合表3-2的规定。

灭火器的最低配置标准 表3-2

项目	固体物质火灾		液体或可熔化固体物质火灾、气体火灾	
	单只灭火器最小灭火级别	单位灭火级别最大保护面积（m²/A）	单只灭火器最小灭火级别	单位灭火级别最大保护面积（m²/B）
易燃易爆危险品存放及使用场所	3A	50	89B	0.5
固定动火作业场	3A	50	89B	0.5
临时动火作业点	2A	50	55B	0.5
可燃材料存放、加工及使用场所	2A	75	55B	1.0
厨房操作间、锅炉房	2A	75	55B	1.0
自备发电机房	2A	75	55B	1.0
变、配电房	2A	75	55B	1.0
办公用房、宿舍	1A	100	—	—

（3）临时消防给水系统：

1）施工现场或其附近应设置稳定、可靠的水源，并应能满足施工现场临时消防用水的需要。消防水源可采用市政给水管网或天然水源。当采用天然水源时，应采取措施确保冰冻季节、枯水期最低水位时顺利取水，并满足临时消防用水量的要求。

2）临时消防用水量应为临时室外消防用水量与临时室内消防用水量之和。

3）临时室外消防用水量应按临时用房和在建工程的临时室外消防用水量的较大者确定，施工现场火灾次数可按同时发生1次确定。

4）临时用房建筑面积之和大于1000m²或在建工程单体体积大于10000m³时，应设置临时室外消防给水系统。当施工现场处于市政消火栓150m保护范围内且市政消火栓的数量满足室外消防用水量要求时，可不设置临时室外消防给水系统。

5）临时用房的临时室外消防用水量不应小于表3-3的规定。

临时用房的临时室外消防用水量 表3-3

临时用房的建筑面积之和	火灾延续时间（h）	消火栓用水量（L/s）	每支水枪最小流量（L/s）
1000m²＜面积≤5000m²	1	10	5
面积＞5000m²		15	5

6）在建工程的临时室外消防用水量不应小于表3-4的规定。

在建工程的临时室外消防用水量　　　　　　　　　　　　表3-4

在建工程（单体）体积	火灾延续时（h）	消火栓用水量（L/s）	*每支水枪最小流量（L/s）
10000m³<体积≤30000m³	1	15	5
体积>30000m³	2	20	5

7）施工现场临时室外消防给水系统的设置应符合下列要求：

①给水管网宜布置成环状。

②临时室外消防给水干管的管径应依据施工现场临时消防用水量和干管内水流计算速度进行计算确定，且不应小于 DN100。

③室外消火栓应沿在建工程、临时用房及可燃材料堆场及其加工场均匀布置，距在建工程、临时用房及可燃材料堆场及其加工场的外边线不应小于 5m。

④消火栓的间距不应大于 120m。

⑤消火栓的最大保护半径不应大于 150m。

8）建筑高度大于 24m 或单体体积超过 30000m³ 的在建工程，应设置临时室内消防给水系统。

9）在建工程的临时室内消防用水量不应小于表 3-5 的规定。

在建工程的临时室内消防用水量　　　　　　　　　　　　表3-5

建筑高度、在建工程体积（单体）	火灾延续（h）	消火栓用水量（L/s）	每支水枪最小流量（L/s）
24m<建筑高度≤50m或30000m³<体积≤50000m³	1	10	5
建筑高度>50m或体积>50000m³		15	5

10）高度超过 100m 的在建工程，应在适当楼层增设临时中转水池及加压水泵。中转水池的有效容积不应少于 10m³，上下两个中转水池的高差不宜超过100m。

11）临时消防给水系统的给水压力应满足消防水枪充实水柱长度不小于10m 的要求；给水压力不能满足要求时，应设置消火栓泵，消火栓泵不应少于 2台，且应互为备用；消火栓泵宜设置自动启动装置。

12）当外部消防水源不能满足施工现场的临时消防用水量要求时，应在施工现场设置临时贮水池。临时贮水池宜设置在便于消防车取水的部位，其有效容积不应小于施工现场火灾延续时间内一次灭火的全部消防用水量。

13）施工现场临时消防给水系统应与施工现场生产、生活给水系统合并设置，但应设置将生产、生活用水转为消防用水的应急阀门。应急阀门不应超过

2 个，且应设置在易于操作的场所，并设置明显标识。

14）严寒和寒冷地区的现场临时消防给水系统，应采取防冻措施。

四、临时设施的使用管理

（1）临时建筑使用单位应建立健全安全保卫、卫生防疫、消防、生活设施的使用和生活管理等各项管理制度。

（2）活动房应严格按照使用说明书的规定使用。

（3）活动房超过规定使用年限时，应对房屋结构和维护系统进行全面检查，并对结构安全性能进行评估，合格后方可继续使用。对超过使用年限，但不能及时拆除的活动房，应采取相应的管理措施。

（4）临时建筑使用单位应定期对生活区住宿人员进行安全、治安、消防、卫生防疫、环境保护等法律法规教育。

（5）临时建筑使用单位应建立临时建筑防台、防汛、防雨雪灾害等应急预案，在台风、雷暴雨雪来临前，应组织进行全面检查，并采取可靠的加固措施。

（6）临时建筑在使用过程中，不应更改原设计的使用功能，楼地面的使用荷载不得超过设计值。如超过设计值，应对结构进行评估后确定。

（7）临时建筑在使用过程中，在无专门设计和加固措施的情况下，不得随意开洞、打孔或对结构进行改动，严禁擅自拆除隔墙和围护构件。

（8）生活区内不得存放易燃、易爆、剧毒、放射源等化学危险物品，活动房不得存放腐蚀性较大的化学材料。

（9）在墙体上安装吊挂件，必须满足结构受力要求。

（10）严禁擅自安装、改造和拆除临建房屋内的电线、电器装置和用电设备，严禁使用电炉等大功率用电设备。

（11）对于使用空调、采暖设备的临时建筑，其室内温度控制应符合下列规定：

1）当办公室、会议室、宿舍、员工文娱活动室及餐厅等房间设置空调时，夏季空调室内设计温度为 26 ~ 27℃，冬季空调室内设计温度为 18 ~ 20℃。

2）当公共淋浴室设置采暖设施时，采暖室内设计温度为 18 ~ 20℃。

（12）临时建筑内严禁采用明火采暖。以煤为燃料，采用分散式采暖的临时建筑应设烟囱，上下层或毗邻居室不得共用单孔烟道。

（13）围挡的使用应符合下列规定：

1）严禁在围挡墙体或紧靠围挡架设广告或宣传标牌。

2）对围挡应进行定期检查，如发现开裂、沉降、倾斜等险情，应立即采取相应加固措施。

3）堆场的物品、弃土等不得紧靠围挡内、外侧堆载，施工现场堆场离围挡的安全距离不应小于1.0m。

4）围挡上的灯光照明设置、使用等，应按照《施工现场临时用电安全技术规范》JGJ 46-2005的规定执行。

（14）临时建筑使用单位应建立健全维护管理制度，组织相关人员对临时建筑的使用情况进行定期检查、维护，并建立相应的使用台账记录。对检查过程中发现的问题和安全隐患，应及时采取相应措施。

（15）周转使用规定年限内的活动房重新组装前，应对主要构件进行检查维护，达到质量标准的方可使用。

第三节　施工现场的职业健康管理

一、食堂卫生管理制度

1. 建立健全的卫生管理组织和卫生档案管理制度

（1）施工单位负责人为工地食堂的卫生责任人，全面负责工地食堂的食品卫生工作。每个工地食堂还要设立专职或兼职的卫生管理人，负责工地食堂的日常食品卫生管理工作和卫生档案的管理工作。

（2）档案应每年进行一次整理。档案内容包括申请卫生许可的基础资料、卫生管理组织机构、各项制度、各种卫生检查记录、个人健康证明、卫生知识培训证明、食品原料和有关用品索证资料、餐具消毒自检记录、检验报告等。

2. 严格做好从业人员卫生管理工作

（1）从业人员上岗前必须到卫生行政部门确定的体检单位进行体检，取得健康证明才能上岗。发现痢疾、伤寒、病毒性肝炎等消化道传染病（包括病原携带者），活动性肺结核、化脓性或者渗出性皮肤病以及其他有碍食品卫生的疾病患者应及时调离。从业人员每年体检1次。

（2）切实做好从业人员卫生知识培训工作。上岗前必须取得卫生知识培训合格证明才能上岗，从业人员卫生知识培训每2年复训1次。

（3）建立本食堂的从业人员卫生管理制度，加强人员管理。

3. 落实卫生检查制度，勤检查，保卫生

（1）卫生管理人员每天进行卫生检查；各部门每周进行一次卫生检查；单位负责人每月组织一次卫生检查。各类检查应有检查记录，发现严重问题应有改进及奖惩记录。

（2）检查内容包括食品加工、储存、销售的各种防护设施、设备及运输食品的工具，冷藏、冷冻和食具用具洗消设施，损坏应维修并有记录，确保正常运转和使用。

4. 建立健全的食品采购、验收卫生制度，把好食品采购关

（1）采购的食品原料及成品必须色、香、味、形正常，不采购腐败变质、霉变及其他不符合卫生标准要求的食品。

（2）采购肉类食品必须索取卫生检验合格证明；采购定型包装食品，商标上应有品名、厂名、厂址、生产日期、保存期（保质期）等内容；采购酒类、罐头、饮料、乳制品、调味品等食品，应向供方索取本批次的检验合格证或检验单；采购进口食品必须有中文标识。

5. 建立健全的食品贮存卫生制度，保证食品质量

（1）食品仓库实行专用，并设置能正常使用的防鼠、防蝇、防潮、防霉、通风设施。食品分类、分架、隔墙离地存放，各类食品有明显标志，有异味或易吸潮的食品应密封保存或分库存放，易腐食品要及时冷藏、冷冻保存。

（2）食品进出库应有专人登记，设立台账制度。做到食品勤进勤出，先进先出；要定期清仓检查，防止食品过期、变质、霉变、生虫，及时清理不符合卫生要求的食品。

（3）食品成品、半成品及食品原料应分开存放，食品不得与药品、杂品等物品混放。

（4）冰箱、冰柜和冷藏设备及控温设施必须正常运转。冷藏设备、设施不能有滴水，结霜厚度不能超过 1cm，冷冻温度必须低于 -18℃，冷藏温度必须保持在 0 ~ 10℃。

6. 做好粗加工卫生管理，把好食品筛选第一关

（1）工地食堂应设有专用初（粗）加工场地，清洗池做到荤、素分开，有明显标志。加工后食品原料要放入清洁容器内（肉禽、鱼类要用不透水容器），不落地，有保洁、保鲜设施。加工场所防尘、防蝇设施齐全并正常使用。

（2）初（粗）加工的摘洗、解冻、切配、加工工艺流程必须合理，各工序必须严格按照操作规程和卫生要求进行操作，确保食品不受污染。

（3）加工后肉类必须无血、无毛、无污物、无异味；水产品无鳞、无内脏；蔬菜瓜果必须无泥沙、杂物、昆虫。蔬菜瓜果加工时必须浸泡半小时。

7. 做好加工制作过程卫生管理，确保出品卫生安全

（1）不选用、不切配、不烹调、不出售腐败、变质、有毒有害的食品。

（2）块状食品必须充分加热，烧熟煮透，防止外熟内生；食物中心温度必须高于70℃。

（3）隔夜、隔餐及外购熟食回锅彻底加热后供应。炒、烧食品要勤翻动。

（4）刀、砧板、盆、抹布用后清洗消毒；不用勺品味；食品容器不落地存放。

（5）工作结束后，调料加盖，做好工具、容器、灶上灶下、地面墙面的清洁卫生工作。

8. 强化售饭间卫生管理，把好出品关

（1）售饭间必须做到房间专用、售饭专人、工具容器专用、冷藏设施专用、洗手设施专用。

（2）售饭间内配置装有非手接触式水龙头、脚踏式污物容器、紫外线杀菌灯、通风排气空调系统等设施，室内做到无蝇，保持室内温度25℃以下。

（3）售饭间内班前紫外线灯照射30min，进行空气消毒；工具、砧板、容器、抹布、容器每次使用前进行清洁消毒；砧板做到面、底、边三面保持光洁。使用食品包装材料符合卫生要求。

（4）工作人员穿戴整洁工作衣帽、口罩，保持个人卫生，操作前洗手消毒。

（5）过夜隔夜食品回锅加热销售，不出售变质食品，当餐（天）未售完熟食品在0～10℃冷藏保存或60℃以上加热保存。

（6）非直接入口的食品和需重新加工的食品及其他物品，不得在售饭间存放。

9. 餐具用具必须清洗消毒，防止交叉污染

（1）洗碗消毒必须有专间、专人负责，食（饮）具有足够数量周转。

（2）食（饮）具清洗必须做到一刮、二洗、三冲、四消毒、五保洁。

一刮：是将剩余在食（饮）具上的残留食品倒入垃圾桶内并刮干净。二洗：是将刮干净的食（饮）具用加洗涤剂的水或2%的热碱水洗干净。三冲：是将经清洗的食（饮）具用流动水冲去残留在食（饮）具上的洗涤剂或碱液。四消毒：洗净的食（饮）具按要求进行消毒。五保洁：将消毒后的食（饮）具放入清洁、有门的食（饮）具保洁柜存放。

（3）加工用工具、容器、设备必须经常清洗，保持清洁，直接接触食品的加工用具、容器必须消毒。

（4）餐具常用的消毒方式：

1）煮沸、蒸汽消毒，保持 100℃作用 10min。

2）远红外线消毒一般控制温度 120℃，作用 15 ~ 20min。

3）洗碗机消毒一般水温控制 85℃，冲洗消毒 40s 以上。

4）消毒剂如含氯制剂，一般使用含有效氯 250mg/L 的浓度，食具全部浸泡入液体中，作用 5min 以上。洗消剂必须符合卫生要求，有批准文号、保质期。

（5）消毒后餐具感官指标必须符合卫生要求，物理消毒（包括蒸汽等热消毒）：食具必须表面光洁、无油渍、无水渍、无异味；化学（药物）消毒：食具表面必须无泡沫、无洗消剂的味道，无不溶性附着物。

（6）保洁柜必须专用、清洁、密闭、有明显标记，每天使用前清洗消毒。保洁柜内无杂物，无蟑螂、老鼠活动的痕迹。已消毒与未消毒的餐具不能混放。

10. 注意保持室内外环境卫生清洁，建立环境卫生管理制度

（1）厨房内外环境整洁，上、下水通畅。废弃物盛放容器必须密闭，外观清洁；设置能盛装一个餐次垃圾的密闭容器，并做到班产班清。

（2）废弃油脂应由专业的公司回收，并应与该公司签订写有《废弃油脂不能用于食品加工》的合同。

（3）加强除四害卫生工作，发现老鼠、蟑螂及其他有害害虫应即时杀灭。发现鼠洞、蟑螂生穴应即时投药、清理，并用硬质材料进行封堵。

（4）操作间及库房门应设立高 50cm、表面光滑、门框及底部严密的防鼠板。

二、浴厕卫生管理制度

1. 浴室卫生管理制度

（1）设专人打扫，保证室内外清洁。

（2）浴室内禁止随地吐痰，禁止大小便、洗衣服或洗刷劳动工具。

（3）洗浴人员必须节约用水，浴后应随手关闭水龙头。

（4）爱护浴室内各种设施，严禁破坏。禁止在浴室内追逐打闹。

（5）注意洗浴安全，谨防滑跌伤人。

（6）加强相互监督，对违反制度者，将按文明施工管理规定处以罚款。

2.厕所卫生管理制度

（1）设有专人打扫，每日早晚各清扫一次。

（2）两天喷洒一次药物，防止蚊蝇蛆滋生。

（3）做到墙面清洁、整洁，无乱写乱画。

（4）厕所保持清洁卫生，无臭无味，保证空气流动、清新，环境整洁。

（5）大便槽使用水冲式，便池无害化处理，三池式储便池，无污水外流，无堵塞，保持清洁无害。

（6）定期、不定期检查，并健全卫生制度。

（7）每个职工都要爱护浴室内的器材，严禁任意拆除。

3.宿舍卫生管理制度

（1）宿舍要制定轮流值日表，宿舍内保持卫生、整洁、通风，被褥、床铺整齐，并有卫生人员负责宿舍的卫生清理与监督，夏季有防蝇措施，冬季有防寒措施。

（2）宿舍配置单人床或上下双人床，禁止职工睡通铺，在施工的建筑物内严禁安排工人住宿，宿舍内不得超员，每间宿舍必须住6人以下，宿舍住宿人员应注意个人卫生，养成良好的卫生习惯，日常用品要放置整齐有序。

（3）保持室内整洁，不得在墙面乱涂乱画，不得在室内随意拉接电线，不得在宿舍使用未经许可的电器（煤气灶、电饭煲、电茶壶、热得快等）。如不听劝告私自在宿舍内烧饭，从而引发火灾等一系列危害公众利益的事故，由此产生的一切财产损失均由该班组长负责赔偿，也可直接从该班组工程款中直接扣除，且该班组不得有异议。

（4）宿舍内被褥要叠放整齐，衣物、鞋袜、脸盆、餐具、茶杯及工具等个人物品要放置整齐有序。

（5）严禁男女混居、卖淫嫖娼、赌博、打架斗殴，违者按照项目部有关规定处理，严重的送公安机关处理。

（6）按时熄灯睡觉，不影响他人的休息。

第四节　有毒、有害场所安全管理

为了保证作业场所安全使用有毒物品，防控和消除职业中毒危害，保护作业人员的人身安全和职业健康。

一、管理原则

（1）施工项目应当尽可能使用无毒物品；需要使用有毒物品的，应当优先选择使用低毒用品。

（2）施工项目应当采取有效的防护措施，预防职业中毒事故发生，依法参加工伤保险，确保劳动者权益。

（3）禁止使用国家明令限制使用或者淘汰的有关职业中毒危害严重的技术、工艺、材料。

（4）禁止使用童工、孕妇和哺乳期女职工从事使用有毒物品的作业。

二、作业场所的预防措施

（1）作业场所与生活场所分开，作业场所不得住人。

（2）有害作业与无害作业分开，必要时进行隔离。

（3）设置有效的通风装置，必要时设置泄漏自动报警装置。

（4）作业场所应设置必要的警戒线或者警戒标志。

三、劳动过程的防护

（1）用人单位在与劳动者签订劳动合同时，必须告知可能发生的职业危害以及防护措施。

（2）建立职业中毒的事故应急预案，配备应急物资。

（3）需要进入容器或者狭窄封闭空间时，必须事先采取措施：

1）保持作业场所良好的通风状态，确保作业场所有毒有害物质得到清除或者浓度达到符合国家职业卫生标准。

2）为劳动者提供适合国家标准的防护用品，并教育其正确使用。

3）设置现场监护人员和现场救援设备。

四、职业健康监护

（1）用人单位应当组织从事使用有毒有害物质作业的劳动者进行上岗前职业健康检查。

（2）定期对作业人员进行健康检查，如发现有职业禁忌和健康损害的劳动者，应调离工作岗位，并妥善安置。

（3）用人单位应在作业人员离岗前进行职业健康检查，再行解除和终止劳动合同。

（4）职业健康检查费用由用人单位承担。

（5）用人单位建立健康监护档案，内容包括：

1）劳动者的中毒危害接触史。

2）作业场所职业中毒危害因素检测结果。

3）职业健康检查结果及处理情况。

4）职业病诊疗等劳动者健康资料。

（6）从事使用有毒有害物品作业的劳动者享有的权利和义务受法律保护。具体参照《使用有毒物品作业场所劳动保护条例》。

（7）用人单位依法接受主管部门的管理和监督。

第五节　易燃、易爆场所安全管理

为使项目部在生产、生活中对易燃、易爆品进行有效控制，保护职工生命和财产安全。制定易燃、易爆品管理制度，对气体（氧气、乙炔、氢气、煤气、天然气、甲烷）、液体（松香水、香蕉水、油漆、油料、甲醇、乙醇）、固体（棉、麻、纸张、木材、沥青、电石）等危险物品进行严格管理。

易燃、易爆品管理措施必须包括以下内容：

（1）对易燃、易爆品保管人员进行知识培训，增强保管人员的专业性和责任性。

（2）做好全体员工的学习、宣传、教育工作，确保易燃、易爆物品的正确使用。

（3）严格、规范地执行防火安全制度；配备必要的灭火器具，作好防火、灭火准备。

（4）专人负责检查具体措施的落实情况，做好巡查记录。

（5）易燃、易爆品的运输装卸：

1）在装卸过程中应轻拿轻放，防止撞击、拖拉和倾倒。

2）对互相碰撞易引起燃烧、爆炸的化学品或对防护、灭火方法互相抵触的易燃、易爆品，不得配装和混合装运。

3）遇热、遇潮容易引起燃烧、爆炸的易燃、易爆品，在运装时应采取隔热、防潮措施。

（6）易燃、易爆品的储存：

1）易燃、易爆品必须储存在专用仓库、专用场地，并设专人管理。

2）仓库内应配备消防灭火设施，严禁在仓库内吸烟和使用明火，挂好警示标志。

3）仓库要符合有关安全、防火规定，物品之间的通道要保证安全距离。

4）遇火、遇潮容易燃烧、爆炸的物品，不得在露天、潮湿、漏雨和低洼、容易积水的地点存放。

5）阳光照射容易燃烧、爆炸的物品应当在阴凉通风地点存放。

6）化学性质或防护、灭火方法相抵触的易燃、易爆品，不得在同一仓库内存放。

（7）易燃、易爆品的使用及保管

1）使用易燃、易爆品的单位要填写油漆、油料及化学品收发台账，对物品的名称、数量及出入库日期进行登记，并及时进行清点。

2）易燃、易爆品的使用及灭火方法应按照有关操作规程或产品使用说明严格执行。

3）各种气瓶在使用时，距离明火 10m 以上，氧气瓶的减压器上应有安全阀，严防沾染油脂，不得暴晒、倒置，平时与乙炔瓶工作间距不小于 5m。

4）加强对火源、电源，储存、使用易燃、易爆品的场所监控。

工程实例 1　化肥厂拆除工程

1. 拆除范围及工程基本情况

某公司旧厂区范围内现有的设备、管道、电气、仪表、建筑物、构筑物、绿化等进行整体拆除，本案拆除范围是厂区内的管道、设备拆除工程。该厂区主要生产产品、原辅料，以及系统中产生的中间产物碳酸氢铵、液氨、氨水、氢气、硬化油和聚氨酯胶粘剂等产品。其中氨产品、氢气、聚氨酯胶粘剂为危险化学品，遇明火产生爆炸。为此在管道设备拆除前必须对每个生产车间进行危险源确认，并制定切实可行的拆除施工方案，以确保拆除工作的安全可靠。

2. 安全、文明施工管理目标

针对本拆迁工程的特殊性，项目部将认真执行业主方有关环保、交通运输、安全及综合治理等一系列的标准化管理，做好区域内环境保护、施工区域和周边环境卫生，维护和保证员工的身体健康；采取必要的施工措施，减噪防尘；确保本工程安全重大事故为零，达到当地安全施工文明标化工地标准。

3. 施工总体拆除工艺

（1）施工准备，清理施工场地，保障施工场地顺畅。（2）电气仪表拆除。（3）管道系统空气或水置换（氢气管道应用氮气置换）。（4）管道拆除。（5）反应釜整体吊除。（6）化工塔设备解体拆除。（7）建筑物拆除。（8）清理运输。

4. 施工准备

（1）旧厂区主要危险源因素分析及化学特性。

该旧厂区在生产产品、原料及催化剂辅料中有以下化学危险品。

1）氨水及液氨产品：碱性腐蚀品、有毒气体，火灾危险性乙类。氨气体与空气混合遇明火会爆炸，高温能引起燃烧爆炸，与氟、氯能产生剧烈的化学反应。

2）氢气：易燃气体、火灾危险性甲类。与空气混合遇明火会爆炸，高温能引起燃烧爆炸。与氟、氯能产生剧烈的化学反应。

3）聚氨酯胶粘剂：易燃液体、火灾危险性甲类。其蒸气与空气形成爆炸性混合物，遇明火高温能引起燃烧爆炸，与氧化剂能发生强烈反应。

4）二硫化碳：低闪点易燃液体、火灾危险性甲类。其蒸气与空气混合形成爆炸性混合物，遇明火高温极易燃烧爆炸，与氧化剂能发生强烈反应（在系统内为催化剂）。

5）醋酸乙酯：中闪点易燃液体、火灾危险性甲类。其蒸气与空气混合形成爆炸性混合物，遇明火高温极易燃烧爆炸，与氧化剂能发生强烈反应（在系统内为原辅料）。

6）TDI：有毒品、受热能燃烧，并产生有毒气体。

7）一氧化碳：易燃气体、火灾危险性甲类。与空气混合遇明火会爆炸，高温能引起燃烧爆炸，对人体有毒害（在系统内为中间产物）。

8）二氧化碳、氮气：不燃气体，在密封的容器中可将人窒息死亡（中间产物）。

9）硫化氢：有腐败的臭鸡蛋味，火灾危险性甲类。与空气混合遇明火会爆炸、高温能引起燃烧爆炸，对人体有毒害（在系统内为中间产物）。

该实例中重大危险源及重大环境因素已总结，列于表3-6、表3-7。

重大危险源控制目标和管理方案

表3-6

序号	重大危险源名称	目标	技术、管理措施	责任部门	相关部门	完成时间
1	化肥厂管道设备拆除施工作业——系统内残余危化品（氨水、氢气、氯气、氰氨酯、二硫化碳、一氧化碳）	防止火灾、中毒	按照MSDS管理方案控制管理。（1）拆除前清理危化物，进行系统置换清除残余物，经分析检测合格办理置换后接受变交。管道设施工拆除开始前办理动火证，第一次动火切割拆除需要进行测爆分析合格后动火，施工点配置灭火器材、消防水枪等，动火现场监视人员密切关注异常情况，一旦发现异常，紧急撤离附近所有作业人员，以防中毒事故发生。（2）操作人员配备防毒面具，紧急撤离附近所有作业人员，以防中毒事故发生。制订应急预案，开展演练，确保相关人员得到培训	甲方、项目部	工程部	拆除施工前完成
2	化肥厂管道设备拆除施工作业——化工厂管道设备拆除施工作业时产生有害物体	防止火灾、中毒	按照MSDS管理方案控制管理。（1）管道设备施工拆除合格后动火，施工点动火证，第一次动火切割拆除需要进行测爆分析合格后动火，施工点配置灭火器材、消防水枪等，动火现场监视人员密切关注异常情况。（2）作业人员戴口罩，一旦发现异常，立即停止作业，以防中毒事故发生。制订应急预案，开展演练，确保相关人员得到培训	项目部	工程部	作业期间
3	设备拆除违规作业	防止高空坠落，确保无伤亡事故	确保安全带的正确使用或使用活动作业平台，并制订高空坠落事故应急准备和响应预案	项目部	工程部	施工准备和作业期间
4	管道拆除违规作业	防止高空坠落，确保无伤亡事故	确保安全带的正确使用或使用活动作业平台，并制订高空坠落事故应急准备和响应预案	项目部	工程部	施工准备和作业期间
5	起重作业钢丝绳与索具不符合要求	防止设备事故，确保无伤亡事故	（1）按吊装作业指导书执行；（2）吊装方案必须明确对作业人员进行安全教育和安全技术交底；（3）需明确吊装期间必须设置吊装警戒区域；（4）必须明确作业人员持证上岗；（5）必须指定经培训合格的监控员进行监控等	项目部	工程部	施工准备和吊装作业期间

重大环境因素管理措施

表3-7

类别名称	序号	环境因素	活动部位	影响范围/性质	时态/状态	管理措施
大气污染	1	管道设备内残余液氨	管道设备拆除切割施工现场	施工现场中等	现态正常	如发现管道设备内残留液氨放，应立即进行收集，紧急情况下不得随意排放，通知协议单位进行重新处置，同时通知置换方进行重新处置

（2）三断，即断电、断水、断气。

由业主方确认完全断电、断水、断气后，交施工方签字确认。

（3）业主方向施工方书面交底，就有关管道内残留的机油、化工残留情况及拆除中有严重安全隐患的情况作书面交底，交底人与被交底人双方签字确认。

（4）根据拆除工作的实际情况对四周采取必要的防护措施，同时做好施工人员及拆房人员的个人保护措施，根据现场特点，与业主进行协商沟通，了解设备的结构、管道实际情况、设备管道中有否残留等，制定拆除程序，经安全评估后实施拆除。

（5）围护、钢管脚手架工作

1）在施工区域内对相互有影响的拆除区域，采用钢管脚手架和安全网、脚手片进行隔离，必要时进行封闭施工，脚手架高度高于作业面2m以上，安全网高度与钢管高度一致，以防拆除物跌到施工外围，损伤到人的安全。

2）有交叉的管道、管线，施工时要用双层脚手片保护。

3）施工需要的电、水根据施工要求接线、布线、布管，每个临时设施做到专人负责。

（6）参与拆除的施工人员，根据施工方案施工，技术人员现场指导，如有不科学及不安全的行为则及时制止，并作相应调整。

（7）准备各种技术资料、规程、规范，做好拆除前的记录。

（8）对照生产线工艺流程图，对各部位进行标记，对不同的拆除设备按顺序进行。

5. 系统置换方法及顺序

化肥厂停产后厂方进行过惰性气体置换、用水冲洗、蒸汽置换、热洗等处理。但目前离停车时间长，系统内挥发气体及残余物质情况不明，为确保施工拆除安全，需要对所有管道及设备重新置换。由于原设备及锅炉等已无法启动，需重新考虑其他方法置换。现以水冲洗及压缩空气循环方法进行系统置换。置换工作按生产工艺流程，从低压到高压，从合成氨至油脂、氢气，每根管道、每台设备都需要置换到，并做好记录、标识。厂方提供的置换方案要点如下。

（1）造气工段选取一台鼓风机，在各洗气塔水封后通过一台造气炉进行空气置换排放。后经入 $2500m^3$ 气柜，供吹风气回收小气柜、脱硫、压缩及变换等工段，空气置换包括经脱硫至压缩逐台进行排放。

（2）M机回气总管（回气至脱硫除尘塔段），从除尘塔倒送空气至集油器放空置换。压缩机二出总管在变换饱和塔进口前排放置换。三进总管打开压缩 2 ~ 3 阀倒送置换，并对脱碳出口管道同时进行置换排放；脱碳至碳铵顺放气管道用空气进行置换。变换工段至碳铵管道待中变触媒、低变触媒下完后，仍通过造气压缩空气进行置换，由脱硫罗茨风机送空气经变换至碳铵工段，并拆开碳铵前的止回阀阀盖进行排气放置。精炼再生气管道由脱硫倒送精炼车间，到回流塔塔顶放空置换。

（3）碳铵双系统和氨回收工段用清水冲洗置换，置换时严防水倒回到外系统。

（4）变换等中低角媒全部下完后，通过造气罗茨风机送压缩空气进行置换。

（5）全厂空气置换后并经检测合格。精炼高压系统和合成工段用造气一台 $10m^3$ 空压机送空气至缓慢排放置换，同时置换回流塔与再生管道（应特别注意安全，因系统内是氨气、氢气，要防止产生静电），置换前将合成塔盲板切断、持牌，然后开动造成气空压缩送空气到精炼设备、合成工段。同时对合成塔后放空管道进行置换。

（6）脱碳系统因吸附剂挥发，需重新置换，先下完各塔吸附剂，而后系统全部用水进行置换，直通至各阀门及管道。

（7）精炼低压系统置换，用清水向回流塔灌水至塔顶放空气水为止，然后冲洗排放置换，取样分析氧气大于 20% 为合格，以分析记录为准。再生气回收管道用空气自脱硫倒回至回流塔放空置换。

（8）冰机及氨系统置换，用清水同通过 1 号、2 号液氨贮槽安全阀或放空阀加入，先管道后设备顺序进行置换，直至清水无氨味为止。

（9）高压系统精炼及合成工段空气置换后，再用清水进行置换，以防氨重新挥发，同时要求系统最高处拆开法兰放空。

（10）碳化系统各氨水贮槽放完氨水后，打开人孔，用清水冲洗，并用排风扇排尽氨气后方可进入槽内。各氨水槽全部冲洗，污水进入污水管网。氨回收用清水冲洗脱硫加本工段地下氨水管，首先拆开地下管道槽法兰，插上盲板，不要拧紧，然后在地槽氨水排尽，用清水冲洗，同时开泵送精炼、脱硫，回至拆开法兰处排尽，要求无氨味为合格。

（11）所有管道设备空气置换后，系统内要求二次分析氧气含量在 20% 以上为合格，并以记录为准，所以清水置换后污水应进入集污管网。

（12）油脂回脱硫的气体管道，在脱硫置换时一并用空气置换。同时精炼置换时，需通知油脂厂，将空气送入系统，低速置换排放，由于系统内精炼气又有油脂，故在置换前务必要把本系统设备内的残存油脂排尽，温度降低至常温，绝对避免火种，随后缓慢以空气置换，直至取样分析氧气大于 20% 以上为全合格，以分析记录为准，该系统动火前全部再用水置换一次。

（13）氢气系统本次停车后尚未置换，因气柜内还有氢气，包括提氢吸附塔，因此置换分两次进行，提氢吸附塔已下完吸附剂，后用空气进行置换，直至取样分析氧气大于20％以上为合格，充氢系统用氢气从提氢出口管到气柜进行置换，再用空气置换，直至取样分析氧大于20％以上为合格。

（14）胶粘剂系统所有设备管道全部用清水置换，污水进入管网。置换后要求法兰及盲板拆开。

（15）本次置换要求全面仔细，置换后最好尽快把管道两端法兰及设备盲板全部拆开，以便于通风。在拆除前一定要求检查孔、观察孔、盲板全部打开，否则不能动火进行拆除切割。

6. 特别提醒安全操作交底内容

（1）现场施工人员必须服从安全监管员的统一指挥，严格执行三级动火证制度，不得擅自动火。久需动火前必须经安管人员开动火证后方可动火操作，置换前现场严禁吸烟。

（2）对已经置换好的设备管道，不能视为绝对安全，在其动火作业或进入容器作业前30分钟内，必须经分析合格后，办理审批手续后方可进行作业。

（3）进入施工现场必须戴好安全帽、穿好劳动保护用品，进入有毒容器必须佩戴防毒面具等相应防护用品。

（4）吊装作业前，应对起重吊装设备、钢丝绳、缆风绳、捯链、吊钩等各种机具进行检查，必须保证安全使用。

（5）高处作业由作业班组落实专人监护。作业人员必须系好安全带，安全带应高挂低用。交叉作业时必须戴好安全帽，携带工具袋，在同一垂直下方多层次作业，必须有防止落物的安全措施。在石棉瓦、玻璃钢瓦上作业，必须采取铺设脚踏木板等安全措施。

（6）直接攀登高塔、烟囱的爬梯、平台、栏杆必须在作业前严格检查是否牢固，作业完后及时撤离。严禁作业人员依、靠、坐在栏杆及脚手架护栏上休息。

（7）高处作业用的脚手架、手拉葫芦等，必须按有关规定架设、吊装，升架机严禁载人。

（8）有心脏病、高血压、贫血、昏晕、癫痫等病者，不得安排高处作业。

（9）起重作业应指定专人指挥，严格执行"十不吊"制度，起重吊装现场不得进行其他作业操作。

（10）现场施工人员施工前不准喝酒。

（11）现场应保证消防和急救通道的畅通无阻。

（12）动土作业施工前，应做好地质、水文、地下设施（如电缆、管道、其他隐蔽工程）调查，挖土深度超过0.5m，面积在2m² 以上，必须按规定办好动土许可证。

第六节　特殊气候下安全管理

　　施工项目应根据项目的工期要求和所处的地域，制订特殊气候下施工的安全、技术措施，必要时制订施工安全方案，确保顺利完成施工任务。特殊气候季节，施工项目必须安排专人负责关注天气变化，在恶劣天气来临之前，及时采取有效的措施，确保安全。

　　特殊天气的安全管理主要从作业场所的安全、作业设备及材料的安全性、作业人员的安全意识和施工工艺改进等方面进行充分考虑。特殊天气主要指的是北方的冬、雪季，南方考虑梅雨季节、暴雨、台风天气。

一、管理要求

　　（1）容易遭遇台风地区的施工项目，在项目开工时应根据实际情况编制特殊天气应急预案。

　　（2）项目负责人和主要管理人员密切关注天气预报及相关部门发出的预警信息，一旦有预警，启动项目部应急预案。

　　（3）相关的应急物资、设备、人员必须及时就位，如台风天气需准备抽水泵、发电机、沙袋、防水布、清洁工具等。

　　（4）安排足够的人员值班，值班人员及应急组织人员联系电话保持24小时畅通。

　　（5）组织人员开展全面的检查，查除安全隐患。

　　（6）组织全体人员进行安全教育，告知天气情况及项目部的应急准备。

　　（7）如有事故发生，按要求立即上报企业、监理、业主及上级主管部门。

　　（8）可以投保相关的保险。

二、冬季、雨雪天气安全管理

1. 作业场所的管理

　　（1）临设道路碾压密实，并做好排水，确保雨期道路循环畅通，不淹不冲、不陷不滑；及时清除施工场地和道路积雪、结冰，尤其是脚手架和脚手板有结冰和积雪的，作业前必须清除，并经安全管理人员检查确认后方可开始作业。

（2）进入冬、雨雪期，施工现场的预制场地尽量安排在室内，如条件不允许，设置在室外，应该搭可靠的防护棚，地面进行硬化，并设有可靠的排水设施。

（3）加强宿舍管理，严禁在生活区擅自使用电炉等取暖、做饭。北方地区施工项目宿舍最好采取公共取暖，统一的取暖设施要有专人管理；严禁使用自制的电热毯，宿舍应做到人离关电。

（4）采用彩钢板房应有产品合格证，用作宿舍和办公室的，必须根据设置的地址及当地常年风压值等，对彩钢板房的地基进行加固，并使彩钢板房与地基牢固连接，确保房屋稳固；施工现场宿舍、办公室等临时设施，在汛期前检查并整修加固完毕，保证不漏、不塌、不倒，周围不积水，严防水冲入室内。如发生异常恶劣天气，临近基坑、砖砌围挡墙及广告牌的临建住宿人员必须提前全部撤离。

2. 作业设备和材料的管理

（1）库房内各材料要分类上架，不应直接放置到地面；不能上架的材料，应架空且垫高厚度不低于260mm放置；阀门、法兰、螺栓、垫片、阻火器等材料应入库分区摆放，不得露天存放。对有防潮要求的材料和半成品如复合风管、玻璃棉等，应搭设防雨棚，放在室内时也要注意加垫层。

（2）焊材库房防雨性能要好，要求焊材库内温度不低于5℃，库房内湿度不宜超过60%，焊材库内设置干湿温度计。焊材入库前，焊材保管员应确认焊材的牌号、规格、入库量、有无损伤等。摆放时与墙壁、地面距离不小于300mm。领用后置于保温筒内携带使用，当天施焊所剩焊条和焊条头应退回烘干室，焊材保管员按规定重新烘干并做好标识，下次使用时应优先发放。焊丝有锈蚀不能使用。

（3）如有露天摆放的施工设备、材料，要下垫上盖，防止水浸雨淋产生锈蚀，特别是钢材堆场应进行硬化或者采用枕木作垫层，上面采用防雨篷布严密覆盖，严禁雨水浸泡。

（4）现场材料堆放场、机具棚要有排水设施，沟渠畅通，做到雨停水散。

（5）施工用配电箱、电焊机等应全部设置于专用电焊机房内。

3. 施工工艺安全措施

（1）焊接作业安全注意事项及措施

1）搭设良好的防雨棚或挡雨棚，焊接时焊工配备焊条保温筒，防止焊条回潮及雨淋。

2）应加大预制深度，在预制厂房内完成大部分预制工作，预制厂房内应设立自动除湿机；空气湿度超过90%时，采取相应措施，否则禁止施焊。

3）电焊机要接地良好，电焊把线要绝缘良好。

4）雨天禁止露天焊接作业。

（2）防腐作业安全注意事项及措施

雨期对防腐工作的影响极大，因此在防腐施工过程中应注意在雨期对钢板、管材、安装附件等采取保护措施。如果涂层长期受雨水浸湿或者在日夜温差太大易结露的部位，都会较快地受到腐蚀，使用寿命均会降低。

1）当环境温度低于5℃和高于40℃、灰尘过多、被涂表面温度大于65℃、相对湿度大于85%时，不得进行涂刷作业。

2）但可进行其他防腐工作的施工，如地下管道的防腐施工，除锈后的管子应立即进行防腐，聚乙烯胶粘带缠绕要紧密，斜角要均匀一致，搭边宽度符合设计规范要求，聚乙烯胶粘带缠绕要平整，不能有折皱，防腐过程要做好自检记录，防腐完毕要进行测厚检查和电火花检查，合格后才能使用。

3）雨期除锈、涂漆及保温作业应尽量在天气晴朗时进行，风雨天气如无防护措施应停止作业；针对雨季湿度较大的问题，需搭建临时施工雨棚，防止雨水淋湿使防腐层受到破坏；在施工前应用温度湿度检测仪表检测大气湿度，当湿度大于85%时，不得进行防腐作业。

4）如遇到物件表面潮湿，应用火焊加热等方法使表面干燥再刷油漆或保温；在漆膜完全干燥前应防止浸水及雨淋。

（3）吊装作业安全注意事项及措施

1）构件堆放场地要平整坚实，周围要做好排水工作，严禁构件堆放区积水、浸泡，防止泥土粘到预埋件上。

2）塔吊基础必须高出自然地面15cm，严禁雨水浸泡基础。

3）雨后吊装时，首先检查起重设备本身稳定性，确认起重设备本身安全未受到雨水破坏时再做试吊，将构件吊至1m左右，往返上下多次稳定后再进行吊装工作。

4）雨天由于构件表面及吊装绳索被淋湿，导致绳索与构件之间摩擦系数降低，可能发生构件滑落等安全事故。在起吊前可采取检查被吊物和绳索的牢固度，在绳索与构件接触面加垫布料以增加摩擦力等措施。

5）雨天吊装应扩大地面的禁行范围，必要时增派人手进行警戒。

6）吊装、运输作业时应特别注意路面情况，必要时道路上要铺设道木、钢板及碎石，避免施工车辆、吊车打滑及下沉。

7）吊装作业时应保证通信良好，严禁在视线不良的雨雾天气或大风天气吊装作业。

三、梅雨天气的安全管理

梅雨天气是指发生在夏初，长江中下游地区，每年 6 月中下旬至 7 月上半月之间持续天阴有雨的气候现象。此时段正是江南梅子的成熟期，故称其为"梅雨"。梅雨季节中，空气湿度大、气温高，衣物等容易发霉，所以也有人把梅雨称为同音的"霉雨"。通常梅雨期长约 20～30 天，雨量在 200～400mm 之间。阴雨绵绵、高温高湿的梅雨季过后，天气开始由太平洋副热带高压主导，正式进入炎热的夏季。

（1）用电安全

温度高、湿度大的天气下，电气设备容易发生故障；绝缘强度降低，特别是霉菌的代谢过程中所分泌出的酸性物质与绝缘材料相互作用，使设备绝缘性能下降，金属外壳锈蚀加速，直至损坏设备。因此梅雨季节存在较大的用电安全隐患，施工现场必须加强用电安全管理。

1）加强现场配电箱、盘的检查。检查要点是防雨设施是否完好、可靠，引上、引下线穿管是否符合要求，是否从侧下方入箱，是否装设防水弯头，配电箱门是否配锁。每天填写检查记录。

2）不用电时，要拉闸断电，锁好闸箱，设置禁止标志。

3）每周进行配电箱、用电设备、手持电动工具绝缘电阻测试，每天上班前进行外观检查，检查电线、电缆有无破损，接头是否牢固可靠，如发现异常不得投入使用。

（2）食物安全

注意饮食卫生，梅雨季节东西特别容易发霉，特别是中下旬梅雨季，连绵阴雨易使花生、玉米、谷类等食物发生霉变，人不小心吃了，很容易发生食物中毒。多食用冬瓜、丝瓜、苦瓜和绿豆汤等。

（3）加强人员安全教育

梅雨天气持续，使人感到明显不适，产生恶劣情绪，甚至为一点小事就火气陡升，拔拳相向。梅雨天温度多变且湿度大、气压低，人的机体调节功能可能出现问题，比如郁闷、烦躁等。应加强员工安全教育，多开展内容丰富的活动，疏导员工情绪。

特殊时节，生活要有规律，保证充足睡眠。还要保持居室通风干燥，衣服常常洗，搞好个人和公共场所的卫生。

四、台风天气的安全管理

台风是热带气旋的一个类别。在气象学上，按世界气象组织定义：热带气旋中心持续风速在 12 ~ 13 级（即每秒 32.7 ~ 41.4m）称为台风（typhoon）或飓风（hurricane）。北大西洋及东太平洋称其为飓风，北太平洋西部（赤道以北，国际日期线以西，东经 100 度以东）称为台风。台风是我国常见的气象灾害之一，每年都会有七八个台风侵入我国沿海地区。在上述容易遭遇台风的地区施工时，项目部必须结合实际，做好防台工作的组织设计和应急预案，制订切实可行的技术措施和管理措施，确保台风季节施工和生活安全。指定专人负责关注天气变化，及时预警。

1. 台风的特点

（1）台风有季节性。台风一般发生在夏秋之间，最早发生在五月初，最迟发生在十一月。

（2）台风中心登陆地点难准确预报。台风的风向时有变化，常出人预料，台风中心登陆地点往往与预报相左。

（3）台风具有旋转性。其登陆时的风向一般先北后南。

（4）台风损毁性严重。对不坚固的建筑物、架空的各种线路、树木、海上船只、海上网箱养鱼、海边农作物等破坏性很大。

（5）强台风发生常伴有大暴雨、大海潮、大海啸。

（6）强台风发生时，人力不可抗拒，易造成人员伤亡。

2. 临时建筑物安全

（1）对项目部临时设施包括办公室、宿舍、工具房、材料库房、预制加工棚、工地围墙的安全性进行检查和验收，复核防风装置是否牢固，必要时在台风来之前及时加固，对采取加固措施仍然不能保证其安全性，坚决将人员转移到安全地点。

（2）建筑物加固的方法

1）彩钢板房应在屋顶加压钢管，拉好缆风绳，必要时采用大面积钢筋网罩覆盖。

2）关好门窗，在窗玻璃上用胶布贴成"米"字图形，以防窗玻璃破碎，必要时加钉木板。

3）作业面上散落的材料必须进行收集或覆盖，以防大风吹落伤人。

3. 设备安全管理

（1）可移动的设备，在台风到来之前，转移入库或者地势较高处。

（2）台风天气必须停止大型机械设备使用，检查设备的基础，保持基础排水通畅，紧固各连接件。

4. 防涝准备

（1）检查场地内排水系统畅通无堵塞，对屋顶排水管道进行清污，防止水道堵塞，避免雨水倒灌。

（2）仓库内处于低洼地段的设备、材料、半成品要及时转移，特别是贵重设备一定要优先转移；对于一时无法转移的，必须将其移至高处；对于由于地理位置限制确实无法转移的，一定要用篷布严密遮盖。

（3）周围的陡坡山地，注意泥石流、山体滑坡等次生灾害事故，坐落于江湖河海之滨的项目，注意溃堤、风暴潮等灾害事故的发生。

5. 用电安全

（1）全面检查施工现场和临时设施的临时用电系统，对线缆的绝缘性、漏保和短路保护装置的有效性进行复核。

（2）台风期间切断室外用电线路电源，确认各级电箱防雨设施可靠。

（3）检查防雷接地装置的可靠性。

台风天气过后，不得随意进行施工，项目部必须会合业主、监理对施工现场进行全面的检查，做好设备的检修、检测和调试工作，维护好各种安全设施。确保机械安全、场所可靠后方可恢复施工。

五、高温天气安全管理

气象学上一般把日最高气温达到或超过35℃时称为高温，而连续数天（3天以上）的高温天气过程称之为高温热浪。高温天气能使人体感到不适，工作效率降低，中暑、患肠道疾病和心脑血管等病症的发病率增多。一般来说，高温通常有两种情况，一是气温高而湿度小的干热性高温；另一种是气温高、湿度大的闷热性高温，称为"桑拿天"。

我国气象部门针对高温天气的防御，特别制定了高温预警信号。2010年中央气象台发布了新的《中央气象台气象灾害预警发布办法》，将高温预警分为蓝色、黄色、橙色三级。

高温季节给施工现场作业和管理带来了较大的挑战，施工现场必须针对高温天气制订相应的安全措施，确保施工人员和作业环境安全的基础上，完成施工任务。

1. 防中暑措施

（1）户外作业采取有效的防暑降温措施，根据条件在作业场所增设遮阳设施；长时间露天作业的要发遮阳帽，防止作业人员中暑。

（2）改善生活区的通风和降温条件，确保作业人员宿舍、食堂、厕所、淋浴室等临时设施符合标准要求和满足防暑降温工作需要。

（3）合理安排工作时间，避开中午高温时段高空及露天作业，确保工人能保持充足睡眠，有规律地生活和工作，增强免疫力。

（4）注意高温天饮食卫生，防止肠胃感冒；口渴之前就补充水分；每天供应绿豆汤、干菜汤等解暑饮品；消暑降温药品发放要及时到位。

（5）相对比较密闭空间作业，应增设足够的通风设备，确保空气通畅。

（6）一旦有人出现头晕、恶心、口干、迷糊、胸闷气短等症状时，应怀疑是中暑早期症状，应立即休息，喝一些凉水降温，病情严重应立即到医院治疗。

（7）注意预防日光照晒后，日光性皮炎的发病。如果皮肤出现红肿等症状，应用凉水冲洗，严重者应到医院治疗。

（8）对有心血管器质性疾病、高血压、中枢神经器质性疾病、明显的呼吸、消化或内分泌系统疾病和肝、肾疾病患者应列为高温作业禁忌人群。

（9）加强教育，提高职工职业健康素养。

（10）若有人员中暑，采取恰当的救护办法：

1）立即将病人移到通风、阴凉、干燥的地方，如走廊、树荫下。

2）让病人仰卧，解开衣扣，脱去或松开衣服。如衣服被汗水湿透，应更换干衣服，同时开电扇或空调，以尽快散热。

3）尽快冷却体温，降至38℃以下。具体做法有用凉湿毛巾冷敷头部、腋下以及腹股沟等处；用温水或酒精擦拭全身；冷水浸浴 15 ~ 30 分钟。

4）意识清醒的病人或经过降温清醒的病人可饮服绿豆汤、淡盐水等解暑。

5）还可服用人丹和藿香正气水。另外，对于重症中暑病人，要立即拨打120 电话，求助医务人员紧急救治。

2. 防中毒

（1）切实做好施工现场的卫生防疫工作，加强对饮用水、食品的卫生管理，严格执行食品卫生制度，避免食品变质引发的中毒事件。

（2）要加强对夏季易发疾病的监控，现场作业人员发生传染病、食物中毒时，应及时向有关主管部门报告。

3. 防火

（1）严格加强各类易燃、易爆物品管理，合理配置消防器材，防范火灾、爆炸事故的发生。

（2）现场设安全员、电工负责检查机械设备及露天架设的线路，防止由于暴晒引起过热、自燃等。

（3）在夏季高温期间项目部管理人员定期到生产现场进行巡回检查，发现有关问题及时进行解决和处理。

第七节 危险源辨识评价及控制

一、目的

充分识别危险源和环境因素的存在和性质，正确评价，制定措施加以控制，以减少事故率、职业病率及对环境的不利影响。

二、职责分工

（1）单位技术负责人负责机关办公、工程项目重大危险源控制措施、重大环境因素管理措施审批。

（2）办公室为办公区域危险源、环境因素的辨识、评价、控制的归口管理部门。

（3）工程管理部为施工项目危险源、环境因素辨识、评价、控制的归口部门，负责项目的重大危险源、重大环境因素管理措施的审核。

（4）项目部负责本工程危险源和环境因素的辨识、评价、制定管理措施并落实。

三、控制流程

危险源控制流程见图 3-8。

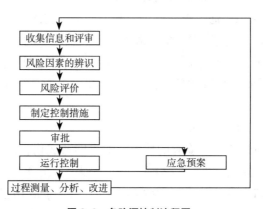

图 3-8 危险源控制流程图

四、危险源的辨识、评价、控制程序

1. 信息收集

（1）信息来源

1）法律、法规、制度、标准、规范及其他要求，列清单；

2）本单位以往的事故、事件、体检信息等情况；

3）本行业以往的事故、事件、职业疾病等情况；

4）有关资料（如：有关设备的说明书、危险物品的特性和安全数据等）；

5）相关方的意见（如员工、顾客方的意见）。

（2）进行信息评审

1）所收信息是否完整、正确；

2）信息是否涵盖了最新变化。

2. 危险源的辨识

（1）活动分类

为确保危险源辨识不发生重大遗漏，结合工程及管理特点，辨识过程按照日常活动适当分类，具体可参照如下：

1）按分部、分项工程作业内容划分（电气、管道、设备安装等）；

2）按需要重点控制的设备、设施划分（如：龙门吊、临时用电等）；

3）按确定的时限性的活动任务划分（如：施工前期准备、竣工扫尾清理等）；

4）按活动场所划分（如：危险品仓库、施工区、生活区、办公区等）。

分类确定后填入"危险源辨识评价表"（表 3-14）的"作业/活动/设施/场所"一栏。

（2）危险源辨识方法

采用直接经验和系统分析相结合的方法。

1）直接经验辨识。通过查阅有关资料、与员工交谈、现场观察等方式，分析辨识职业活动中的危险因素（危险源），填入表 3-14 的"危险源"一栏。

2）系统分析辨识。根据活动分类，按标准要求，参照直接辨识的结果，逐项检查分析可能导致的危害类型,将结果记录在表 3-14"可能导致的事故"一栏。

3. 风险等级评价

（1）伤害的严重程度评价

综合考虑活动分类和危险源的情况，对可能造成伤害的严重程度进行评价分为轻微伤害（1分）、伤害（2分）、严重伤害（3分）三类。其中人体伤害根据《企业职工伤亡事故分类》GB 6441-1986 及《事故伤害损失工作日标准》

GB/T 15499–1995 进行判别。

1) 轻微伤害：造成轻伤，损失工作日 105 天以内，即损失较小、恢复较快的伤害。如：

①表面割伤、擦伤、粉尘对眼的刺激；

②烦躁和刺激（如头痛）、刺激性的烟及气体等，导致暂时性不适的疾病；

③一万元以下的财产损失等。

2) 伤害：105 天 ≤ 损失工作日 ≤ 6000 天以内的重伤，损失较大、恢复期较长、引人关注的伤害。如：

①浅 2 度面积大于 5% 烧伤、躯干骨骨折；

②耳聋、失语，导致永久性轻微功能丧失；

③1 万元以上、20 万元以下的财产损失等。

3) 严重伤害：损失工作日 ≥ 6000 天的重伤及死亡。损失巨大、不可逆转的伤害。如：

①高位瘫痪、双目失明、严重精神病症状；

②职业癌，肺、肾、肝等重要脏器切除 1/2 以上等；

③20 万元以上的财产损失。

（2）伤害发生可能性评价

对已识别的危险源造成事故的可能性进行评价，可以采用评分法。分为极不可能（1分）（如国内罕见的案例）、不太可能（2分）（如省内同行偶有发生的案例）、可能（3分）（本公司有类似案例）三种。

4. 确定风险级别

（1）风险级别可采取评分法，分成三个级别：风险总分值 $N ≤ 3$ 分，为"可容许风险"；4 分或者 5 分为"重大风险"；6 分为"不可接受风险"。

（2）评分方法见表3-8。

评分方法   表3-8

伤害程度 X　　　　　　　　风险总分值 $N=X+Y$　可能性 Y	轻微伤害（1分）	中度伤害（2分）	严重伤害（3分）
极不可能（1分）	2分	3分	4分
不太可能（2分）	3分	4分	5分
可能（3分）	4分	5分	6分

将风险等级为"重大风险"和"不可接受风险"的危险源列入"重大危险源控制目标和管理方案"（表3-15）。

5. 辨识出的职业病列入"职业病清单"，并制定防范措施

6. 确定重大危险源管理控制目标和管理方案

（1）目标和方案的内容

确定管理目标：以杜绝相应事故为目标。

1）技术措施：通过编制专项方案、应急预案、技术交底、改变作业方法等技术措施，以清除或降低风险。

2）管理措施：通过加强培训、施工前交底，提高施工人员的意识和能力；改善作业条件；加强运行控制，增加监视、测量频次；以降低风险。

（2）危险源辨识、评价的审批

1）"危险源辨识评价表"（表3-14）和"重大危险源控制目标和管理方案"（表3-15）按规定上报审批。

2）"职业病清单"上报主管部门备案。

3）审核要点

①风险辨识评价的范围是否包括了公司所有的业务活动，是否考虑了方针、法规和其他要求，重大风险因素是否有遗漏。

②风险等级评价是否合理。

③控制措施或管理方案是否适宜可行。

④职业病是否辨识齐全，防范措施是否合理。

7. 危险源监控管理

（1）可容许风险，不追加措施；重大风险应根据"重大危险源控制目标和管理方案"（表3-15）实施控制，以降低风险；极其危险的作业，在风险降低前，必须禁止工作。

（2）责任部门实行周检，分支机构实行月度检查，主管部门实行季度检和不定期抽查，确保危险源及环境因素的管理措施和管理方案得到有效落实，并在"重大危险源及环境因素管理台账"中做好相应记录。

（3）根据职业病的辨识情况，职业健康主管部门在组织进行体检时，重点考虑该体检项目；并定期统计发病率，及时采取措施，加强员工职业健康安全知识的宣传和教育，尽可能地降低发病率。

8. 重新评价和补充评价

当发生下列情况之一时，必须重新进行风险评价：

（1）新项目开工前或采用新技术、新工艺、新设备、新材料,实施纠正措施前；

（2）法律、法规和其他要求发生变化；

（3）每年的管理评审后；

（4）发生事故、事件或政府、行业检查发现不符合后。

五、环境因素辨识、评价及控制程序

1. 收集信息与评审

（1）收集信息

1）相关的法律、法规、制度、标准、规范，列清单；

2）活动、产品、服务过程要求的方法、技术措施；

3）过程使用的材料种类、规格、数量；

4）过程消耗的能源种类、规格、数量；

5）相关方的要求；

6）其他。

（2）信息评审

安装总承包项目，对项目所在地的环境应有所了解，并应进行项目初始环境评审（分包项目可采用总包方的相关信息）。评审的主要内容：

1）明确使用相关的法律、法规及其他应遵守的要求；

2）评价环境现状与上述要求的符合程度，包括污染物排放、施工噪声影响情况、资源能源消耗情况等；

3）项目所在区域的相关背景资料，包括污染物排放管网位置分布、功能区域划分等；

4）相关方提供的报告、记录等背景资料，包括环境报告、监测报告等。

2. 环境因素识别

（1）活动分类

根据公司特点，将公司的日常活动适当分类，以确保环境因素不发生重大遗漏。分类方法如下：

1）经营活动、施工过程、检验与试验，材料设备的采购、运输、装卸、储存、使用、保养、回收、处理过程。

2）零部件、半成品、成品生产管理过程。

3）对顾客的其他服务过程。

4）后勤保障、保卫、消防、车辆维护等过程。

（2）根据活动分类，识别环境因素

采用的方法：

1）现场观察，包括现场查看和面谈。

2）问卷调查。

3）工艺流程分析。

4）查阅文件和记录。

5）专家咨询。

6）对相关方的特殊要求应及时进行沟通。

将辨识出来的环境因素列入"环境因素调查及评价表"（表 3-16）。

3. 环境因素的评价

（1）直接判定法

凡是有符合下列之一的直接判定为重大环境因素：

1）影响范围广，受到社区强烈关注的环境因素；

2）不符合有关环保法律、法规和行业规定的环境因素；

3）曾经有过经验教训的事故的环境因素。

记录表式采用"环境因素评价表（直接判定法）"（表 3-17）。

（2）评分法

1）环境因素评分时应考虑下列情况：

①影响范围；

②影响程度；

③发生频次；

④社区关注程度；

⑤资源消耗。

2）确定重要环境因素的评价标准：

见表 3-9 ~ 表 3-13。

影响范围　　　　　　　　　　　　　　　　　　　　　　表3-9

影响范围	超出社区	周围社区	场界内
评判值A	3	2	1

影响程度　　　　　　　　　　　　　　　　　　　　　　表3-10

影响程度	较严重	一般	轻微
评判值B	3	2	1

发生频次　　　　　　　　　　　　　　表3-11

发生频次	持续发生	间歇发生	偶然发生
评判值C	3	2	1

社区关注程度　　　　　　　　　　　　表3-12

社区关注程度	强	一般	弱
评判值 D	3	2	1

资源消耗　　　　　　　　　　　　　　表3-13

资源消耗	严重消耗	较大消耗	较小消耗
评判值 E	3	2	1

3）将上述5项之和大于10分（不含10分）的环境因素确定为重大环境因素，并列入"重大环境因素清单"（表3-18）。

（3）确定重大环境因素的状态、时态和类型

在重大环境因素清单内明确其状态、时态和类型：

三种状态：正常、异常、紧急状态；

三种时态：过去、现在、将来；

七种类型：大气排放、土地污染、水体排放、光污染、噪声污染、固体废弃物、原材料与自然资源的消耗。

（4）辨识评价时间要求

1）各部门在年度管理策划时。

2）在编制投标文件的过程中应对可能的环境因素加以识别和评价，对重要环境因素及顾客和有关方的特殊要求应及时与有关部门沟通。

3）新开工项目应在编制和审核施工组织设计、施工方案和作业指导书时，进行环境因素评价，对重要环境因素制订环境管理方案。

4）出现下列情况，应及时进行环境因素的重新辨识和评价：

①法律、法规变更时；

②采用新技术、新工艺、新材料而对环境会造成较大的影响时；

③施工场所发生变更时；

④上级部门进行干预时；

⑤相关方进行投诉时。

4. 确定重大环境因素的管理措施或管理方案

（1）各部门（项目部）应根据识别出的重大环境因素的状态、时态和类型制定管理控制措施,持续发生的重大环境因素应制定"环境管理方案"（表3-19）并加以实施。

（2）对环境影响小、节能降耗的施工方法、工艺、材料和机具应首选应用。

（3）办公室在办公区域后勤保障、保卫、消防、车辆管理过程中，尽量选用对空气污染少的空调、汽车和消防器材，做好固体废弃物的分类处理，做好废旧电池等对土地和水资源造成严重污染的废弃物的专门回收存放处置工作，在复印机、计算机、传真机等办公设施及办公纸张等的使用时做好节约、重复利用等工作，做好办公车辆的维护保养工作，降低能耗和排放量。

（4）项目部根据具体情况统计需使用的化学物品列入"化学物品清单"，并参照公司《油料、油漆及化学品管理办法》控制。

（5）各部门（项目部）应将环境因素的调查和评价及环境管理方案的执行情况等资料留存备查。

5. 环境因素监控管理

责任部门实行周检，公司主管部门实行月检、季度检及不定期抽查，确保管理措施和管理方案有效落实，做好相应记录。

六、改进

每年对事故率、职业病率、日常监控检查的情况记录，对员工及相关方的满意度进行相应的统计，结合公司的环境、职业健康安全目标进行分析，评价本程序的执行情况和有效性（结合项目综合考评及内部审核），可采取如下改进措施：

（1）增加培训需求，改进工作方式，满足人员的能力要求。

（2）改进辨识、评价方法。

（3）增加管理资源的投入（包括信息资源等）。

（4）作为下一次内审的重点区域。

七、涉及表单

见表3-14 ~ 表3-19。

表3-14

危险源辨识评价表

编号：

序号	危险源调查辨识			风险等级评定				控制措施	可能导致职业病	
	作业/活动/设施场所	危险源	可能导致的事故（触电、中毒、冻伤、中暑、物体打击、辐射损伤、化学灼害、高空坠落、机械伤害、其他人体伤害、火灾、水灾等）	可能性X	伤害程度Y	总分值N ($N=X+Y$)	风险级别		可能/不可能	职业病名称

参加调查评价人员：

编制人： 日期：

说明：1.危险源控制措施：A.建立目标、制定管理方案，以清除或降低风险。B.通过加强培训、施工前交底，提高施工人员的意识和能力，改善作业条件或方法。C.编制应急预案，做好应急准备，以降低事故损失。D.运行控制，增加监视、测量频次，降低风险。2.职业病种类：中毒、接触性皮炎、光敏性皮炎、电光性皮炎、黑变病、痤疮、溃疡、化学性皮肤灼伤、化学性眼部灼伤、电光性眼炎（含放射性白内障）、职业性白内障、三硝基甲苯白内障、噪声聋、铬鼻病、牙酸蚀病等。

表3-15

重大危险源控制目标和管理方案（清单）

编号：

序号	重大危险源名称	目标	技术、管理措施	责任部门	相关部门	完成时间

单位：　　　　填写人：　　　　审核：　　　　批准：　　　　日期：

表3-16

环境因素调查及评价表

部门名称： 编号：

序号	产生原因	后果							评价要素评分					综合得分	是否重大环境因素	可能导致职业病	
		大气污染	土地污染	水体污染	光污染	噪声污染	固体废弃物	原材料资源消耗	影响程度	影响范围	发生频次	关注程度	资源消耗			可能/不可能	职业病名称

填写人： 审核： 批准： 日期：

表3-17

环境因素评价表（直接判定法）

编号：

部门名称：

序号	活动、产品、服务	环境因素	影响范围广、受到社区强烈关注	不符合环保法律、法规和行业规定	曾经有过经验教训的事故发生

表3-18

重大环境因素清单

编号：

部门名称：

类别		环境因素	活动部位	影响范围/性质	时态状态	管理方式
序号	名称					

编制人：　　　　批准人：　　　　时间：

环境管理方案   表3-19

编号：

重要环境因素名称					
目标					
指标					
技术措施	启动时间	完成时间	责任部门	相关部门	验证
审批意见					
完成情况					
备注					

执行人		日期	
检查人		日期	

八、安装工程施工涉及危险源和环境因素

1. 常见危险源

见表3–20。

常见危险源   表3–20

序号	岗位/过程	可能导致事故的原因	产生的后果
一		大型设备（施工机械）拆装和操作	
（一）		龙门吊、塔吊	
	1.基础制作	（1）地耐力不足	机身倾斜
		（2）基础过小	机身倾覆
		（3）沉降	机身倾覆
		（4）倾斜	机身倾覆
		（5）基础混凝土级配缺陷	机身倾覆
		（6）基础钢筋缺陷	机身倾覆
		（7）基础螺栓缺陷	机身倾覆
		（8）接地不良	电、雷击
	2.大型设备、施工机械质量	（1）机体钢结构缺陷	折臂、倒塌、倾覆
		（2）机械运动机构缺陷	人员伤害、设备损坏
		（3）电气系统缺陷	触电伤害
		（4）安全保护装置缺陷	人员伤害、设备损坏
		1）力矩、超高、幅度、重量、回转、行走等限位开关缺陷	人员伤害、设备损坏
		2）吊钩保险缺陷	人员伤害、设备损坏
		3）卷扬机滚筒保险缺陷	人员伤害、设备损坏
		4）电气安全保护装置缺陷	人员伤害、设备损坏
		（5）钢丝绳缺油、断丝、断股、压扁、扭折变形、烧灼伤、绳端固定缺陷	吊物坠落、人员伤害
		（6）吊钩材质、制作、损伤、疲劳	吊物坠落、人员伤害
	3.拆装、调试、维修、保养、润滑、操作	（1）拆装无方案	人员伤害、设备损坏
		（2）未进行安全交底	其他伤害
		（3）多工种高空立体交叉作业防护不严	高空坠落或其他伤害
		1）场地狭窄，塔身塔臂拼装与工作回转时有干涉物	人员伤害、设备损坏
		2）气候恶劣	设备损坏
		3）夜间照明不足	人员伤害、设备损坏
		（4）未设警示标识和警戒区	人员伤害、设备损坏
	4.指挥	指挥不当，指挥手段落后	人员伤害、设备损坏

续表

序号	岗位/过程	可能导致事故的原因	产生的后果
	5.通信	无通信联络工具或通信手段落后	人员伤害、设备损坏
(二)		行车	
	1.安装	(1) 安装无方案或方案缺陷	人员伤害、设备损坏
		(2) 高处作业人员安全防护用品使用不当	高处坠落、其他伤害
		(3) 安装人员无安全技术交底	人员伤害、设备损坏
	2.整机或部件吊装	(1) 吊装无专项安全方案	人员伤害、设备损坏
		(2) 起重吊装人员无上岗证	人员伤害、设备损坏
		(3) 吊装无警戒区	人员伤害、设备损坏
	3.指挥	指挥不当	人员伤害、设备损坏
二		施工机具	
	1.电焊机	(1) 一次线保护不当	触电伤害
		(2) 无二次空载保护降压	触电伤害
		(3) 未做保护接零或接地、无漏电保护器	触电伤害
		(4) 焊把线接头超过3处或绝缘老化的	触电伤害
		(5) 室外无防雨棚	设备损坏
		(6) 进出线无防护罩	触电伤害
	2.卷扬机、卷板机	(1) 传动部位无防护罩	设备损坏、人员伤害
		(2) 未做保护接零或接地、无漏电保护器	触电伤害
		(3) 室外无防雨棚	设备损坏
		(4) 地基不平、不实,地锚不牢固	设备损坏、人员伤害
	3.气瓶 (工业气体)	(1) 氧气、乙炔气瓶使用时间距小于5m,距明火小于10m又无隔离措施	火灾、人员伤害
		(2) 乙炔瓶平放使用	火灾、人员伤害
		(3) 气瓶库存不符合要求	火灾、爆炸
		(4) 气瓶无防震圈和防护帽	火灾、爆炸
		(5) 气瓶放在露天暴晒	火灾、爆炸
		(6) 乙炔使用无防回火安全装置	火灾、爆炸、人员伤害
	4.台钻与电动套丝机及砂轮切割机	(1) 操作钻床与电动套丝机戴手套	人员伤害
		(2) 传动部位无防护罩	人员伤害
		(3) 无保护接零或接地、无漏电保护器	触电伤害
		(4) 在砂轮切割机上磨工件	人员伤害
	5.叉车、汽车	(1) 制动装置不灵敏	设备损坏、人员伤害
		(2) 司机不持证上岗	设备损坏、人员伤害
		(3) 叉车行驶载人或违章行车	人员伤害
	6.潜水泵	无保护接零、无漏电保护器	触电伤害

135

续表

序号	岗位/过程	可能导致事故的原因	产生的后果
	7.金属切削机床	（1）不戴防护镜	人员伤害
		（2）女工不戴女工帽	人员伤害
	8.剪板机、冲床	（1）无安全防护装置或安全防护装置失灵	人员伤害
		（2）无保护接零或接地、无漏电保护器	触电伤害
	9.空压机	（1）无保护接零、接地	触电伤害
		（2）无漏电保护器	触电伤害
		（3）压力表失灵或安全阀失灵	爆炸、人员伤害
	10.柴油发电机	（1）无保护接零或接地	触电伤害
		（2）柴油泄漏	火灾
	11.排风扇	（1）无前后防护罩或防护不严密	人员伤害
		（2）无漏电保护器	触电伤害
		（3）无保护接零或接地	触电伤害
三		手持电动工具	
	电锤、电钻、冲击钻、角向磨光机、手动砂轮	（1）无保护接零	触电伤害
		（2）不按规定穿戴绝缘用品	触电伤害
		（3）无保护接零或接地、无漏电保护器	触电伤害
		（4）转动部位无防护罩	人员伤害
		（5）未按规定定期进行绝缘检测	触电伤害
四		施工临时用电设施	
	1.施工用电设计	施工用电组织设计缺陷	触电伤害
	2.接地接零	（1）未采用TN-S系统或TT系统	触电伤害
		（2）工作接零或重复接地不符合要求	触电伤害
		（3）专用保护零线或接地设置不符合要求	触电伤害
		（4）保护零线与工作零线混接	触电伤害
	3.配电箱、开关箱	（1）未执行"三级配电二级保护"	触电伤害
		（2）电箱内无漏电保护器或保护器失效	触电伤害
		（3）漏电保护器参数不匹配	触电伤害
		（4）多路配电无标识	触电伤害
		（5）电箱无门、无锁、无防雨措施	触电伤害
	4.照明	（1）照明专用回路无漏电保护	触电伤害
		（2）灯具金属外壳未作接零保护	触电伤害
		（3）安装高度低于2.4m	触电伤害
		（4）潮湿环境及手持灯具未使用安全电压	触电伤害
	5.配电线路	（1）采用TN-S系统的未使用五芯电缆	触电伤害

续表

序号	岗位/过程	可能导致事故的原因	产生的后果
	5.配电线路	（2）电缆架设或埋设不符合要求，电杆、横担不符合要求	触电伤害
		（3）电线老化	触电伤害
	6.电器装置	（1）闸刀、熔断器参数与设备容量不匹配	触电伤害
		（2）用其他金属丝代替熔断丝	触电伤害、设备损坏
	7.低压干式变压器变配电装置	不符合安全规定	触电伤害
五		"三宝"、"四口"	
	1.安全帽	（1）不戴安全帽	物体打击
		（2）不按标准戴安全帽	物体打击
		（3）安全帽不符合标准	物体打击
	2.安全网	（1）安全网规格、材质不符合要求	人员坠落
		（2）安全网未取得建筑安全监督管理部门批准的合格证	人员坠落
	3.安全带	（1）在必须系安全带工作的场所未系安全带的	人员坠落
		（2）安全带系挂不符合要求	人员坠落
		（3）安全带不符合标准	人员坠落
	4.楼梯口、电梯井口、预留洞口、坑井防护	（1）无防护措施	人员坠落
		（2）防护措施不符合要求或不严密	人员坠落
		（3）电梯井内每隔两层防护板不满铺	人员坠落
	5.通道口防护	（1）无防护棚	人员伤害
		（2）防护不严	人员伤害
		（3）防护棚不牢固、材质不符合要求	人员伤害
	6.阳台、楼板屋面临边防护、冷箱平台	（1）临边无防护	人员坠落
		（2）临边防护不严，不符合要求	人员坠落
六		简易脚手架和临时操作平台	
		（1）立杆基础不平、不实	倒塌、人员坠落
		（2）立杆缺少底座、垫木	倒塌、人员坠落
		（3）不按规定设置剪刀撑	倒塌、人员坠落
		（4）脚手架不满铺	倒塌、人员坠落
		（5）脚手架材质不符合要求	倒塌、人员坠落
		（6）探头板未绑扎牢固	人员坠落
		（7）施工层防护栏高度不符合标准	人员坠落
		（8）钢管立杆采用搭接	倒塌、人员坠落

续表

序号	岗位/过程	可能导致事故的原因	产生的后果
		（9）钢管弯曲、锈蚀严重	倒塌、人员坠落
		（10）架体无上下爬梯	人员伤害
		（11）脚手架荷载超过270kg/m²	倒塌、人员伤害
		（12）脚手架、爬梯搭设用铁丝或麻绳固定	倒塌、人员伤害
		（13）脚手架、爬梯拆除时未采取临时固定防范措施	倒塌、人员伤害
七		探伤作业	
		（1）X射线探伤机故障	人员伤害
		（2）探伤人员未穿防护服	人员伤害
		（3）探伤人员未配X射线报警器	人员伤害
		（4）未设置安全警戒区或无明显警戒标志	人员伤害
八		起重吊装	
		（1）吊装机具质量缺陷	设备倾覆、人员伤害
		（2）吊装前安全技术交底不完善	设备倾覆、人员伤害
		（3）吊装区域未设安全警戒区	人员伤害
		（4）起重作业人员无证上岗	设备倾覆、人员伤害
		（5）指挥不当、指挥手段落后	设备倾覆、人员伤害
九		现场防火	
		（1）无消防措施、制度或无灭火器材	火灾、人员伤害
		（2）灭火器材配置不合理	火灾、人员伤害
		（3）现场动火无防范措施	火灾、人员伤害
		（4）宿舍内（值班室）未经批准使用煤气灶、煤油炉、电炉、热得快等器具	火灾、人员伤害
		（5）无动火审批手续或无动火监护人员	火灾、人员伤害
		（6）易燃易爆物品未分库存放	火灾、爆炸、人员伤害
十		高处作业	
		（1）未对作业人员进行定期健康检查	人员伤害
		（2）作业时穿硬底和带钉易滑的鞋、靴	人员伤害
		（3）作业时材料乱放，工具未放入工具袋内	人员伤害
		（4）6级大风（含）以上作业	人员伤害
		（5）梯子使用不符合要求，无人监护和无防滑措施	人员伤害
		（6）未正确使用安全带	人员伤害
		（7）作业人员骑坐在无防护的构筑物和建筑物上作业	人员伤害
		（8）未按规定走通道	人员伤害
十一		夏季高温下作业	
		（1）未制定合理的作息时间	人员伤害
		（2）未配发有针对性的夏季高温作业的防护用品	人员伤害

138

续表

序号	岗位/过程	可能导致事故的原因	产生的后果
		（3）作业时未采用通风、遮阳措施	人员伤害
十二		（北方冬季）严寒环境条件下施工作业	
		（1）未制定合理的作息时间	人员伤害
		（2）未配发冬季防寒劳动防护用品	人员伤害
		（3）未制订和落实安全施工防护措施	人员伤害
十三		物体打击	
		（1）交叉作业或易发生飞溅物场所无隔离防护或防护不严	人员伤害
		（2）随手抛掷工件或物品	人员伤害
		（3）未及时清理工作面上方的未固定物品	人员伤害
		（4）在起吊物下作业或停留	人员伤害
十四		密闭容器内或管道内作业	
		（1）照明未使用12V以下安全电压	人员伤害
		（2）通风不良	人员伤害
		（3）未设监护人员	人员伤害
十五		循环水氮气冷却塔、管道检修、试运转	
		（1）无施工方案及未进行氮气泄漏检测	人员窒息伤害
		（2）防护设施不到位及未设警示标识	人员窒息伤害
十六		台风季节施工	
		（1）在施工方案中未编制针对性的防台措施	人员伤害、财产损坏
		（2）未执行防台措施	人员伤害、财产损坏
		（3）未及时与当地气象部门的沟通	人员伤害、财产损坏
		（4）未及时做好设备的固定和临时设施防台工作	人员伤害、财产损坏
		（5）未做好应急撤离准备	人员伤害、财产损坏
十七		办公场所、生活设施	
（一）	办公科室、宿舍	（1）登高打扫卫生	人员伤害
		（2）违反规定使用电器具	人员伤害
		（3）乱扔烟蒂	火灾、人员伤害
		（4）地面湿滑	人员伤害
		（5）外挂空调支架缺陷	设备损坏、人员伤害

续表

序号	岗位/过程	可能导致事故的原因	产生的后果
（二）	食堂	（1）蒸饭车蒸汽泄漏	人员伤害
		（2）柴油灶（煤气灶）操作不当	火灾、人员伤害
		（3）食物不卫生	人员伤害
		（4）炊事人员无健康证	人员伤害
（三）	电梯	（1）停电	人员关入电梯内
		（2）机械故障	设备损坏、人员伤害
十八		有毒、有害、易燃、易爆化工装置或管道的检修或拆除	
		（1）专项施工方案不完善	中毒、火灾、爆炸、人员伤害
		（2）未按专项施工方案进行操作	中毒、火灾、爆炸、人员伤害
		（3）未进行有关安全交底	中毒、火灾、爆炸、人员伤害
		（4）未对介质浓度测试，盲目进入施工	中毒、火灾、爆炸、人员伤害
		（5）未正确使用专用防护用具、用品	中毒、火灾、爆炸、人员伤害
		（6）对有毒、有害、易燃、易爆等危险品处理不当	中毒、火灾、爆炸、人员伤害
		（7）未办理针对性的动火审批手续和作业审批手续	中毒、火灾、爆炸、人员伤害
十九		工程防腐（沥青、油漆、松香水的使用）	
		（1）未戴防护用品	人员伤害
		（2）管理措施不到位	火灾、人员伤害
		（3）松香水泄漏	火灾、人员伤害
二十		施工现场物资堆放及搬运	
		（1）物资堆放无序、未有防护措施	设备损坏、人员伤害
		（2）无专管人监管情况下自行领用搬运物资	设备损坏、人员伤害
		（3）搬运物资无防护措施	设备损坏、人员伤害

2. 常见环境因素

见表 3-21。

<table>
<tr><td colspan="4" style="text-align:center">常见环境因素　　　　　　　　　　　　　　　　　　　　　表3-21</td></tr>
<tr><td>序号</td><td>类型</td><td>活动 / 产品 / 服务</td><td>环境因素</td></tr>
<tr><td colspan="4" style="text-align:center">施工现场</td></tr>
<tr><td rowspan="29">1</td><td rowspan="29">固体废弃物</td><td rowspan="6">原材料选用</td><td>（1）废塑料盖</td></tr>
<tr><td>（2）废铁丝</td></tr>
<tr><td>（3）废纸盒</td></tr>
<tr><td>（4）绑扎物（金属、非金属）</td></tr>
<tr><td>（5）废泡沫</td></tr>
<tr><td>（6）废木材</td></tr>
<tr><td rowspan="23">现场施工活动</td><td>（7）废金属</td></tr>
<tr><td>（8）废非金属</td></tr>
<tr><td>（9）焊渣</td></tr>
<tr><td>（10）废零部件</td></tr>
<tr><td>（11）废电线</td></tr>
<tr><td>（12）废电缆</td></tr>
<tr><td>（13）废灯泡（管）</td></tr>
<tr><td>（14）废钢丝绳</td></tr>
<tr><td>（15）焊条头</td></tr>
<tr><td>（16）废填充物料</td></tr>
<tr><td>（17）废玻璃布</td></tr>
<tr><td>（18）废钢刷</td></tr>
<tr><td>（19）废铁砂皮</td></tr>
<tr><td>（20）废砂轮片</td></tr>
<tr><td>（21）废毛刷</td></tr>
<tr><td>（22）废抹布、手套</td></tr>
<tr><td>（23）废油漆桶</td></tr>
<tr><td>（24）劳动防护用品废弃</td></tr>
<tr><td>（25）废耐火砖</td></tr>
<tr><td>（26）废岩棉</td></tr>
<tr><td>（27）废橡胶</td></tr>
<tr><td>（28）废沥青</td></tr>
<tr><td>（29）废油毡</td></tr>
</table>

续表

序号	类型	活动/产品/服务	环境因素
1	固体废弃物	现场施工活动	（30）废石棉
			（31）微孔硅酸钙废料
			（32）硅酸铝废料
			（33）废零玻璃丝布、玻璃丝绵
			（34）废X光胶片
2	水体污染	现场施工活动	（1）管道焊口清洗残液
			（2）设备清洗残液
			（3）试车试压废水排放
			（4）废油品
			（5）洗片显（定）影液
			（6）油漆废弃物
			（7）锅炉酸碱洗（煮炉）残液
3	大气污染	现场施工活动	（1）气割烟气排放
			（2）乙炔气泄漏
			（3）焊接烟气排放
			（4）除锈产生的粉尘
			（5）墙面开槽产生的粉尘
			（6）管道退火熔铅产生烟气
			（7）汽车尾气排放
			（8）电缆头子安装时的喷灯煤油的泄漏
			（9）制冷介质的泄漏
			（10）氩气泄漏
			（11）松香水泄漏
			（12）喷砂产生粉尘
			（13）除锈时产生粉尘
			（14）筑炉保温粉尘
			（15）砂轮切割粉尘
			（16）烘炉煮炉烟气排放
4	噪声	制作安装	（1）机械运行的噪声
			（2）榔头锤击及除锈产生的噪声
			（3）砂轮切割噪声
			（4）电锤（冲击）噪声

续表

序号	类型	活动/产品/服务	环境因素
4	噪声	制作安装	（5）喷砂发生噪声
			（6）除锈机除锈噪声
			（7）焊机电流噪声
		试验试车运行	（8）机动车运转噪声
			（9）机泵、风机、空调运转噪声
			（10）介质流动噪声
			（11）气试验排放噪声
			（12）调试吹扫
5	能源消耗	试验试车运行	（1）电能
			（2）水
			（3）氧气、氩气、乙炔
			（4）油品
			（5）煤、木材
6	光污染	现场施工活动	（1）焊接电弧光
			（2）氩弧焊接电弧光
7	放射污染	检验	X光探伤放射
8	水体污染	海岛施工作业	（1）管道焊口清洗残液
			（2）设备清洗残液
			（3）试车试压废水排放
			（4）洗片显（定）影液
			（5）油漆废弃物
			（6）废油品
办公区域			
1	固体废弃物	打印机使用	（1）废硒鼓丢失
		打印机使用	（2）废墨盒
		打印机使用	（3）废纸丢弃
		打印机维修	（4）旧零件丢弃

序号	类型	活动/产品/服务	环境因素
1	固体废弃物	复印机使用	（5）废硒鼓丢失
		电话机使用	（6）废电池丢弃
		日光灯使用	（7）废灯管丢弃
		日常清洁活动	（8）垃圾丢弃
		空调使用	（9）废电池丢弃
2	能源消耗	电脑使用	（1）电能消耗
		打印机使用	（2）电能消耗
			（3）纸张消耗
		复印机使用	（4）电能消耗
			（5）纸张消耗
		日光灯使用	（6）电能消耗
		空调使用	（7）电能消耗
		饮水机使用	（8）电能消耗
			（9）水的消耗
		日常清洁活动	（10）水的消耗
3	电磁辐射	电脑使用	（1）电磁波辐射
		复印机使用	（2）电磁波辐射
后勤区域			
1	固体废弃	食堂餐饮	（1）残渣的丢弃
		集体宿舍	（2）生活垃圾丢弃
2	水体排放	清洗炊具餐具	（1）废水排放
		集体宿舍	（2）废水排放
		厕所使用	（3）废水排放
		汽车清洗	（4）水的消耗
3	大气排放	液化气使用	（1）油烟气排放
			（2）液化气泄漏
			（3）液化气泄漏
		汽车使用	（4）尾气排放

144

续表

序号	类型	活动/产品/服务	环境因素
4	资、能源消耗	食堂餐饮	（1）电能消耗
			（2）水的消耗
			（3）液化气消耗
		厕所使用	（4）水的消耗
		集体宿舍	（5）电能消耗
			（6）水的消耗
5	噪声	汽车使用	发动机产生的噪声

第八节　合规性评价

一、合规性评价的目的

评价对适用的法律法规和其他要求的遵循情况，促进管理改进，确保合规性。

二、管理职责分工

（1）工程管理部门进行合规性评价的归口管理，并负责项目施工管理的合规性检查。

（2）企业各职能部门负责识别相关法律法规及要求、组织执行。

（3）机关办公室负责办公区域的环境及总部机关人员的职业健康相关的法律法规的执行和检查。

（4）项目部负责识别相关要求、组织执行、日常检查。

（5）合规性评价组负责合规性评价，评价报告输入管理评审。

（6）公司最高管理者、项目部经理在其管辖范围内应确保相应措施得到有效的实施和执行，并提供所需的资源和培训。

三、合规性评价的流程

合规性评价的流程见图3-9。

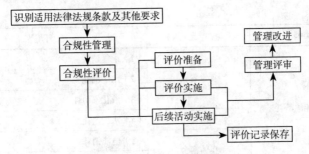

图3-9 合规性评价流程图

四、工作程序

1.识别法律法规和其他要求

（1）通过国家和地方政府的主管部门（安全生产监督管理局、建设局等）门户网站、"新法规速递"软件、《工程建设标准化》等报刊杂志了解信息并收集、更新。

（2）熟读法规，识别出其中的适用条款。

（3）在出现下列情况时要及时进行补充识别，确保充分性和全面性：

1）在管理体系内部审核前；

2）法律法规及其他要求发生变更时；

3）由于环境原因发生重大事故时；

4）项目施工依据发生变更时，由项目部识别是否有新增相关的法律法规和其他要求。

2.合规性管理

（1）根据适用条款要求制订相应危险源、环境因素的管理措施，必要时建立或修订管理制度，法律、法规、标准、规范列入引用清单。

（2）定期检查管理措施的执行情况，确保合规性，并形成记录存档，作为合规性评价的输入。对环境因素关键特性监测，在不具备监测条件时，应委托专业机构进行监测。

3.合规性评价

（1）评价准备

1）合规性评价一般一年一次，下列情况可增加评价次数：

①接受行政管理部门执法检查出现重大不合规时；

②新项目开工必须进行初始评价。

2）评价组应经公司批准任命。

3）评价组合规性评价范围是机关部门、项目部。

4）合规性评价输入信息包括：上级主管部门执法检查、项目和部门日常自查和定期检查的记录、各类监测数据。

（2）评价实施

1）评价内容

①管理方针是否有效；

②管理目标、指标是否有效；

③危险源和环境因素有关适用法律法规要求和其他要求遵守情况；

④对相关方的影响。

2）评价方法

①直接判断，根据适用法律、法规和其他要求，按照输入的相关记录等信息，逐条逐款对照，根据其遵守情况，分为符合和不符合。

②根据直接判断的结果，统计出同类活动在同类场界遵守情况，采用加权平均法计算其遵守率，遵守率100%，为合规；遵守率在90%及以上，为基本合规；遵守率在90%以下为不合规。

③评价过程记录在"法律法规条款及其他要求评价表"；评价情况应详细记录涉及的环境因素是否得到识别，所应遵守的法律法规及其他要求有否配备，是否采取相应措施并有效实施，同一场界内检查的部位数量及遵守率；评价结论一栏填写A、B、C合规类别。评价员及评价组长签字确认。

3）评价报告

①评价组长拟评价报告，公司管理者代表批准。

②评价报告应明确评价时间、地点、评价人、评价过程、内容及结论和改进意见。

（3）评价后的活动

1）对评价过程发现的不合规分类处理，不合规，一般是限期整改，或者考虑相关体系文件的适宜性、有效性并进行调整修改。

2）合规性评价的结果作为管理评审输入。

（4）记录和保存

所有合规性评价的输入资料和合规性评价报告应存档。

（5）合规性检查表

结合建筑行业，识别相关法律法规，制定合规性日常检查表，见表3-22～表3-24。

表3-22

项目环境管理法律法规及其他要求合规性评价检查表

编号：

危险源	法律法规及其他要求名称及条款	评价情况	备注
一、现场检查内容			
1.环境卫生	《建设工程施工现场环境与卫生标准》JGJ 146—2013		
	5.1.1 尚未竣工的建筑物内严禁设置宿舍。		
	5.1.2 生活区、办公区内应设置应急疏散、逃生指示标识和应急照明灯，楼梯处应设置应急疏散、逃生指示标识和应急照明灯。宿舍内宜设置烟感报警装置。		
	5.1.3 施工现场应设置封闭式建筑垃圾站。办公区和生活区设置封闭式垃圾容器，并应及时清运、消纳。生活垃圾应分类存放，并应及时清运、消纳。		
	5.1.5 宿舍内应保证必要的生活空间，室内净高不得小于2.5m，通道宽度不得小于0.9m，每间宿舍居住人员不得超过16人。宿舍内人均面积不得小于2.5m²，每间宿舍居住人员不得超过16人。宿舍应有专人负责管理，床头宜设置姓名卡。		
	5.1.9 宿舍照明宜选用安全电压，采用强电照明的宜使用限流器。生活区宜单独设置手机充电柜或充电房间。		
	5.1.11 食堂应设置隔油池，并应定期清理		
2.大气污染	4.2.5 建筑物内垃圾应采用容器或搭设专用封闭式垃圾道的方式清运，严禁凌空抛撒。		
	4.2.6 施工现场严禁焚烧各类废弃物。		
	4.2.10 施工现场的机械设备、车辆的尾气排放应符合国家环保排放标准。		
3.水土污染	4.3.5 施工现场的危险废物应按国家有关规定处理，严禁填埋。	油漆空桶是否集中存放，并做好防雨防晒防渗漏措施及时清运 是□否□	
4.噪声污染和光污染防治	4.4.1 施工现场场界环境噪音排放应符合现行国家标准《建筑施工场界环境噪声排放标准》GB 12523—2011的规定。施工现场应对场界外周围噪声敏感建筑区域采取降低噪音的措施。	1.施工现场所处哪一类噪声控制区域 0□1□2□3□4□ 2.施工场界周围噪声敏感区或敏感建筑区域噪声测定值___dB 3.施工现场的强噪声设备宜设置在远离居民区的一侧，并应采取降低噪声措施。是□否□	

续表

危险源	法律法规及其他要求名称及条款	评价情况	备注
4.噪声污染和光污染防治	4.4.1 施工现场场界噪声排放应符合现行国家标准《建筑施工场界环境噪声排放标准》GB 12523—2011的规定。施工现场应对场界噪声排放进行监测、记录和控制，并应采取降低噪声的措施。	4.对因生产工艺要求或其他特殊需要，确需在夜间进行超过噪声标准施工的，施工前应向有关部门提出申请，经批准后方可进行夜间施工。是□否□ 5.夜间运输材料的车辆进入施工现场，严禁鸣笛，装卸材料应做到轻拿轻放。是□否□	
5.卫生防疫	5.2.1 办公区和生活区应设专职或兼职保洁员，并应采取灭鼠、灭蚊蝇、灭蟑螂等措施。 5.2.2 食堂应取得相关部门颁发的许可证。炊事人员必须经体检合格并持证上岗。 5.2.3 炊事人员上岗应穿戴整洁的工作服、工作帽和口罩，并应保持个人卫生。非炊事人员不得随意进入食堂制作间。 5.2.4 食堂的炊具、餐具和公共饮水器具应及时清洗消毒。 5.2.5 施工现场应加强食品、原料的进货管理，建立食品、原料采购台账，保存原始采购单据。严禁采购无证商贩销售的食品和变质食品。食堂应按许可范围经营，严禁制售易导致食物中毒的食品和变质食品。 5.2.6 生熟食品分开加工和保管，存放成品或半成品的器皿应有耐擦洗的生熟标识。成品或半成品应遮盖、遮盖物品应有正反面标识。各种佐料和副食品应存放在密闭器皿内，并应有标识。 5.2.7 存放食品原料的储藏间或库房应有通风、防潮、防虫、防鼠等措施，库房不得兼作他用。粮食存放台距墙和地面应大于0.2m。 5.2.8 当事故现场突发疾情时，应及时上报，并应按卫生防疫部门的相关规定进行处理		

二、是否有相关部门的投诉和建议：

评价员：　　　　　　　　　　　　　　　　日期：

机关办公区区域法律法规及其他要求合规性评价检查表

表3-23

环境因素名称及类别	法律法规及其他要求名称及条款	评价情况	备注
一、现场检查			
1. 复印机废气（盒）污染	公司员工健康要求相关要求	复印机是否和工作环境有效隔离，废弃排放是否直接影响到职工。 是□否□	
2. 各类包装箱（盒）污染环境		1. 是否有固定回收方。 是□否□ 2. 现场有专人负责归置可回收垃圾。 是□否□	
3. 废纸随意丢弃		1. 在现场办公室设有可回收废纸箱。 是□否□ 2. 有专人负责处置。 是□否□	
4. 废电池随意丢弃		1. 在现场设有废电池回收箱。 是□否□ 2. 有专人负责集中回收后交上级管理部门（公司□、分公司□、社区□、街道□其他□）处置。 是□否□	
5. 生活垃圾	物业管理相关规定	1. 分类存放，设置可回收、不可回收垃圾项。 是□否□ 2. 分类存放，及时清运。 是□否□ 3. 施工出入口是否有车辆清洁措施。 是□否□ 4. 现场施工车辆排放尾气是否符合国家环保排放标准（是否有绿色环保标志）。 是□否□ 5. 不燃烧废弃物。 是□否□	
6. 工作环境	计量管理、档案管理等相关要求	1. 设置清洁员工。 是□否□ 2. 计量室、档案室是否设置温湿度计，并有专人负责检查。 是□否□ 3. 办公室是否符合通风要求。 是□否□	
7. 公共场所禁止吸烟		1. 在会议室等公共场所张贴禁止吸烟标识。 是□否□ 2. 不在禁止吸烟场所设置吸烟器具。 是□否□ 3. 设立控烟监督员。 是□否□	

在小方框内打"√"，在横线上填空，无此项内容，可打横线扛除

二、是否有相关部门的投诉和建议：

评价员：　　　　　　　日期：

表3-24

职业健康安全管理合规性评价检查表

相应工作内容	法律法规及其他要求名称	评价情况	备注
一、现场检查内容			
1.建立管理档案	职业病防治法		
2.实行岗前、岗中、岗后体检			
3.是否按要求配备防护用品			
4.专人负责职业危害的日常监视和检查			

二、是否有相关部门的投诉和建议：

评价员：   日期：

第四章

安装工程常用施工机械及设备的安全使用管理

　　施工过程中机械设备的安全直接关系到每个劳动者的生命安全和国家财产的安全，关系到施工企业劳动生产率的提高和企业的兴衰和存亡。施工机械设备的危害因素分为机械性与非机械性两大类。机械性危害因素包括：静态危险，如刀具的刀刃、机械设备突出部分、飞边等；运动状态下的危险，如接近危险、经过危险、卷进危险、打击危险、振动夹住危险、飞扬打击危险等。非机械性危害因素包括电击伤、灼烫和冷冻危害、振动危害、噪声危害、电离辐射危害、化学物危害、粉尘危害等。

　　在我国近些年的工程机械设备造成的事故中，多是违规操作引起的机械性和非机械性伤害。由于在具体的操作过程中违反了设备的安全操作规程，使得设备隐患大大增加，从而不可避免地造成事故的发生。因此在现阶段，确保机械、设备本身具有高度可靠性和安全性的同时，让操作人员掌握机械、设备安全操作规程，使得操作人员严格按照操作规程去作业，可以最大限度地减少事故的发生。

第一节 机械设备的安全管理

1. 施工企业机械设备安全管理存在的问题

（1）施工任务繁重，工作环境恶劣。在工程施工过程中，由于工期短，同时，不少项目为了降低施工成本，虽然面临很大的工作任务量，投入的施工机械数量却不多，完全靠少数机械设备加班作业来完成施工任务，在一定程度上造成了机械设备的超负荷运转，有些时候甚至在带病作业，极大地影响了机械设备的技术性能状况与使用寿命，加速了机械设备的老化。另一方面，由于作业场地机器布局互相影响操作，机器之间、机器与固定建筑物之间不能保持安全距离。有时作业场地过于狭小，地面不够平整，有凹坑、油污水垢、废屑等；室外作业场地缺少必要的防雨雪遮盖；有障碍物或悬挂突出物，以及机器可移动的范围内缺少防护醒目标志。夜间作业照明度不够，隧道施工过程通风、温度、湿度均超出机械设备本身的工作环境要求等一系列的问题，造成了施工现场机械设备的工作环境恶化。

（2）施工设备调运频繁。由于企业内部各个施工项目分布比较散，每个项目对机械的需求时间存在很大的不确定性，同一台机械在一个项目部还没有施工结束，下一个项目部又要马上开始投入使用。对机械设备的需求不确定性和缺少计划使得公司内部不少机械设备在各个项目部之间的调运十分频繁，设备材料管理部门无法将到了保养期需要进行二次保养的机械设备召回仓库修理车间进行维修保养。

（3）设备欠保养。由于传统观念的束缚，施工现场不少施工人员与指挥人员只一味地追求施工进度，对设备只注重使用，而对其保养维护工作不闻不问，这就造成了操作人员为了完成施工指挥人员指定的工作任务，没有时间对所操作的机械设备进行保养的可能。如此一来，便忽视机械设备的日常保养，经常带着小毛病作业，等到出现问题修理的时候，不得不进行大范围修理工作，既浪费大量时间，又无形中提高了设备的修理成本。

（4）人员素质不高，培训少。施工现场机械设备的操作人员素质参差不齐，很多操作人员本身文化层次较低，又没有经过正规的培训就直接上岗，或者先上岗操作一段时间，再去补办一个操作证的现象时有发生。许多作业人员没有接受过正规培训就上岗或者培训工作做得不够及时，上岗前的三级安全教育工作过于形式化，没有针对性和真实性，且千篇一律的现象比较严重。

（5）存在侥幸心理。对强制要求检测的设备不检测，设备"带病作业"或者老旧设备不淘汰。侥幸心理是很多机械事故的根源，这已经造成了很多血的教训。

2. 解决措施

（1）正确选型，合理调配。任何一种机械由于自身的性能、结构等特性，都有一定的使用技术要求。如能严格地按规定合理使用机械，就能充分发挥机械效率，减少机械磨损，延长使用寿命，降低使用成本。因此，在安排施工生产任务时，就要使工程项目和机械设备的使用规范相适应。

（2）正确使用，即时保养，"用、养、修"相结合。机械危险是指由于机械设备及其附属设施的构件、零件、工具、工件或飞溅的固体和流体物质等的机械能（动能和势能）作用，可能产生伤害的各种物理因素以及与机械设备有关的滑绊、倾倒和跌落危险。为此，在机械设备的使用过程中，操作人员与指挥人员一定要按照相关设备的安全操作规程正确使用该设备。同时，公司在保证机械操作人员与施工现场指挥人员正确使用机械设备的基础上，为了进一步预防机械事故的发生，管理部门在"管好，用好，养好，修好"的同时，推行机械设备的风险评价工作。

机械风险评价是指以机械或机械系统为研究对象，用系统方式分析机器使用阶段可能产生的各种危险，一切可能的危险状态，以及在危险状态下可能发生损伤或危害健康的危险事件，并对危险事件的概率和程度进行全面评价的一系列逻辑步骤。

机械的风险评价工作综合考虑了可能影响机械安全性能的诸多因素，从机械事故的根本与源头上控制了机械安全事故的发生。

保养工作方面：在实际运行中，公司严格要求机械操作人员按标准、规范要求，做好设备每天开机前、作业中和停机后的"一日三查"的例行保养工作，发现问题和隐患及时予以排除。这样既确保了设备在完好状态下安全运行，又有效地控制了设备的维护成本。

针对设备的运载周期，运用计算机辅助管理，控制设备一、二级维护，落实专业机修人员到施工现场按工艺流程规范维护，公司要求现场机械操作人员做好配合、督促、监督，并由专业检验人员验收质量，保证设备现场维护质量。

严格执行机械设备退（转）场、进车间实施"二保带修"制度，强化"二保带修"的预检、过程中检验和竣工终检工作，严格把好质量关。最终将合格的设备按施工生产需要进入现场使用或移交设备材料仓库保存。

依靠规章制度规范施工现场服务行为。公司在规范现场服务行为的实践中，逐步提炼归纳出机械设备从业人员职业道德规范的"五个到"，即"身到，眼到，手到，心到，情到"，每个机操人员每天上岗工作要认真做到。

有了以上几个方面做保证，机械设备的自身性能与工作效率都得到了很大提高，有效避免了设备故障的出现，减少了因机械设备而出现的怠工，没有了工作任务的拖延积压，从而也就避免了机械设备的超负荷长时间运转与带病作业。

（3）做好特种设备的安全检测。特种设备就是与人身、财产安全、人体健康密切相关的承压和载人设备的总成，在生产过程中，比一般性生产设备具有更大的潜在危险性。由于特种设备是属于危险性较大的设备，易发生事故造成操作者本人或他人的伤害，以及机械设备、公共设施等重大的财产损失。为保证其正常运行必须进行定期和巡回检测检查，以避免机械事故的发生，保障安全生产和生命安全。

第二节　主要机械设备安全操作规程

一、电焊机安全操作规程

（1）焊工上岗前应接受专业安全技术及技能培训，熟悉电焊机的安全操作规程，经考试合格后，持证上岗作业。

（2）电焊机的工作环境应与焊机技术说明书上的规定相符。如在气温过低或过高、湿度过大、气压过低以及在腐蚀性或爆炸性等特殊环境中作业，应使用适合特殊环境条件性能的电焊机，或采取防护措施。

（3）电焊机必须装有独立的专用电源开关，其容量应符合要求。当焊机超负荷时，应能自动切断电源。禁止多台电焊机共用一个电源开关。电源控制装置应装在电焊机附近便于人员操作的地方，周围留有安全通道。采用启动器启动的电焊机，必须先合上电源，再启动电焊机。焊机的一次电源线长度不宜超过 2～3m，当有临时任务需要较长的电源线时，应沿墙或立柱用瓷瓶隔离布设，其高度必须距地面 2.5m 以上，不允许将电源线拖在地面上。

（4）焊接操作及配合人员必须按规定穿戴劳动防护用品，并必须采取防止触电、高空坠落、瓦斯中毒、火灾等事故的安全措施。

（5）现场使用的电焊机，应设有防雨、防潮、防晒的防护棚，并应装设相应的消防器材。

（6）禁止连接建筑物金属构架和设备等作为焊接电源回路。

（7）焊接现场 10m 范围内，不得堆放油类、木材、氧气瓶、乙炔发生器等易燃、易爆物品。

（8）使用前，应检查并确认初、次级线接线正确，输入电压符合电焊机的铭牌规定，接通电源后，严禁接触初级线路的带电部分，初、次级接线处必须装有防护罩。

（9）次级抽头连接铜板应压紧，接线柱应有垫圈。合闸前，应详细检查接线螺帽、螺栓及其他部件并确认完好齐全、无松动或损坏现象，接线柱处均有保护罩。

（10）多台电焊机集中使用时，应分别接在三相电源上，使三相负载平衡。多台焊机的接地装置，应分别由接地极处引接，不得串联。

（11）移动电焊机时，应切断电源，不得用拖拉电缆的方法移动焊机，当焊接中突然停电时，应立即切断电源。

（12）严禁在运行中的压力管道、装有易燃易爆物的容器和受力构件上进行焊接。

（13）焊接铜、铝、锌、锡、铅等有色金属时，必须在通风良好的地方进行，焊接人员应戴防毒面具或呼吸滤清器。

（14）在容器内施焊时，必须采取以下的措施：

1）容器上必须有进、出风口，并设置通风设备。

2）容器内的照明电压不得超过 12V，焊接时必须有人在场监护。

3）严禁在已喷涂过油漆或胶料的容器内焊接。

（15）焊接预热件时，应设挡板隔离预热焊件发出的辐射热。

（16）高空焊接时，必须挂好安全带，焊件周围和下方应采取防火措施并有专人监护。

（17）电焊线通过道路时，必须架高或穿入防护管内埋设在地下，如通过轨道时，必须从轨道下面穿过。

（18）接地线及手把线都不得搭在易燃、易爆和带有热源的物品上，接地线不得接在管道、机床设备和建筑物金属构架或铁轨上，绝缘应良好，机壳接地电阻不大于 4Ω。

（19）雨天不得露天电焊，在潮湿地带工作时，操作人员应站在铺有绝缘物品的地方并穿好绝缘鞋。

（20）长期停用的电焊机使用时,需用摇表检查其绝缘电阻不得低于 0.5MΩ,接线部分不得有腐蚀和受潮现象。

（21）电焊钳应有良好的绝缘和隔热能力。电焊钳握柄必须绝缘良好,握柄与导线连接应牢靠,接触良好,连接处应采用绝缘布包好并不得外露。

（22）清除焊缝焊渣时,应戴防护眼镜,头部应避开敲击焊渣飞溅方向。

（23）在负荷运行中,焊接人员应经常检查电焊机的升温,如超过 A 级 60℃,B 级 80℃时,必须停止运转并降温。

（24）作业结束后,应清理场地,待焊件余热退却后切断电源,锁好闸箱,方可离开。

二、砂轮切割机安全操作规程

（1）操作工人上岗前应接受专业安全技术及技能培训,熟悉砂轮切割机的安全操作规程后方可上岗。

（2）切割机操作前,必须检查各部件运转是否正常,防护罩是否良好,机器外壳接地是否良好,确认无问题后,方可进行操作。

（3）切割机必须"一机一闸一箱一漏",漏电保护器动作灵敏、可靠。砂轮切割机铁屑飞出方向应确保无人员停留,被切割的物料不得伸入人行道。

（4）切割机应放在平整的地面上使用,工件应夹紧后方可切割,工件两端应用方木垫平,以防止工作时工件翘起致使砂轮片打断。

（5）切割机所用砂轮必须完好,紧固必须适当,不得过松或过紧,无防护罩时不得使用。

（6）切割机严禁当作砂轮机使用,严禁打磨钢筋等物件。

（7）切割机使用时应检查砂轮片是否受潮,严禁使用受潮砂轮片,砂轮切割片应注意妥善保存,以防受潮。

（8）切割机使用时应侧向操作,操作人员严禁正对砂轮片。

（9）使用切割机时应检查工作场地,有可燃物时应做好隔离措施。

（10）切割工件应固定牢靠,防止工件飞出伤人。

（11）进行切割时,应戴好口罩、防护眼镜等劳保用品。

（12）砂轮运转时,禁止卸零件和进行修理、清扫等工作,也不得将手伸到砂轮附近。

（13）切割过程中用力应均匀适当,推进时不得用力过猛。当发生砂轮片卡死时,应立即停机,慢慢退出切割片,应在重新对正后方可再切割。

（14）切割长度过短的工料时，需用夹具夹紧，不准用手直接送料，切割长的工料时，另一头需用人扶住，操作时动作要一致不得任意拖拉，在切割料时，操作切割机人员不能正面对准砂轮片，需站在侧边，非操作人员不得在近旁停留。

（15）砂轮旋转方向有人时不允许操作。

（16）工作结束后，应关闭电源，擦净机械，清理工具和现场。

三、卷扬机安全操作规程

（1）卷扬机操作人员上岗前必须经过专业培训，了解卷扬机的性能和安全操作规程，正确的拉直、起吊方法，正确地拉运、起吊吊装物；卷扬机用电的安全技术；卷扬机日常养护和运转的安全技术。经考试合格后，持证上岗作业，并专人专机。

（2）使用前应检查卷扬机基座是否固定良好，如果是采用地锚固定，则须检查紧固件及绳索是否有损坏之处。

（3）卷扬机安装的位置必须选择视线良好，远离危险作业区域的地点。

（4）卷扬机距第一导向轮（地轮）的水平距离应在15m左右。从卷筒中心线到第一导轮的距离，带槽卷筒应大于卷筒宽度的15倍，无槽卷筒应大于卷筒宽度的20倍。钢丝绳在卷筒中间位置时，滑轮的位置应与卷筒中心垂直。导向轮不得用开口拉板（俗称开口葫芦）。

（5）检查机器安装是否正确，螺栓连接是否牢固，并要注意电动机制动器及卷筒的各处固定连接螺栓是否紧固。

（6）检查钢丝绳在卷筒上是否牢固，位置是否正确，钢丝绳有无断折情况。卷筒上的钢丝绳应排列整齐，应至少保留3圈。导向轮至卷扬机卷筒的钢丝绳凡经过通道处必须遮护。

（7）卷扬机安装完毕必须按标准进行检验，并进行空载、动载、超载试验。

1）空载试验：即不加载荷，按操作中各种动作反复进行，并试验安全防护装置是否灵敏可靠。

2）动载试验：即按规定的最大荷载动作进行。

3）超载试验：一般在第一次使用前，或经大修后按额定载荷的110%～125%逐渐加载进行。

（8）每日班前应对卷扬机、钢丝绳、地锚、地轮等进行检查，确认无误后，试空车运行，合格后方可正式作业，检查内容包括：

1）钢丝绳符合检验标准，无断丝、变形、接头，没有较严重的锈蚀情况。

2）地锚或其他固定点无走动或变形迹象。

3）地轮完好，转动灵活，无裂纹或损伤痕迹。

（9）卷扬机上及卷扬机工作范围内不得放置任何有碍正常运转的物品。

（10）卷扬机在提升的极限高度处应安装限位开关。

（11）吊装作业中如发现机器异响、制动不灵、制动带或轴承等温度剧烈上升等异常情况时，应立即停机检查，排除故障后方可使用。

（12）吊装时被吊重物必须紧缚牢固，提升过程中托盘下方不得有人，空中停留时，除使用制动器外，并应用齿轮保险卡牢，同时操作人员不得离岗；工作休息和工作结束时，严禁重物悬在空中。

（13）卷扬机操作司机必须听视信号，当信号不明或有可能引起事故时，必须停机待信号明确后方可继续作业。

（14）卷筒上的钢丝绳应排列整齐，作业中卷筒钢丝绳最少保留3圈长度，如发现钢丝绳重叠或斜绕时，应停机重新排列；严禁在转动中用手、脚去引导缠绕钢丝绳。

（15）机器在运转时，不能清理和加油，严禁超额定负荷运转，严禁载人。

（16）卷扬机司机必须要对电气接线和闸箱的完好进行经常性的检查，包括：

1）闸箱内的电器罩壳必须完好、齐全。

2）卷扬机电机接线可靠，接线盒、风扇罩壳齐全，安装牢固。

3）卷扬机、闸箱和控制开关接零线或接地线用螺栓连接可靠，禁止用线头缠绕连接。

4）卷扬机在露天作业时，应采取防止电气设备受潮的措施。

（17）卷扬机起吊物在空中停留时，应用棘轮保险卡牢，在作业中如遇突然停电必须先切断电源，然后按动刹车慢慢放松，将吊物匀速缓缓地放至地面。

（18）夜间作业必须有足够的照明装置。

（19）卷扬机刹车不得随意调整，调整后必须要进行起吊试验。

（20）发生电气设备故障时，司机应立即通知电工来处理，禁止擅自处理。

（21）作业结束离开时，必须切断电源，锁好闸箱，清理工作场地。

四、剪板机安全操作规程

（1）操作人员应熟知本机械的安全技术操作规程，严格按安全技术交底和安全操作规程作业。

（2）操作人员应经过安全技术教育和安全技术培训，考试合格并取得合格证后，方准独立进行操作。

（3）操作人员应负责日常例行保养，对剪板机进行检查、维修、调整、紧固，并做好记录。

（4）操作人员应熟悉生产工艺流程，了解本岗位技术特性和主要技术参数，掌握剪板机正常操作方法，在机械出现异常情况时，能准确判断，及时、正确地采取应急措施。

（5）在作空运转试车前，应先用人工盘车一个工作行程，确认正常后才能开动设备。

（6）有液压装置的设备储油箱油量应充足。启动油泵后检查阀门、管路是否有泄漏现象，压力应符合要求。

（7）工作前用手扳动皮带轮转 2～3 转，观察刀片运动有无阻碍，再开空车检验正常后才能开始剪料，严禁突然起动。

（8）操作时不准剪切叠合板料，不准修剪毛边板料的边缘，不准剪切压不紧的狭窄板料和短料。

（9）刀板间的间隙应根据板料的厚度来调整，但不得大于板最厚的 1/3。刀板应紧固牢靠，上、下刀板面保持平行，调整后应用人工盘车检验，以免发生意外。

（10）刀板刃口应保持锋利，如刃口变钝或有崩裂现象，应及时更换。切薄板时，刀片必须紧贴。

（11）剪切时，压料装置应牢牢地压紧板料，不准在压不紧的状态下进行剪切。

（12）禁止超长度和超厚度使用剪板机，不得使用剪板机剪切淬了火的钢、高碳钢、合金工具钢、铸铁及脆性材料。

（13）电动机不准带负荷起动，开车前应将离合器脱开。

（14）送料时要注意手指安全，特别是一张板料即将剪切完成时，不要将手指垫在板料下送料或将手指送入刃口。严禁两人在同一剪床上同时剪两件材料。

（15）工作台上不得放置其他物品。

（16）调整清扫必须停车进行。

（17）调整刀片（对刀）后，需要做用手扳车的试验和开空车检验。

（18）作业结束后应堆放好成品，清理场地，切断电源，锁好开关箱。

五、台钻安全操作规程

（1）操作工人上岗前应接受专业安全技术及技能培训，熟悉台钻的安全操作规程后方可上岗。

（2）使用前要检查钻床各部件是否正常，确保机器外壳良好接地。必须穿好工作服，扎好袖口，不准围围巾，严禁戴手套，女生发辫应挽在帽子内。

（3）安装、拆卸钻头应使用专用工具，不允许采用敲击的方法。

（4）钻床的平台要紧住，工件要夹紧，钻小件时，应用专用工具夹持，不准用手拿着或按着钻孔，以免钻头旋转引起伤人事故以及设备损坏事故。

（5）钻薄板需加垫木板，钻头快要钻透工件时，要轻施压力，以免折断钻头损坏设备或发生意外事故。

（6）切削缠绕在工件或钻头上时，应提升钻头，使之断削，并停钻后用专门工具清除切削。

（7）钻头上绕长屑时，要停车清除，禁止用棉纱和毛巾擦拭钻床及清除铁屑。

（8）钻床运转时，不准离开工作岗位，因故要离开时必须停车并切断电源。

（9）必须在钻床工作范围内钻孔，不应使用超过额定直径的钻头。

（10）更换台钻电机皮带位置时，必须在切断电源时操作。

（11）发现异常情况应立即停车，请有关人员进行检查。

（12）工作结束后，要清理好机床，加油维护，切断电源，搞好场地卫生，零件堆放及工作场地保持整齐、整洁。

六、联合角咬口机安全操作规程

（1）操作工人上岗前应接受专业安全技术及技能培训，熟悉咬口机的安全操作规程后方可上岗，机械应由专人操作。

（2）启动前必须检查防护罩是否保持完好。

（3）启动前检查电机外壳接地（零）是否牢靠。

（4）操作者必须正确使用劳动保护用品、用具。

（5）对转动部位轴承应按机械使用说明书注油润滑。

（6）使用该设备操作者在上岗前应熟悉咬口机使用说明书，并熟知各操作程序后方可上岗操作。

（7）开机前必须盖好防护罩；设备周围应有不小于 4m×2.5m 的安全范围。

（8）咬口时，工件要扶稳，手指距轮距离不得小于 50mm。

（9）设备咬压成形中途，不允许倒车。

（10）操作人员严禁饮酒后进行机械加工工作。

（11）保持设备清洁。

（12）工作完毕后切断电源，做好机床保养和环境打扫工作。

七、折边机安全操作规程

（1）操作工人上岗前应接受专业安全技术及技能培训，熟悉折边机的安全操作规程后方可上岗，机械应由专人操作。

（2）机械使用前应加好润滑油，进行空车运转 2 分钟，检查运行状况。

（3）机械启动后，待运转速度正常方可作业。

（4）不得超使用范围作业。

（5）多人操作时，应由一人指挥，工件翻身或进退时，两侧操作人员密切联系，动作一致，同时观察周围人员动态，防止伤人。

（6）不允许原材料上有焊疤和较大毛刺，以防模具损坏。

（7）工作完毕后切断电源，做好机械保养和清理环境卫生工作。

八、电动套丝机安全操作规程

（1）电动套丝机作业人员上岗前必须经过专业的安全技术交底，熟悉并掌握套丝机的性能、构造、保养及安全方可上岗操作。

（2）使用前要检查套丝机各部件是否完好，确保机器外壳接地良好。操作人员必须穿好工作服，扎好袖口，不准围围巾，严禁戴手套。

（3）作业前必须做好一切准备工作，对套丝机进行严格检查，特别是电源线及插座、安全防护装置，必须性能良好、安全可靠，发现问题应有专业人员修理，严禁带病作业。

（4）电源电压必须与机器型牌上所提供的规格一致。

（5）使用前确认套丝机上开关是否切断，防止套丝机突然转动，导致人员伤害危险。

（6）套丝机使用前应清理工作场地，确保机具安放在固定基础或稳固的基架上。

（7）套丝机工作前应先空载试运行，进行检查、调整，按加油部位加润滑油，各部运转正常，方可作业。

（8）按加工管径选用板牙头和板牙，板牙应按顺序放入，作业时应用油润滑板牙。

（9）工件伸出卡盘端面的长度过长时，后部要用辅助托架，并调整好高度。

（10）切断作业时，不得在旋转手柄上加长力臂，刮削管端内壁时，不得进刀过快。

（11）作业中应用刷子清除铁屑，不得使用其他物件敲打振落铁屑。

（12）工作结束后，要清理好套丝机，加油维护，切断电源，搞好场地卫生，零件堆放及工作场地保持整齐、整洁。

九、砂轮机安全操作规程

（1）操作工人上岗前应接受专业安全技术及技能培训，熟悉砂轮机的安全操作规程后方可上岗。

（2）使用前要检查砂轮机各部件是否正常，确保机器外壳良好接地。必须穿好工作服，扎好袖口，不准围围巾，严禁戴手套，女生发辫应挽在帽子内。

（3）工作之前要检查砂轮机各部件是否良好，试机正常后方可使用。

（4）砂轮机的砂轮防护罩应大于180°，且防护罩必须完整。

（5）砂轮的夹板与砂轮接触要平均密实，直径不得小于砂轮直径的一半，夹板不宜上得过紧，以免压裂砂轮，砂轮片与夹板之间要垫上纸垫。

（6）砂轮轴孔不符合要求时，不能强行安装；更换砂轮片时，应仔细检查砂轮片有无裂纹，如有裂纹严禁安装使用。砂轮机在运行中不能有振动或摆动现象。

（7）使用砂轮时，操作人员应站在砂轮侧面以防砂轮破裂飞出伤人。

（8）磨工件时，应戴防护眼镜，要待砂轮转速正常后进行，大的工件要拿紧；小的工件要用夹具夹牢，不能用手直接拿着磨，用力要均匀，不能用力过猛，不准冲撞砂轮。

（9）不能两个人同时使用一片砂轮。

（10）砂轮不能沾水，要保持干燥，砂轮片磨小磨薄后，可根据使用经验，在许可范围内继续使用，但必须以保证安全为原则，不能使用则应及时更换。

（11）砂轮机有异常声响时，应立即停止使用，查清原因排除异常现象后方可使用。

（12）砂轮机电源改换后应先试转，如发现倒转，应关车将电源线改置过后再开车。砂轮机用毕，应立即关机。

（13）工作结束后，要清理好机械，切断电源，搞好场地卫生，零件堆放及工作场地保持整齐、整洁。

十、喷砂机安全操作规程

（1）操作工人上岗前应接受专业安全技术及技能培训，熟悉喷砂机的安全操作规程后方可上岗，机械应由专人操作。

（2）喷砂机操作工应做好日常例行保养，进行检查、维修、调整、紧固，并做好记录。

（3）喷砂机操作工应严格按安全技术交底和操作规程实施作业，施工时应做好人员和机械的安全及操作范围内的安全防护。

（4）喷砂机的储气罐、压力表、安全阀要定期校验。储气罐两周需排放一次灰尘，砂罐里的过滤器每月检查一次。

（5）作业前应检查喷砂机通风管及喷砂机门是否密封。工作前 5 分钟，需开动通风除尘设备，通风除尘设备失效时，禁止喷砂机工作。

（6）工作前必须穿戴好防护用品，不准赤裸膀臂操作喷砂机。

（7）喷砂机压缩空气阀要缓慢打开，气压不准超过 0.8MPa。

（8）喷砂粒规格应与工作要求相适应，一般在 10 ~ 20 号之间适用，砂子应保持干燥。

（9）喷砂机工作时，禁止无关人员接近。清扫和调整运转部位时，应停机进行。

（10）不准用喷砂机压缩空气吹身上灰尘。

（11）工作完后，喷砂机通风除尘设备应继续运转 5 分钟再关闭，以排出室内灰尘，保持场地清洁。

（12）工作结束后，要清理好机械，切断电源，搞好场地卫生，保持工作场地整齐、整洁。

十一、氧 - 乙炔气焊设备安全操作规程

（1）氧 - 乙炔气焊操作工人上岗前必须接受专业安全技术及技能培训，熟

悉气焊设备的安全操作规程，经考试合格后，持证上岗作业；特殊场所应办理动火审批后方可作业。

（2）作业前应穿戴好劳动防护用品，如工作鞋、安全帽、口罩、护目镜等。

（3）作业前应检查橡胶软管接头、氧气表、减压阀等是否紧固牢靠，无泄漏，并严禁油脂、泥垢沾染气焊工具、氧气瓶。

（4）开启氧气、乙炔瓶阀门时，应用专用工具，禁止用铁器敲击，动作要缓慢。

（5）点火前，开启焊、割炬阀门，用氧气吹风，检查喷嘴出口。无出风时不准使用，试风时严禁对准脸部。

（6）点火时，可先把氧气调节阀稍微打开，再打开乙炔调节阀，点火后即可调整火焰大小和形状。点燃后的焊炬不得离手，关闭时应先关乙炔阀，再关氧气阀，使火焰熄灭后才准放下焊炬，不准放在地上，严禁用烟头点火。

（7）进入容器内焊接时，点火和熄火均应在容器外进行。

（8）在焊、割储存过油类的容器时，应将容器上的孔盖完全打开，先将容器内壁用碱水清洗干净，再用压缩空气吹干后，才可实施焊、割作业。

（9）氧气瓶压力指针应灵敏正常，瓶中氧气不许用尽，必须预留余压，至少要留 0.1～0.2MPa 的氧气，拧紧阀门，瓶阀处严禁沾染油脂，瓶壳处应注上"空瓶"标记。

（10）焊、割作业时，不准将橡胶软管背在操作人员身上操作，禁止用焊、割炬的火焰作照明。氧气、乙炔软管需横跨道路和轨道时，应在轨道下面穿过或吊挂过去，以免被车轮辗压破坏。

（11）焊、割嘴外套应密封良好，如发生过热时，应先关乙炔阀，再关氧气阀，浸水冷却。

（12）发生回火时，应迅速关闭焊、割炬上的乙炔调节阀，再关闭氧气调节阀，可使回火很快熄灭。如紧急时（仍不熄火），可拔掉乙炔软管，再关闭一级氧气阀和乙炔阀门，并采取灭火措施。稍等后再打开氧气调节阀，吹出焊、割炬内的残留余焰和碳质微粒，才能再作焊、割作业。

（13）如发现焊炬出现爆炸声或手感有振动现象，应快速关闭乙炔阀和氧气阀，冷却后再继续作业。

（14）进行高空焊、割作业时，要系安全带，高空作业处的下面，严禁站人或工作，以防物体下落砸伤。

（15）氧气瓶应直立放置，设支架稳固，防止倾倒。横放时，瓶嘴应垫高。严禁将氧气瓶、乙炔发生器靠近热源和电闸箱。不得在强阳光下暴晒。四周应设围栏,悬挂"严禁烟火"标志。氧气瓶、乙炔气瓶与焊、割炬(也称焊、割枪)的间距应在10m以上,特殊情况也应采取隔离防护措施,其间距也不得少于5m,同一地点有两个以上乙炔发生器,其间距不得小于10m。

(16)在大型容器内焊、割作业未完时,严禁将焊、割炬放在容器内,防止焊、割炬的气阀和软管接头泄气,在容器内储存大量乙炔和氧气。

(17)短时间停止气割(焊)时,应关闭焊、割炬阀门。离开作业场所前,必须熄灭焊、割炬,关闭气门阀,排出减压器压力,放出管中余气。

(18)熄灭焊炬火焰时,应先关闭乙炔阀门,再关闭氧气阀门;熄灭割炬则应先关切割氧,再关乙炔和预热氧气阀门,然后将减压器调节螺丝拧松。

(19)作业结束后,应清理场地,待焊件余热退却后,确认无火灾隐患后方可离开。

十二、液压千斤顶安全操作规程

(1)操作人员应接受专业技术及技能培训,并严格按照安全技术交底和操作规程实施作业。

(2)操作人员应负责日常维修、保养,对千斤顶进行检查、维修、调整、紧固,做好日常维修保养记录。

(3)操作人员应接受安全技术交底,清楚其内容,包括:千斤顶的工作原理、千斤顶额定负荷、千斤顶常见事故的应急预防措施及应注意的安全事项。

(4)操作前应检查千斤顶活塞外露部分的清洁,如果沾上灰尘杂物,应及时用油擦洗干净。

(5)操作前应检查液压油是否充足,不足时应予以添加,在添加液压油后严禁接近明火或吸烟,以免引起火灾事故。

(6)操作前应确定千斤顶的顶程方案和高度,确保达到使用要求。

(7)液压千斤顶应按说明书要求,定时清洗和加油,对于立式液压千斤顶不应侧置或倒置使用。千斤顶必须按规定的承重能力使用,不得超载,不得加长手柄或超过规定人数操作,其最大工作行程,不应超过丝杆或活塞总高度的75%。

(8)千斤顶应置于平整坚实的地方,并应用垫木垫平,不能用铁板代替木板,以防滑动。千斤顶与顶升重物之间应垫木垫,所顶部位必须坚实。千斤顶顶升重物的受力点,要选择有足够强度的部位,以防变形和损坏。千斤顶顶升重物不能长时间放置不管,更不能做寄存物件用。

（9）张拉千斤顶和油压表使用前必须经过校定，现场装千斤顶和油压表的配置必须与试验一致。

（10）千斤顶张拉升压时，应观察有无漏油和千斤顶位置是否偏斜，必要时应回油调整。进油升压必须徐缓、均匀、平稳，回油降压时应缓慢松开油阀，并使各油缸回程到底。双作用千斤顶在张拉过程中，应使顶压油缸全部回油。在顶压过程中，张拉油应预持荷，以保证恒定的张拉力，待顶压锚固完成时，张拉缸再回油。

（11）千斤顶顶升高度不得超过限位标志线，如无标志线，不得超过螺丝杆扣或活塞高度的 3/4。

（12）顶升重物时，应先将重物稍微顶升一些，然后检查其千斤顶底部是否稳固平整，稍有倾斜必须重新调整，直至千斤顶与重物垂直、平稳、牢固时，方可继续顶升。升到一定高度应在重物下面加垫，到位后将重物垫好。

（13）在顶升的过程中，应随着重物的上升在重物下加设保险垫层，到达顶升高度后应及时将重物垫牢。顶升时应由专人统一指挥，确保各千斤顶的顶升速度及受力基本一致。不得在长时间情况下承受荷重。使用时下降速度必须缓慢，严禁在带负荷的情况下使其突然下降。

（14）一台千斤顶顶升重物时，必须掌握重物重心，防止倾倒；两台以上千斤顶顶升重物时，应尽量选用规格形式一致的千斤顶，并有专人指挥，保持受力均匀，顶升速度相同。用两台及两台以上千斤顶同时顶升一个物体时，千斤顶的总起重能力应不小于荷重的 2 倍。

（15）千斤顶要定时维护保养。存放时，要将机体表面涂以防锈油，把顶升部位回落到最低位置，妥善保管。

（16）保持千斤顶的清洁，应放在干燥、无尘处。切不可在潮湿、露天处存放，使用前应将千斤顶清洗干净，并检查活塞升降以及各部件是否灵活可靠，油注入是否干净。液压千斤顶、螺旋千斤顶和齿条千斤顶内部要保持清洁，防止泥砂、杂物混入造成磨损，降低使用寿命。

（17）千斤顶作业时应设专人指挥，防止出现意外事故。

（18）使用完毕后，各油缸应回程到底，保持进出口的清净，加覆盖保护，妥善保管。

（19）张拉作业过程中严禁无关人员进入作业现场，作业人员应偏离作业方向，确保在张拉过程中的安全。

（20）工作结束后，要清理好机械，搞好场地卫生，保持工作场地整齐、整洁。

十三、电锤安全操作规程

（1）电锤属于手持电动工具，所有作业人员必须经过专业的安全培训，熟悉并掌握电锤的性能、构造、保养及安全方可上岗操作。

（2）电锤操作者要戴好防护眼镜，以保护眼睛，当面部朝上作业时，要戴上防护面罩。

（3）站在梯子上工作或高处作业时应做好高处坠落措施，梯子应有地面人员扶持。在高处作业时，要充分注意下面的物体和行人安全，必要时设警戒标志。

（4）作业前必须做好一切准备工作，对电锤进行严格检查，特别是电线及插座、安全防护装置，必须性能良好、安全可靠。发现问题应有专业人员修理；严禁带病作业。

（5）电源电压必须与机器型牌上所提供的规格一致。

（6）使用前确认电锤上开关是否切断，若电源开关接通，则插头插入电源插座时电动工具将突然转动，从而可能导致人员伤害危险。

（7）钻凿墙壁、天花板、地板时，应先确认有无埋设电缆或管道等。

（8）接通电源前，确认无妨碍电锤转动的障碍后，方可按下开关启动。

（9）电锤在转动时，操作人员必须抓紧手把，保持平稳。

（10）不可让钻头承受足以令其停止转动的荷载。

（11）不可弄湿本机器，而且不得在潮湿环境操作机器。

（12）电锤在使用时，电线一定要放在机身后远离钻头。

（13）在任何检修和更换钻头前，必须切断电源。

（14）不可使用电源线提起机器、悬挂机器或以抽拉电线的方式拔出插头。

（15）电线破损、开关故障时，禁止操作机器。

（16）更换钻头，必须确认钻头完全没入卡槽，抽拉钻头以确定是否正确锁紧。

（17）作业结束后，立即切断电源，收起电线。待电钻、钻头冷却后取下钻头。检查转动零件是否运作正常，并确定是否有零件断裂破损，及时排除不正常情况。清除通风间隙灰尘，检查防尘盖，放入工具箱，摆放到指定地点。

十四、手持切割机、角向磨光机安全操作规程

（1）操作工人上岗前应接受专业安全技术及技能培训，熟悉切割机、磨光

机的安全操作规程后方可上岗。

（2）使用前，要仔细检查线路和接地是否良好，砂轮片有无裂纹，安装是否可靠，防护罩是否完好，发现问题要及时处理。

（3）切割前，要夹紧工作件，夹紧部位的长度不得小于50mm，并要空试车后，方可进行工作。

（4）操作人员应站在有防护罩的一侧，要把稳，轻轻推向被切割物体，严禁猛压，防止砂轮片上下跳动，注意勿接触传动部件。

（5）切割物件头时要防止物件头飞出伤人。

（6）机器启动后，对面严禁站人，防止砂轮片飞出伤人。

（7）角向磨光机操作过程中一定要带防护镜。

（8）正在转动的手提机械不准随意放在地上，应待转动部位停稳后，放在指定的地方，暂时不用时，必须关闭电门，切断电源。

（9）发现电源线缠卷打结时，要耐心解开，不得强行推动。

（10）换砂轮片时，要认真检查砂轮片有无裂纹或缺损，配合要适当，用扳手紧螺帽，松紧要适宜。

（11）手提电动机械要放在干燥处，严禁放在有水处或潮湿处。

十五、轮胎式起重机安全操作规程

（1）起重机操作工上岗前应接受过专业的安全技术及技能培训，经考核合格后持证上岗。

（2）起重机操作工应做好日常例行保养，进行检查、维修、调整、紧固，并做好记录。

（3）起重机操作工应严格按安全技术交底和操作规程实施作业，施工时应做好人员和机械的安全及操作半径内安全防护。

（4）起重机作业前应检查各安全保护装置和指示仪表齐全完好；钢丝绳及连接部位符合规定；燃油、润滑油、液压油及冷却水添加充足；各连接件无松动；轮胎气压符合规定等。

（5）起重机作业时应配专人观察起升卷筒和滑轮有无乱绳、掉槽、卡死现象，发现问题，应立即更换。

（6）起重吊装的指挥人员作业时应与操作人员密切配合，执行规定的指挥信号。操作人员应按照指挥人员的信号进行作业，当信号不清或错误时，操作人员可拒绝执行。

（7）起重机启动前，应将各操作杆放在空挡位置，手制动器应锁死，并应按照《建筑机械使用安全技术规程》JGJ 33–2012第3.2节的有关规定启动内燃机。启动后，应怠速运转，检查各仪表指示值，运转正常后接合液压泵，待压力达到规定值，油温超过30℃时，方可开始作业。

（8）作业前，应全部伸出支腿，并在撑脚板下垫方木，调整机体使回转支承面的倾斜度在无载荷时不大于1/200（水准泡居中）。支腿有定位销的必须插上。底盘为弹性悬挂的起重机，放支腿前应先收紧稳定器。

（9）作业中严禁扳动支腿操纵阀。调整支腿必须在无载荷时进行，并将起重臂转至正前或正后方可再行调整。

（10）应根据所吊重物的重量和提升高度，调整起重臂长度和仰角，并应估计吊索和重物本身的高度，留出适当的空间。

（11）起重臂伸缩时，应按规定程序进行，在伸臂的同时应相应下降吊钩，当限制器发出警报时，应立即停止伸臂，起重臂缩回时，仰角不宜太小。

（12）起重臂伸出后，出现前节臂杆的长度大于后节伸出长度时，必须进行调整，消除不正常情况后，方可作业。

（13）起重臂伸出后，或主副臂全部伸出后，变幅时不得小于各长度所规定的仰角。

（14）汽车式起重机起吊作业时，汽车驾驶室内不得有人，重物不得超越驾驶室上方，且不得在车的前方起吊。

（15）采用自由（重力）下降时，载荷不得超过该工况下额定起重量的20%，并应使重物有控制地下降，下降停止前逐渐减速，不得使用紧急制动。

（16）起吊重物达到额定起重量的50%及以上时，应使用低速档。

（17）作业中发现起重机倾斜、支腿不稳等异常现象时，应立即使重物下降落在安全的地方，下降中严禁制动。

（18）重物在空中需要较长时间停留时，应将起升卷筒制动锁住，操作人员不得离开操纵室。

（19）起吊重物达到额定重量的90%以上时，严禁同时进行两种及以上的操作动作。

（20）起重机带载回转时，操作应平稳，避免急剧回转或停止，换向应在停稳后进行。

（21）当轮胎式起重机带载行走时，道路必须平坦坚实，载荷必须符合出厂规定，重物离地面，不得超过500mm，并应拴好拉绳，缓慢行驶。

（22）起重机的变幅指示器、力矩限制器、起重量限制器以及各种行程限位开关等安全保护装置，应完好齐全、灵敏可靠，不得随意调整或拆除。严禁利用限制器和限位装置代替操纵机构。

（23）起重机作业时，起重臂和重物下方严禁有人停留、工作或通过，重物吊运时，严禁从人上方通过，严禁用起重机载运人员。

（24）严禁使用起重机进行斜拉、斜吊和起吊地下埋设或凝固在地面上的重物以及其他不明重量的物体。现场浇筑的混凝土构件或模板，必须全部松动后方可起吊。

（25）严禁起吊重物长时间悬挂在空中，作业中遇突发故障，应采取措施将重物降落到安全地方，并关闭发动机或切断电源后进行检修。在突然停电时，应立即把所有控制器拨到零位，断开电源总开关，并采取措施使重物降到地面。

（26）在露天有六级及以上大风或大雨、大雪、大雾等恶劣天气时，应停止起重吊装作业。雨雪过后作业前，应先试吊，确认制动器灵敏可靠后方可进行作业。

（27）作业后，应将起重臂全部缩回放在支架上，再收回支腿。吊钩应用专用钢丝绳挂牢；应将车架尾部两撑杆分别撑在尾部下方的支座内，并用螺母固定；应将阻止机身旋转的销式制动器插入销孔，并将取力器操纵手柄放在脱开位置，最后应锁住起重操纵室门。

（28）起重机必须定期保养，严禁带病作业。

（29）在输电线附近或电磁波感应较强地区作业时，起重机应设置接近输电线警报器或有防电磁波感应措施。其起重臂、吊具、辅具、钢丝绳、缆风绳和重物等，与输电线的最小距离不应小于表4-1的规定。

起重机与输电线的最小距离　　　　　　　　　　表4-1

输电线路电压（V）	垂直安全距离（m）	水平安全距离（m）
1000以下	>1.5	>1.5
1000～20000	>1.5	>2.0
110000	>2.5	>4.0
220000	>2.5	>6.0
330000	>3.0	>7.5

十六、履带式起重机安全操作规程

（1）起重机操作工上岗前应接受过专业的安全技术及技能培训，经考核合格后持证上岗。

（2）起重机操作工应做好日常例行保养，进行检查、维修、调整、紧固，并做好记录。

（3）起重机操作工应严格按安全技术交底和操作规程实施作业，施工时应做好人员和机械的安全及操作半径内安全防护。

（4）操作前应装设标明机械性能指示器、限位器、载荷控制器、联锁开关等，使用前应检查试吊并办理签证手续。

（5）操作前应检查各安全防护装置及各指示仪表，齐全完好方可作业。

（6）操作前应检查钢丝绳及连接部位是否符合规定，钢丝绳在卷筒上必须排列整齐，尾部卡牢，工作中最少保留3圈以上。

（7）操作前应检查燃油、润滑油、液压油、冷却水等是否添加充足。

（8）起重机启动前应将主离合器分离，各操纵杆放在空挡位置，并应按照《建筑机械安全使用规程》JGJ 33-2012第3.2节的规定启动内燃机。

（9）内燃机启动后，应检查各仪表指示值，待运转正常再接合主离合器，进行空载运转，顺序检查各工作机构及其制动器，确认正常后，方可作业。

（10）作业时，起重臂的最大仰角不得超过出厂规定，当无资料可查时，不得超过78°。

（11）起重机变幅应缓慢平稳，严禁在起重臂未停稳前变换档位；起重机载荷达到额定起重量的90%及以上时，严禁下降起重臂。

（12）在起吊荷载达到额定起重量的90%及以上时，升降动作应慢速进行，并严禁同时进行两种及以上动作。

（13）起吊重物时应先稍离地面试吊，当确认重物已挂牢，起重机的稳定性和制动器的可靠性均良好，再继续起吊。在重物升起过程中，操作人员应把脚放在制动踏板上，密切注意起升重物，防止吊钩滑脱。当起重机停止运转而重物仍悬在空中时，即使制动踏板被固定，仍应脚踩在制动踏板上。

（14）采用双机抬吊作业时，应采用起重性能相似的起重机进行。抬吊时应统一指挥，动作应配合协调，载荷应分配合理，单机的起吊荷载不得超过允许荷载的80%，在吊装过程中，两台起重机的吊钩滑轮组应保持垂直状态。

（15）当起重机需带载行车时，载荷不得超过允许起重量的70%，行走道路应坚实平整，重物应在起重机下前方向，重物离地面不得大于500mm，并应拴好拉绳，缓慢行驶，严禁长距离带载行驶。

（16）起重机行走时，转弯不应过急；当转弯半径过小时，应分次转弯；当路面凹凸不平时，不得转弯。

（17）起重机上下坡道应无载行驶，上坡时应将起重臂仰角适当放小，下坡时应将起重臂仰角适当放大，严禁下坡空挡滑行。

（18）起重机的变幅指示器、力矩限制器、起重量限制器以及各种行程限位开关等安全保护装置，应完好齐全、灵敏可靠，不得随意调整或拆除，严禁利用限制器和限位装置代替操纵机构。

（19）起重机作业时，起重臂和重物下方严禁有人停留、工作或通过，重物吊运时，严禁人从上方通过，严禁用起重机载运人员。

（20）严禁使用起重机进行斜拉、斜吊和起吊地下埋设或凝固在地面上的重物以及其他不明重量的物体。

（21）严禁起吊重物长时间悬挂在空中，作业中遇突发故障，应采取措施将重物降落到安全地方，并关闭发动机或切断电源后进行检修。在突然停电时，应立即把所有控制器拨到零位，断开电源总开关，并采取措施使重物降到地面。

（22）在露天有六级及以上大风或大雨、大雪、大雾等恶劣天气时，应停止起重吊装作业。风雪过后作业时，应先试吊，确认制动器灵敏可靠后方可进行作业。

（23）作业后，起重臂应转至顺风方向，并降至 40°～60° 之间，吊钩应提升到接近顶端的位置，应关停内燃机，将各操纵杆放在空挡位置，各制动器加保险固定，操作室和机棚应关门加锁。

（24）起重机转场通过桥梁、水坝、排水沟等构筑物时，必须先查明允许载荷后再通过，必要时应对构筑物采取加固措施。通过铁路、地下水管、电缆等设备时，应铺设木板保护，并不得在上面转弯。

（25）起重机的电器、内燃发动机安全技术要求，应严格遵照动力机械的有关规定执行。

（26）履带式起重机其他注意事项同轮胎式起重机规定。

十七、挖掘机安全操作规程

（1）挖掘机操作工上岗前应接受过专业的安全技术及技能培训，经考核合格后持证上岗。

（2）挖掘机操作工应做好日常例行保养，进行检查、维修、调整、紧固，并做好记录。

（3）挖掘机操作工应严格按安全技术交底和操作规程实施作业，施工时应做好人员和机械的安全及操作半径内安全防护。

（4）作业前应接受安全技术交底，清楚其内容，包括：填挖土的高度和深度、边坡及电线高度、地下电缆、各种管道、坑道、墓穴和各种障碍物的情况和位置及挖掘机安全技术操作规程要点。

（5）作业前应检查燃料、润滑油、冷却水是否充足，不足时应予添加。在添加燃油时严禁吸烟及接近明火，以免引起火灾。

（6）作业前应检查电线路绝缘和各开关触点是否良好；检查液压系统各管路及操作阀、工作油缸、油泵等是否有泄漏，动作是否异常；检查钢丝绳及固定钢丝绳的卡子是否牢固可靠。

（7）作业前应将主离合器操纵杆放在"空档"位置上，起动发动机。检查各仪表、传动机构、工作装置、制动机构是否正常，确认无误后，方可开始工作。

（8）操作中，进铲不应过深，提斗不应过猛，一次挖土高度一般不能高于4m。

（9）挖掘机在向汽车上卸土时应待车子停稳后进行，禁止铲斗从汽车驾驶室上越过。

（10）行驶时，臂杆应与履带平行，要制动住回转机构，铲斗离地1m左右。上下坡时，坡度不应超过20°。

（11）装运挖掘机时，严禁在跳板上转向和无故停车。上车后应刹住各制动器，放好臂杆和铲斗。

（12）挖掘机如必须在高低压架空线路附近工作或通过时，机械与架空线路的安全距离，必须符合表4-2所规定的尺寸。雷雨天气，严禁在架空高压线近旁或下面工作。

机械与架空线路安全距离　　　　　　　　　　　　表4-2

线路电压等级	垂直安全距离（m）	水平安全距离（m）
1kV 以下	1.5	1.5
1~20kV	1.5	2.0
35~110kV	2.5	4.0
154kV	2.5	5.0
220kV	2.5	6.0

（13）在地下电缆附近作业时，必须查清电缆的走向，并用白粉显示在地面上，并应保持1m以外的距离进行挖掘。

（14）挖掘机工作后，应将机械驶离工作地区，放在安全、平坦的地方。

十八、顶管机安全操作规程

（1）顶管机操作人员上岗前应接受过专业的安全技术及技能培训，经考核合格后持证上岗。

（2）顶管机操作人员应做好日常例行保养，进行检查、维修、调整、紧固，并做好记录。

（3）操作人员应严格按安全技术交底和操作规程实施作业，并负责机械施工中的人员、机械和设备的安全。

（4）操作人员上岗前应接受安全技术交底，清楚其内容，包括：开挖操作坑的地点、深度、边坡及形状尺寸，地下电缆、各种管道、坑道、墓穴和各种障碍物的情况及顶管机安全技术操作规程要点。

（5）上岗前应检查气压机燃料、润滑油、冷却水是否充足，不足时应予添加。在添加燃油时严禁吸烟及接近明火，以免引起火灾。

（6）上岗前应检查气压系统各管路及操作阀、气动矛油缸、油泵等是否有泄漏，动作是否异常，检查水平镜、标杆及固定气动矛的卡具是否牢固可靠。

（7）起动气压机后应检查各仪表、传动机构、工作装置、制动机构是否正常，确认无误后，方可开始工作。

（8）操作时在既有线进行顶管作业时，严格执行登记、要点、消点制度。

（9）在既有线进行顶管作业时，每次顶管作业施工前驻站联络员应在车站运转室施工作业登记簿上进行登记，须注明以下几点：

1）登记时间；

2）施工内容及范围；

3）施工负责人及本人姓名。

（10）登记完毕得到允许施工命令后，驻站联络员应及时通知施工现场负责人，为防止听错，必须执行复涌制度。

（11）在既有线路进行顶管作业时，施工结束后，施工负责人应对现场进行仔细清理，确认线路状态完好后向驻站联络员进行汇报，驻站联络员在接到施工结束后进行消点。

（12）操作中，启动矛方向不能向左、向右或向上、向下偏移，必须保持水平方向。

（13）在顶管过程中，应随时校正启动矛顶管的方向，发现偏移后，及时调整，使其向目标方向顶进。

（14）顶进时，若启动矛工作正常，但无法向前顶进，应停止作业退出气动矛，检查是否遇到大石头或其他障碍物，根据情况改变工作方案。

（15）在地下电缆附近作业时，必须查清电缆的走向，并用白粉显示在地面上，并应保持5m以外的距离进行顶管。

（16）夜间工作时，作业地区应有良好的照明。

（17）在既有线进行顶管作业，线路上有列车运行时严禁进行顶管作业，列车越过顶管地点300m后，才能恢复工作。

（18）在既有线进行顶管作业时，所有工器具均不得侵入线路建筑限界，确保行车安全。

（19）施工结束后，应及时清扫施工现场，严禁施工垃圾污染道床的现象发生。

第三节 机械设备的租赁、保管、保养维修管理

1. 机械设备的租赁

（1）企业或项目部租赁大、中型设备时，要签订《租赁合同》；

（2）租赁设备进场使用前，由企业、项目部设备管理部门组织对其性能进行评定、验收，验收合格后，方可投入安装使用，并将验收结果填写《施工设备验收表》中。

（3）租赁设备的管理应纳入项目经理部设备的统一管理中。

2. 机械设备台账档案

（1）企业或项目部的设备管理员负责所在公司、项目部的机械设备技术资料的建档设账。

（2）机械设备台账应包括下列内容：

1）设备的名称、类别、数量、统一编号；

2）设备的购买日期；

3）产品合格证及生产许可证（复印件及其他证明材料）；

4）使用说明书等技术资料；

5）保管人员以及使用记录，维修、保养、自检记录。

3. 机械设备标识

（1）设备标识应制作统一的标识牌，分为"大、中型施工设备"、"小型施

工设备"及"施工机具"三类。

（2）标识牌应按要求填写。企业或项目部设备员应将由生产科施工设备技术监督员组织的每三个月对设备进行一次检查的检查结果填入设备标识牌的"检验状态"一栏中，检查结果分为"合格、不合格、停用"，同时施工设备技术监督员将检查情况填入《机械设备台账》中。

（3）标识牌应固定在设备较明显的部位。

4. 施工设备的保养、维修

（1）施工设备的保养由企业、项目部设备员组织操作人员、维修人员按各类《机械设备保养规程》进行，并由操作人和设备员分别填入《设备维修保养记录》中。

（2）《施工设备检修计划》由企业、项目经理部设备员根据《各类机械设备保养规程》编制，并报生产科施工设备技术监督员审核、备案。

（3）施工设备的检修，由工地结合实际情况，按《施工设备检修计划》进行，日常维修工作由设备员组织进行，所有维修工作，设备员均要填写《设备维修保养记录》。

5. 设备的安装、拆卸、运输

（1）小型施工设备的安装、拆卸、运输，由项目经理部按设备使用说明书的要求标明；项目经理部设备员应做好相应记录。

（2）大、中型设备进场后由企业、项目部设备管理部门组织验收，验收合格后，方可投入、使用，并将验收结果填入《施工设备验收单》中。

（3）大、中型施工设备、工程设备的安装、拆卸工作应由专业队伍来完成，并事先由选定的专业队伍制定安装、拆卸方案，报企业设备技术负责人审批。若拆装工作由非本公司队伍来承担，应先由生产科进行评审，评审通过后，方可承担拆装工作。

（4）大、中型施工设备的运输，按《物资搬运操作规程》执行。

（5）大、中型施工设备、工程设备安装完毕后，应由企业、项目部设备管理部门组织，按有关标准对安装质量进行验收，并由施工设备技术监督员填写相应的《安装验收记录表》，验收合格后方可投入使用。

6. 机械设备的停用管理

（1）中途停工的工程使用的机械设备应做好保护工作，小型设备应清洁、维修好；大型设备应定期（一般一个月一次）做维护保养工作。

（2）工程结束后，所有机械设备应尽快组织进仓，进仓后根据设备状况做好维修保养工作。

（3）因工程停工停止使用半年以上的大型机械设备，恢复使用之前应按照国家有关标准进行试验。

7. 机械设备的报废批准

（1）机械设备凡是属下列情况之一，应予报废：

1）主要机构部件已严重损坏，即使修理，其工作能力仍然达不到技术要求和不能保证安全生产的；

2）修理费用过高，在经济上不如更新合算的；

3）因意外灾害或事故，机械设备受到严重损坏，已无法修复的；

4）技术性能落后、能耗高、没有改造价值的；

5）国家规定淘汰机型或超过使用年限，且无配件来源的。

（2）应予报废的机械设备，项目经理部应填写《机械设备报废申请表》，送设备管理部门审查、备案。大、中型机械设备要送主管生产经理审批。

（3）报废了的机械设备不得再投入使用。

8. 机械设备管理相关表单

见表4-3 ~ 表4-11。

履带起重机检查验收表　　　　　　　　　　　　　　　　　　　　　表4-3

使用单位		工程名称	
履带起重机规格型号		编号	
操作人员		操作证编号	

项目	内容及要求	结果	备注
1. 整机	1.1 起重能力是否达到额定指标； 1.2 整机是否完整，各机构总成工况良好； 1.3 零部件是否齐全，紧固件是否连接牢固，仪表工作是否正常； 1.4 全机是否清洁，无油垢，无严重锈蚀，无明显渗漏		
2. 动力装置	2.1 启动、加速性能良好，怠速平稳，输出功率不低于额定功率的85%； 2.2 运转正常是否有异响，油压水温正常； 2.3 滤清器是否整洁，工作有效		
3. 电气系统	3.1 电器管线整齐，无损伤老化，连接卡固可靠，电器装置灵敏，绝缘良好； 3.2 声光信号是否清晰、有效； 3.3 电瓶固定牢固，电解液化比重及液面高度是否符合要求		

续表

4. 结构和机构	4.1 金属结构无开裂、脱焊，无明显变形； 4.2 各传动部件是否运转正常，无冲击、振动，无异响及过热现象； 4.3 操纵杆、踏板动作是否灵活，回位正确，踏板自由行程在规定范围之内； 4.4 离合器结合是否平稳，分离彻底； 4.5 变速箱档位是否正确，换档轻便； 4.6 制动装置是否完整，工作可靠，手制动有效； 4.7 钢丝绳是否符合《起重机械安全规程第 1 部分：总则》GB 6067.1–2010 规定，润滑良好； 4.8 卷筒、滑轮、吊钩磨损是否超过规定，绳卡和压板是否符合要求； 4.9 回转机构工作是否平稳，无抖动或晃动； 4.10 链条无偏磨，履带板无严重磨损和损伤，上部履带挠度是否在 40 ~ 60mm 之内		
5. 润滑	5.1 润滑装置是否齐全、有效，油路畅通； 5.2 润滑部位润滑是否良好，油质油量是否符合要求		

设备科验收意见		（盖章）		监理单位意见见		（盖章）		项目部意见		（盖章）	
	设备负责人		日期：		部门负责人		日期：		部门负责人		日期：

轮胎式起重机检查验收表　　　　　　　　　　　　　　　　　　表4-4

使用单位		工程名称	
轮胎式起重机规格型号		编号	
操作人员		操作证编号	

项目	内容及要求	结果	备注
1. 整机	1.1 起重能力是否达到额定指标； 1.2 整机是否完整，各机构总成工况良好； 1.3 零部件是否齐全，紧固件连接牢固，仪表工作正常； 1.4 全机是否清洁，无油垢，无严重锈蚀，无明显渗漏		

续表

2.动力装置	2.1 启动、加速性能良好，怠速平稳，输出功率不低于额定功率的85%； 2.2 运转正常无异响，油压、水温是否正常； 2.3 滤清器是否整洁，工作有效		
3.液压、气压系统	3.1 液压气压元件是否完好，动作平稳，液压系统性能是否达到设计要求，各仪表工作正常； 3.2 液压油油质和油量是否符合使用规定，工作时温升正常		
4.电气系统	4.1 电器管线是否整齐，无损伤老化，连接卡固可靠，声光信号清晰、有效； 4.2 电瓶固定牢固，电解液化比重及液面是否高度符合要求		
5.结构和机构	5.1 金属结构无开裂、脱焊，无明显变形； 5.2 各传动部件运转是否正常，无冲击、振动，无异响及过热现象； 5.3 操纵杆、踏板动作是否灵活，回位正确，踏板自由行程在规定范围之内； 5.4 离合器结合是否平稳，分离彻底； 5.5 变速箱档位是否正确，换档轻便； 5.6 钢丝绳是否符合《起重机械安全规程第1部分：总则》GB 6067.1-2010规定，润滑良好； 5.7 卷筒、滑轮、吊钩磨损是否超过规定，绳卡、压板符合要求； 5.8 制动装置是否完整，工作可靠，手动有效； 5.9 回转机构工作是否平稳，无抖动或晃动； 5.10 轮胎气压是否正常，无严重磨损和损伤		
6.润滑	6.1 润滑装置是否齐全、有效，油路畅通； 6.2 润滑部位润滑良好，油质油量是否符合要求		

设备科验收意见	设备负责人	（盖章） 日期：	监理单位意见	部门负责人	（盖章） 日期：	项目部意见	部门负责人	（盖章） 日期：

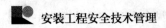

电动卷扬机检查验收表 表4-5

使用单位		工程名称	
卷扬机 规格型号		编号	
操作人员		操作证 编号	

项目	内容及要求	结果	备注
1. 整机	1.1 工作性能是否达到额定要求； 1.2 现场配套设施是否符合安装验收要求； 1.3 全机清洁，防腐良好		
2. 主机	2.1 齿轮减速箱运转是否正常无异响； 2.2 卷筒无破损裂纹，钢丝绳卡固是否规范、牢靠； 2.3 钢丝绳是否符合要求，磨损和断丝不超过规定； 2.4 各连接部位紧固可靠，完整无缺，无严重磨损变形； 2.5 卷筒轴向串动不超过规定		
3. 操纵装置	3.1 操纵系统各部是否位置适当，操作方便、灵活； 3.2 制动可靠，分离彻底； 3.3 制动器摩擦片磨损不超过规定，间隙调整适当、均匀； 3.4 离合器操纵灵活，工作可靠		
4. 电气系统	4.1 电器元件规格型号是否符合要求； 4.2 电闸箱是否有防雨、防潮措施，箱内清洁，无杂物； 4.3 绝缘良好无裸露，接地（接零）是否符合规定； 4.4 安全防护装置是否齐全、完整、有效		
5. 润滑及维护	5.1 润滑装置是否齐全、油路畅通无堵，各部位润滑良好； 5.2 油质油量是否符合工厂说明书规定		

设备科验收意见	设备负责人	（盖章） 日期：	监理单位意见	部门负责人	（盖章） 日期：	项目部意见	部门负责人	（盖章） 日期：

交流电焊机检查验收表 表4-6

使用单位		工程名称	
交流电焊机规格型号		编号	
操作人员		操作证编号	

项目	内容及要求	结果	备注
1.整机	1.1 主要部件完整无缺、主要工作性能是否达到额定指标； 1.2 焊接变压器的一次线圈与二次线圈之间、绕组线圈与外壳之间绝缘电阻不应低于1Ω； 1.3 焊机内外整洁、油漆良好； 1.4 各部位连接螺丝紧固是否牢靠，不得松动、缺损		
2.接线与接线柱	2.1 一、二次接线板、接线柱表面应光滑、平整，不得有烧蚀、破裂现象； 2.2 铜垫圈、母线紧固螺母不得有缺失、烧蚀、松动现象		
3.调节器及防震装置	3.1 调节丝杆及螺母，应转动灵活，无弯曲、卡阻现象，紧固件不松动； 3.2 防震弹簧弹力是否良好有效； 3.3 手摇把不得松动、损坏		
4.安全与防护	4.1 焊机接地（零）良好，是否符合规定要求，接线排列整齐，接线板护罩完整； 4.2 焊机罩是否合乎防雨、防尘、防潮的要求； 4.3 行走轮及牵引件是否完整，润滑良好		

设备科验收意见	设备负责人		（盖章） 日期：	监理单位意见	（盖章） 日期： 部门负责人		项目部意见	（盖章） 日期： 部门负责人		（盖章） 日期：

空气压缩机及附属设备检查验收表　　　　　　　　　　表4-7

使用单位		工程名称	
空压机及附属设备规格型号		编号	
操作人员		操作证编号	

项目	内容及要求	结果	备注
1.整机	1.1 排气量、工作压力参数是否达到额定指标； 1.2 管路敷设是否合理，整机是否清洁、无油污、无泄漏现象； 1.3 零部件及附属机具是否齐全； 1.4 进、排气阀是否不漏气，无严重积炭、积灰现象		
2.动力装置（内燃机、电动机）	2.1 内燃机启动性能是否良好，运转无异响，油压水温是否正常，滤清装置是否齐全、清洁，润滑良好。电动机配物是否合理，温升和运行是否正常，无异响； 2.2 电器和电控装置是否齐全、可靠，有接地或接零保护措施		
3.安全装置	3.1 各安全阀（包括储气罐）动作是否灵敏可靠； 3.2 压力表、油压表是否灵敏可靠，温度计测温是否正确； 3.3 自动调节器、调节功能是否可靠； 3.4 各种表阀是否定期校验		
4.冷却系统	4.1 冷却水进水温度是否超过35℃； 4.2 在满负荷情况下，二级缸排气温度是否超过160℃； 4.3 冷却装置完好，排气温度是否超过40℃（在满负荷情况下）		
5.润滑系统	5.1 滤油器效果是否良好，油压是否低于0.1MPa，注油器供油是否正常； 5.2 是否按规定使用润滑油，并定期更换，耗油不超过规定数值； 5.3 有十字结构的空压机润滑温度是否超过60℃，无十字节头的是否超过70℃		

设备科验收意见	设备负责人	（盖章） 日期：	监理单位意见	部门负责人	（盖章） 日期：	项目部意见	部门负责人	（盖章） 日期：

其他中小型施工机械检查验收表　　　　表4-8

使用单位		工程名称	
设备规格型号		编号	
操作人员		操作证编号	

项目	内容及要求	结果	备注
动力、传动部分			
机架机座			
附件			
电源部分			
防护装置			
操作空间			
其他			

设备科验收意见	（盖章） 日期： 设备负责人	监理单位意见	（盖章） 日期： 部门负责人	项目部意见	（盖章） 日期： 部门负责人

表4-9

公司机械设备台账

管理部门：_____

编号	机械设备名称	生产厂家	出厂编号	设备价格（元）	备件附件数量	保管人

内部使用记录		定期保养记录		大修理情况记录		备注
转出部门	转入部门	日期	设备状况	日期		
日期						

表4-10

×××公司机械设备维护保养计划

编号	设备规格型号	计划保养时间	维护保养内容	所属单位	维护负责人	验收人	检查验收结果	说明

××× 公司机械设备维修保养记录

表4-11

设备编号_____

设备名称		型号规格		操作人		保管人		
一、日常保养项目		内容特征				检查结果		说明
1.机械传动系统		运转平稳，无异常振动及响声，润滑良好				正常□/不正常□		
2.电气系统		电源接线良好，开关完好，工作电流、电压正常				正常□/不正常□		
3.冷却系统		冷却系统管路流畅，压力、流量、温度指示正常				正常□/不正常□		
4.润滑系统		润滑系统管路流畅，压力、流量、温度指示正常				正常□/不正常□		
5.自控系统		报警控制及自动控制参数正常，并符合使用要求				正常□/不正常□		
6.液压系统		压力、流量、温度正常，管路无泄露、阀动作灵活				正常□/不正常□		
7.表面状况		铭牌标记完好、油漆完好、无损坏、无缺件、表面干净				正常□/不正常□		
8.其他部位		地脚螺栓及紧固件无松动、密封良好、电源箱符合要求有接地及接零保护、外露的传动部位必须有防护装置				正常□/不正常□		

维修记录：

保养人		检查人		负责人		日期	

188

第五章

临时用电安全管理

　　施工现场临时用电点多面广，安全潜在危险因素多。与一般工业或居民生活用电相比具有其特殊性，如暂时性、流动性、露天性和不可选择性，有别于正式"永久"性用电工程。

　　进入施工现场的各类人员，难免要接触到各类临时用电设施。由于电是看不见、摸不着的，不了解用电常识的人稍不注意就有可能发生触电事故。轻者接触部位被麻一下，重者可能被烧伤、击倒、不省人事甚至危及生命。触电造成的伤亡事故是建筑施工现场的多发事故之一，因此，施工临时用电安全管理要从临电设计、实施、检查及整改全过程监控，做好临时用电的安全技术保障，不断加强安全用电知识的普及、培训和提高。为确保施工现场临时用电安全管理，根据《施工现场临时用电安全技术规范》JGJ 46-2005 的规定：临时用电设备在 5 台以上或设备总容量在 50kW 及以上者，应编制临时用电施工组织设计（临时用电专项方案）。

第一节　临时用电专项方案编制

一、方案编制的目的

根据法规要求及施工项目的实际情况，进行事先策划，制定针对性的防范措施，规范临时用电的安全施工与使用，既保证临时用电系统安全可靠运行，又保证施工人员安全作业。正确编制临时用电专项方案是确保施工临时用电安全的前提，是不可缺少的基础性技术措施。

二、方案编制的内容

1. 工程概况

（1）工程名称。

（2）参与建设各方的单位名称。

（3）工程所在的地理位置。

（4）工程结构、层次、面积。

（5）建设单位提供的施工用电的变压器的容量、安装的平面位置等情况。

2. 编制依据

（1）相关的法律、法规、规范性文件、标准规范。

（2）施工图纸（施工平面总图、国标图集）。

（3）施工组织设计。

（4）用电设备的技术参数。

3. 现场勘测

（1）调查测绘施工现场的地形、地貌。

（2）了解建筑安装材料、器具堆放，生产、生活暂设的位置及周围环境。

（3）确定临时用电机具设备位置。

4. 临时用电的设计

（1）根据工程性质、规模选择用电机具设备的功率和数量。

（2）根据工程现场实际操作需要，确定临时用电区块。

（3）根据各用电区块的机具设备配备，列出《主要施工机具设备一览表》，并计算出各区块所需用电量。

（4）根据工程现场实际选择配电线路形式（放射式、树干式、链式和环形）进行配线。

（5）负荷计算：

1）负荷计算的目的

电力负荷是指通过电气设备或线路上的电流或功率，它是以功率或热能形式消耗于电气设备。因此，合理地选择各级变电所中变压器，主要电气设备以及配电导线等是保证供电系统安全可靠的重要前提。电力负荷计算的主要目的就是为合理选择变电所的变压器容量、各种电气设备及配电导线提供科学依据。

2）计算负荷确定方法

计算负荷是按发热条件选择电气设备的一个假定负荷，它所产生的热效应与实际变动负荷产生的最大热效应相等。根据计算负荷选择导线及电气设备，在运行中的最高温升不超过导线和电器的温升允许值。它的确定方法较多，目前施工中常采用的方法是需要系数法，在确定计算负荷之前，应首先确定设备的设备容量。

3）用电设备设备容量（P_e）的确定

建筑供电系统中各用电设备铭牌上都标明有额定功率，但由于各用电设备的额定工作条件不同，有的可直接相加，但有的在计算中就不能简单地把铭牌上规定的额定功率直接相加，必须首先把额定功率换算到统一规定的工作制下的功率后才能相加。换算到统一规定的工作制下的额定功率称为"设备容量"，以 P_e 表示。用电设备按工作制可分为三种：

①长期连续工作制：指在规定环境温度下连续运行，设备任何部分的温度和温升均不超过允许值。这类设备的"P_e"值就是其铭牌的额定容量（kW）。

②短时工作制：指运行时间短而停歇时间长，设备在工作时间内的温升不足以达到稳定温升而在间歇时间内足以使温升冷却到环境温度。这类用电设备的设备容量就是其铭牌上标明的额定值（kW）。

③反复短时工作制：指设备以断续方式反复进行工作，工作时间与停歇时间相互交替重复。这些用电设备的设备容量就是将设备在某一暂载率下的铭牌统一换算到一个标准暂停率下的功率。

（6）根据总计算负荷和峰值电流选择电源和备用电源。

（7）根据总负荷、支路负荷计算出的总电流、支路电流和架设方式选择总电源线径和支路线径。

（8）负荷计算举例：

1）单台用电设备的负荷计算

对长期连续运作的单台用电设备，其容量等于计算负荷：

$$P_j = P_e \qquad\qquad (5\text{-}1)$$

对单台电动机及其他需计及效率的单台用电设备，其容量与计算负荷的关系如下：

$$P_j = P_e \times \eta \qquad\qquad (5\text{-}2)$$

式中　　P_j——用电设备的有功计算负荷（kW）；

　　　　P_e——用电设备的设备容量（kW）；

　　　　η——用电设备的效率。

2）用电设备组的负荷计算

各用电设备应按 K_x 分类法分成若干用电设备组，各用电设备组的计算负荷为：

$$P_j = K_x \times \sum P_e \qquad\qquad (5\text{-}3)$$

$$Q_j = P_j \cdot \sum \tan\varphi \qquad\qquad (5\text{-}4)$$

$$S_j = \sqrt{(P_j)^2 + (Q_j)^2} \qquad\qquad (5\text{-}5)$$

$$I_j = S_j / \sqrt{3} \cdot U_e \qquad\qquad (5\text{-}6)$$

式中　　P_j——用电设备组的有功计算负荷（kW）；

　　　　Q_j——用电设备组的无功计算负荷（kV·A）；

　　　　S_j——用电设备组的视在计算负荷（kV·A）；

　　　　I_j——用电设备组的计算电流（A）；

　　　$\sum P_e$——用电设备组的设备容量总和（kW）；

　　$\sum \tan\varphi$——与功率因数对角相对应的正切值；

　　　　U_e——额定电压，低压系数取 0.38；

　　　　K_x——设备的需要系数。

临时用电设备的需要系数选择部分量值见表 5-1。

用电设备名称	K_x	$\cos\varphi$	$\mathrm{Fg}\varphi$
货梯	0.25 ~ 0.35	0.5	1.73
卷扬机	0.3	0.7	1.02
砂浆机	0.7	0.68	0.62
加压泵	0.5	0.8	0.75
振动器	0.65	0.65	1，17
红外线干燥设备	0.85 ~ 0.9	1.0	0
超声波探伤设备	0.7	0.7	1.02
X 光设备	0.3	0.55	1.52
磁粉探伤机	0.2	0.4	2.29
电焊机	0.45	0.85	0.57
空气压缩机	0.75	0.75	0.88
台钻	0.15	0.5	1.73
移动式电动工具	0.2	0.5	1.73
砂轮机	0.15	0.5	1.73
各种水泵（15kW 以下）	0.75 ~ 0.8	0.8	0.75
各种水泵（17kW 以上）	0.6 ~ 0.7	0.87	0.57
空调器	0.7 ~ 0.8	0.8	0.75

临时用电设备的需要系数选择部分量值（供参考） 表5-1

3）单项负荷的简化计算

单项用电设备接入供电系统时，应尽可能使三相电力负荷均衡。当多台单项用电设备的平衡容量小于计算范围内三相平衡负荷设备容量的 15% 时，按三相平衡负荷计算。当超过 15% 时，按以下简化计算方法换算为等效三相负荷，再进行总负荷计算。

对线间用电负荷不平衡，将各线间用电负荷（设备容量）相加，进行比较，然后换算为等效三相负荷（设备容量）。

$P_{ab} \geq P_{bc} \geq P_{ac}$ 时：

当 $P_{bc} > 1.5P_{ab}$ 时，$\qquad P_b = 1.5\,(P_{ab} + P_{ac})$ （5-7）

当 $P_{bc} \leq 1.5P_{ab}$ 时，$\qquad P_b = 1.5\sqrt{P_{ab}}$ （5-8）

当 $P_{ab} = P_{bc} = 0$ 时，$\qquad P_b = 1.5\sqrt{P_{ab}}$ （5-9）

式中　　P_{ab}、P_{bc}、P_{ac}——接于 ab、bc、ca 线间的设备容量。

$\qquad\quad$ P_b——等效三相设备容量。

对相间不平衡负荷，等效三相设备容量取最大设备容量的 3 倍。

4）总电流计算及变压器容量的确定

总电流

$$I_{jz} = \frac{S_{jz}}{\sqrt{3}\,U_e}$$ （5-10）

式中　　I_{jz}——总电流（A）；

$\qquad\quad$ S_{jz}——总视在功率（kV·A）；

$\qquad\quad$ U_e——电网电压（kV）；

变压器容量 S_e 应稍大于总视在功率 S_{jz}：

$$S_e \geq 1.05S_{jz}$$ （5-11）

（9）配电系统的设计

配电系统主要由配电线路、配电装置和接地装置三部分组成。其中配电装置是整个配电系统的枢纽，经过配电线路、接地装置的连接，形成一个分层次的配电网络，这就是配电系统。施工现场的配电装置是指施工现场临时用电中的总配电箱（柜）、分配电箱和开关箱。

1）配电线路

选择导线和电缆规格及类型，确定线路走向、敷设方式及防护措施。根据每一回路、每一级的计算负荷，按发热条件选择导线和电缆的截面，同时校验电压损失和机械强度。

表 5-2 ~ 表 5-5 给出了临时用电电线、电缆设载流量选择表，供参考。

BV绝缘电线敷设在明敷导管内的持续载流量（A） 表5-2

型号	BV															
额定电压（kV）	0.45/0.75															
导体工作温度（℃）	70															
环境温度（℃）	25				30				35				40			
标称载面（mm²）	导线根数															
	2	3	4	5.6	2	3	4	5.6	2	3	4	5.6	2	3	4	5.6
1.5	18	15	13	11	17	15	13	11	15	14	12	10	14	13	11	9
2.5	25	22	20	16	24	21	19	16	22	19	17	15	20	18	16	13
4	33	29	26	23	32	28	25	22	30	26	23	20	27	24	21	19
6	43	38	33	29	41	36	32	28	38	33	30	26	35	31	27	24
10	60	53	47	41	57	50	45	39	53	47	42	36	49	43	39	33
16	80	72	63	56	76	68	60	53	71	63	56	49	66	59	52	46
25	107	94	84	74	101	89	80	70	94	83	75	65	87	77	69	60
35	132	116	106	92	125	110	100	87	117	103	94	81	108	95	87	75
50	160	142	127	111	151	134	120	105	141	125	112	98	131	116	104	91
70	203	181	162	142	192	171	153	134	180	160	143	125	167	148	133	116
95	245	219	196	171	232	207	185	162	218	194	173	152	201	180	160	140
120	285	253	227	199	269	239	215	188	252	224	202	176	234	207	187	163

注：导线根数指带负荷导线根数。

说明：此表根据《建筑物电气装置 第5部分：电气设备的选择和安装 第523节：布线系统载流量》GB/T 16895.15-2002编制或根据其计算得出。

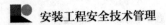

BV绝缘电线敷设在隔热墙中导管内的持续载流量（A）　　表5-3

型号	BV															
额定电压（kV）	0.45/0.75															
导体工作温度（℃）	70															
环境温度（℃）	25				30				35				40			
标称截面（mm²）	导线根数															
	2	3	4	5.6	2	3	4	5.6	2	3	4	5.6	2	3	4	5.6
1.5	14	13	11	9	14	13	11	9	13	12	10	8	12	11	9	8
2.5	20	19	15	13	19	18	15	13	17	16	14	12	16	15	13	11
4	27	25	21	19	26	24	20	18	24	22	18	16	22	20	17	15
6	36	32	28	24	34	31	27	23	31	29	25	21	29	26	23	20
10	48	44	38	33	46	42	36	32	43	39	33	30	40	36	31	27
16	64	59	50	44	61	56	48	42	57	52	45	39	53	48	41	36
25	84	77	67	59	80	73	64	56	75	68	60	52	69	63	55	48
35	104	94	83	73	99	89	79	69	93	83	74	64	86	77	68	60
50	126	114	100	87	119	108	95	83	111	101	89	78	103	93	82	72
70	160	144	127	111	151	136	120	105	141	127	112	98	131	118	104	91
95	192	173	153	134	182	164	145	127	171	154	136	119	158	142	126	110
120	222	199	178	155	210	188	168	147	197	176	157	138	182	163	146	127
150	254	228	203	178	240	216	192	168	225	203	180	157	208	187	167	146
185	289	259	231	202	273	245	221	191	256	230	204	179	237	213	189	166
240	340	303	271	237	321	286	256	224	301	268	240	210	279	248	222	194
300	389	247	310	271	367	328	293	256	344	308	275	240	319	285	254	222

注：1.导线根数指带负荷导线根数。
　　2.墙内壁的表面散热系数不小于10W/（m²·K）。
　　说明：此表根据《建筑物电气装置　第5部分：电气设备的选择和安装　第523节：布线系统载流量》GB/T 16895.15-2002编制或根据其计算得出。

YJV三芯电力电缆持续载流量（A）　　表5-4

型号	YJV											
额定电压（kV）	0.6/1											
导体工作温度（℃）	90											
环境温度（℃）	敷设在隔热墙中导管内				敷设在明敷的导管内				敷设在埋地的管道内			
土壤热阻系数（K·m/W）									1	1.5	2	2.5
标称载面（mm²）	25	30	35	40	25	30	35	40	20			
1.5	16	16	15	14	19	19	18	17	25	24	23	22
2.5	22	22	21	20	27	26	24	23	34	31	30	29
4	31	30	28	27	36	35	33	31	43	40	38	37
6	39	38	36	34	45	44	42	40	54	50	48	46
10	53	51	48	46	62	60	57	54	71	67	64	61
16	70	68	65	61	83	80	76	72	93	86	82	79
25	92	89	85	80	109	105	100	95	119	111	106	101
35	113	109	104	99	133	128	122	116	143	134	128	122
50	135	130	124	118	160	154	147	140	169	158	151	144
70	170	164	157	149	201	194	186	176	210	195	186	178
95	204	197	189	179	242	233	223	212	248	232	221	211
120	236	227	217	206	278	268	257	243	283	264	252	240
150	269	259	248	235					319	298	284	271
185	306	295	283	268					358	334	319	304
240	359	346	332	314					414	386	368	351
300	411	396	380	360					467	435	415	396

注：墙内壁的表面散热系数不小于10W/（m²·K）。

说明：此表额定电压为0.6/1kV的数据根据《建筑物电气装置　第5部分：电气设备的选择和安装　第523节 布线系统载流量》GB/T 16895.15-2002编制或根据其计算得出。

YJV22三芯电力电缆持续载流量（A）　　表5-5

型号	YJV								YJV22			
额定电压（kV）	0.6/1				8.7/10							
导体工作温度（℃）	90											
环境温度（℃）	敷设在空气中								敷设在土壤中			
土壤热阻系数（K·m/W）									1	1.5	2	2.5
标称截面（mm²）	25	30	35	40	25	30	35	40	20			
1.5	23	23	22	20								
2.5	33	32	30	29								
4	43	42	40	38								
6	56	54	51	49								
10	78	75	72	68								
16	104	100	96	91								
25	132	127	121	115								
35	164	158	151	143	173	166	159	151	167	149	136	129
50	199	192	184	174	210	202	194	183	198	177	162	153
70	255	246	236	223	265	255	245	232	247	220	201	190
95	309	298	286	271	322	310	298	282	291	259	237	224
120	359	346	332	314	369	355	341	323	331	295	270	255
150	414	399	383	363	422	406	390	369	375	335	306	289
185	474	456	437	414	480	462	444	420	419	374	342	323
240	559	538	516	489	567	545	523	495	487	435	397	375
300	645	621	596	565	660	635	610	577	552	493	450	425
400					742	713	684	648	601	537	490	463

　　说明：此表额定电压为8.7/1kV的数据根据《工业与民用配电设计手册》（第三版）编制或根据其计算得出。

2）导线敷设的方式

①架空线路

架空配电线路是用电杆将导线悬空架设，直接向用户供电的电力线路。架空配电主要由基础、电杆、导线、绝缘子及金具等组成。施工现场架空线路必须采用绝缘铜导线或绝缘铝导线。

②电缆线路

a. 电缆芯数的选择：电缆中必须包含全部工作芯线和用作保护线的芯线。

b. 电缆绝缘线芯的识别：电缆的绝缘线芯应着色或以其他的方法进行识别，电缆的每一绝缘线芯中用一个颜色。

③室内配线

a. 根据施工现场建筑结构和要求不同，可分为明配和暗配两种。

b. 配线方式，有瓷夹和瓷瓶、槽板、塑料护套线、线管及钢索配线等。

3）配电装置

选择控制电器和确定配电装置（配电箱和开关箱）的箱体结构、电气保护功能的配置和相应措施。施工现场实行分级配电，进行分级技术管理和维护，一般分三级进行配电。

①总配电箱(柜)是三级配电的第一级，它在临时用电系统中，是总用电控制、保护、电能计量与电压质量监测的配电箱（柜）。

②分配电箱是三级配电的第二级，在总配电箱（柜）的控制下，保护、管理与供电给各开关箱电源配电箱。

③开关箱是三级配电的第三级（最末一级），是接受分配电箱控制并接受分配电箱提供的电源，直接用于控制与管理用电设备的操作箱。

4）接地装置：根据施工现场实际情况，确定工作接地、保护接地、重复接地、防雷接地的形式、位置和施工方法。

5）临时用电施工图的绘制

临时用电总平面图必须单独绘制，作为临时用电施工的依据，确保在临时用电施工中起到具体的指导作用。

临时用电总平面图绘制的主要内容：

①在建工程的临时设施，在建工程和原有建筑物的位置。

②电源进线位置、方向及各种供电线路的导线敷设方式、导线截面、根数及线路走向。

③变电所、配电房、总配电箱（柜）、分配电箱及开关箱的位置，箱与箱之间的关系。

④施工现场照明及临时设施内的照明，室内灯具、开关位置及控制关系。

⑤其他应明确的项目与说明要求。

6）现场临时用电安全技术档案的建立

现场临时用电安全技术资料的编制和实施过程，是通过电气安全技术措施和组织管理措施，以达到控制和消除在施工生产过程中出现用电不安全状态和用电不安全行为，达到保护人身安全和国家财产免受损失的过程。现场临时用电的安全技术档案，应包括的主要内容：

①临时用电组织设计的全部资料。

②临时用电修改组织设计的资料。

③临时用电技术交底资料。

④临时用电工程检查验收表。

⑤临时用电电气设备的调试记录表。

⑥接地、防雷、绝缘电阻和漏电保护测定记录表。

⑦定期检查（复查）记录表。

⑧安装、巡检、维修、拆除工作记录表。

第二节　现场临时用电布置要求

一、线路布置

1. 配电线路形式的选用

（1）放射式配电线路

放射式配电线路是指一独立负荷或集中负荷均由一单独的配电线路供电，见图 5-1。

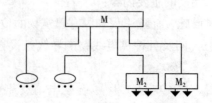

图 5-1　放射式配电线路示意图

此种配电线路适用于现场容量大、负荷集中或重要的配电设备的配线。

优点：

1）回路故障互不影响，供电可靠性较高，维修方便。

2）控制方便。

3）负荷间的相互影响小，电能质量较高。

4）保护和自动化易于实现。

缺点：

1）需要的回路数量多，配电开关设备和导线用量较大。

2）有色金属消耗大，系统灵活性较差。

（2）树干式配电线路

一个或多个负荷按其所在位置依次连接到一条配电干线上，每条干线均由变压器低压侧引出，见图5-2。

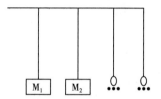

图5-2　树干式配电线路示意图

此种配电线路适用于用电设备布置比较均匀，容量不大，无特殊要求的配电场合。

优点：

1）配电设备和导线用量较少。

2）系统灵活性较好。

3）现场用电设备有改变时，供电线路变动不大。

缺点：干线故障影响面大，供电可靠性较差。

（3）链式配电线路

一种类似树干式的配电线路，适用于距配电屏较远而彼此又较近的不重要的小容量用电设备，但链式设备一般不超过4台，如图5-3。

链式供电并不是真正的一种配电系统接线方式，正式的配电系统接线方式有三种：放射式、树干式、环式或环网式，其他的配电方式都是从中演变或混合而成，仅仅是一种末端配电方法。链式供电"容量不超过10kW，连接的数量不超过4个"的这一条链上只有一个总开关（断路器或熔断器）保护，所带的每个小容量负荷没有各自独立的完善的保护开关，可能只有隔离断点（比如插座），或只有过负荷保护没有短路保护（短路保护由链式供电的总开关负责），甚至可以把末端的任一条插座回路看成类似于链式供电。

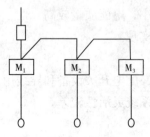

图 5-3　链式配电线路示意图

（4）环形配电线路

若干个变压器在低压侧通过联络线接成环状的配电线路，如图 5-4。

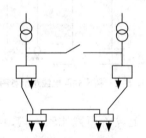

图 5-4　环形配电线路示意图

环网电压集中供电方式的核心是多支路分束供电，有来自不同变电所的两个支路通过分段开关互相连通，保证当一个变电所故障时另一个主变电所能支援供电。

优点：任一线路发生故障时均不会造成供电中断，供电可靠性高，并可使电压和电能损耗减少。

缺点：继电保护装置的整定、配合较复杂。

以上 4 种配电线路各自有各自的特点，而在施工过程中需要根据现场情况，选择适合本工程的配电线路，使现场负荷和布局能得到充分利用。

2. 接地方式

（1）TN-S 系统的接线方式

该接地系统即三相五线供电系统，是带电导体配电系统的形式之一。三相

是指 L_1、L_2、L_3 三相,五线是指通过正常工作的三根相线、其他一根是工作零线(N)和其他一根不通过工作电流的保护零线(PE)线。工作零线(N)和保护零线(PE)除在变压器中性点共同接地外,两线不再有任何的电气连接。在中性点直接接地的低压系统中,为确保接零安全可靠,除在电源(变压器、发电机)中性点进行工作接地外,还必须在零线的其他地方进行必要的重复接地,见图5-5。

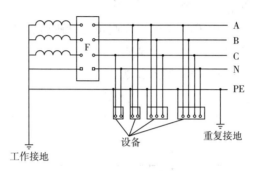

图 5-5 TN-S 系统的接线方式示意图

该接地系统的工作零线(N)在三相负载不完全平衡的运行情况下是有电流通过且是带电的,而保护零线(PE)不带电,因而该供电方式的接地系统完全具备安全和可靠的基准电位。

(2)TN-C-S 系统的接线方式

该接地系统是供电系统的前半段采用 TN-C 接地形式,系统中中性线和保护线是合一的。从建筑物电源进线总开关柜(总配电箱)处开始,将 TN-C 接地形式转换为 TN-S 接地系统,即供电系统的后半段为 TN-S 接地系统,从此开始到负荷的末端,N 线和 PE 线是分开的,再没有电气连接,并对 PE 线作重复接地。配电系统由前半段的 TN-C 接地和后半段的 TN-S 接地两个不同接地形式构成的混合接地形式,就是 TN-C-S 接地系统,见图5-6。

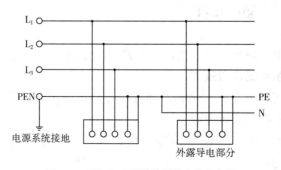

图 5-6 TN-C-S 系统的接线方式示意图

该接地形式的前半段供电系统为三相四线制，PEN线上有电流流过，不能安装漏电保护装置；后半段的供电系统为三相五线制，PE线为专用保护零线，正常运行情况下无电流流过，能够安装漏电保护装置，保证保护零线和设备的外露可导电部分的电位限制在较低的水平，供电系统的安全得到可靠保证。

（3）TN-C系统的接线方式

该接地系统即三相四线供电系统，是带电导体配电系统的形式之一，三相是指L₁、L₂、L₃三相，中性线（N）和保护线（PE）合为一根NPE线，整个系统的中性线和保护线是不分开的，见图5-7。

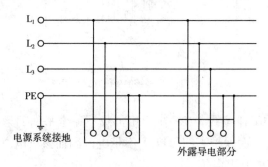

图5-7　TN-C系统的接线方式示意图

该接地形式适用于三相负载基本平衡的供电系统，建设投资较TN-S系统要少。但在三相负载不平衡的供电系统，工作零线上有不平衡电流，线路上产生一定的电位差，与保护线相连接的电气设备金属外壳对地有一定的电压。工作零线断路，则被保护的电气设备金属外壳带电。电源的相对地短路，则设备的外壳电位升高，中性线上的危险电位蔓延。

二、配电箱与开关箱的布置

设置总配电箱（柜）→分配电箱→开关箱，分三个层次逐级实现配电方式。

1. 三级配电系统的设置规则

三级配电系统应遵守四项规则，即分级分路规则，动、照分设规则，压缩配电间距规则，环境安全规则。

（1）分级分路规则：总配电箱以下可设若干分配电箱；分配电箱以下可

设若干开关箱；每台用电设备有各自专用开关箱，任何用电设备不得越级配电。

（2）动、照分设规则：动力配电箱与照明配电箱宜分别设置。当合并设置为同一配电箱时，动力与照明应分路配电；动力开关箱与照明配电箱必须分开设置。动力开关箱与照明开关箱不可以共箱分路设置。

（3）压缩配电间距规则：是指总配电箱（柜）以外，分配电箱与开关箱之间，开关箱与用电设备之间的间距应尽量缩短。总配电箱（柜）应设在靠近电源的区域，分配电箱应设在施工用电设备或负荷相对集中的区域，分配电箱与开关箱的距离不大于 30m，开关箱与其控制的施工用电设备的水平距离不宜超过 3m。

（4）环境安全规则：应装设在干燥、通风及常温的场所；周围不得有严重损伤配电箱作用的有害介质；不应装设在易受外来固体物撞击、强烈振动，液体浸溅及热源烘烤的场所。

2. 选择配电箱和开关箱

（1）箱体的选择

1）箱体材料采用铁板，板厚 1.5 ~ 2.0mm 为宜，不得采用木板制作箱体。

2）箱体在结构上应附加配置电器安装板和箱门，电器安装板应用铁板或绝缘板制作，箱门应能关闭严密并配锁。箱体的进出线应设在竖直装设箱体的下底面。

3）箱体的电器保护措施主要是防漏电触电措施。箱体内电器的正常不带电的金属基座、外壳、箱门、铁制电器安装板以及箱体之间应通过金属连接螺栓等保证电气连接。箱体上应有明确的保护接零螺栓。

4）配电箱、开关箱内的连线应采用绝缘导线，不得有外露带电部分，接头不得松动。

5）配电箱、开关箱必须防雨、防尘。

6）配电箱、开关箱应编号，表明其名称、用途、维修电工姓名，箱内应有配电系统图，标明电器元件参数及分路名称。

7）严禁使用倒顺开关。

8）所使用的配电箱及其内部的所有电器均要有生产许可证和产品合格证、准用证。

（2）总配电箱的电器配置与接线（图 5-8）

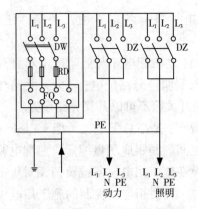

图 5-8　总配电箱的电器配置与接线

（3）照明分配电箱的电器配置接线图（图 5-9）

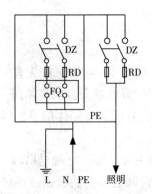

图 5-9　照明分配电箱的电器配置接线图

（4）动力分配电箱的电器配置接线图（图 5-10）

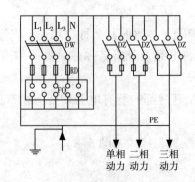

图 5-10　动力分配电箱的电器配置接线图

（5）配电箱与开关箱的安置

1）配电系统应设置室内总配电屏和室外配电箱或设置室外总配电箱和分配电箱，实行分级配电。即实行三级配电、三级保护。

2）总电屏或总配电箱边应设置一只消防专用配电箱，其电源从总配电屏或总配电箱上桩头直接引入，根据现场大小，确保考虑负荷为 30 ~ 50kW。

3）动力配电箱与照明配电箱宜分别设置，如合置在同一配电箱内，动力与照明线路应分路设置。

4）配电箱应设在靠近电源的地方。分配电箱应装设在用电设备或负荷相对集中的地方。分配电箱与总配电箱的距离不得超过 30m。开关箱与其控制的固定式用电设备的水平距离不宜超过 3m。

5）配电箱、开关箱应装设在干燥、通风及常温场所。

6）配电箱、开关箱周围应有足够两人同时工作的空间和通道。不得堆放任何妨碍操作、维修的物品；不得有灌木、杂草。

7）配电箱、开关箱应装设端正、牢固，移动式分配电箱、开关箱应装设在坚固的支架上。

8）固定式分配电箱、开关箱的下底与地面的垂直距离应大于 1.3m，小于 1.5m；移动式分配电箱、开关箱的下底与地面的垂直距离应大于 0.6m，小于 1.5m。

第三节　临时用电检查制度

一、临时用电方案编制内容的检查

（1）是否符合相关的法律、法规、规范性文件、标准规范。

（2）是否经相关部门会签和具有法人资格企业的技术负责人审批。

（3）有关"施工现场概况"的描述和施工现场对照，查看是否进行过详细、全面的现场勘测。

（4）现场供电系统（三级配电）、接零保护方式、漏电保护的设置、配电箱的位置、用电设备的位置、线路的敷设方式及供电线路的接线方式等是否符合现场临时用电工程的特点，是否和规范的规定一致。

（5）设备容量统计是否全面、详细、真实、可靠。

（6）用电负荷计算是否准确，程序是否符合有关规定。

（7）输送导线截面和控制元器件的类型、规格等是否有理有据，是否进行过用电负荷计算。

（8）是否根据施工现场的实际情况，按有关规范要求进行接地装置和防雷装置的设计。

（9）总平面布置图、配电装置布置图、配电系统接线图、接地装置平面图的绘制是否全面、详细，是否和施工现场相符合，图例、标注等是否符合规定。

（10）是否制定了外电线路和电气设备防护的安全技术措施及安全组织管理措施。

（11）是否制定了电气火灾灭火应急救援预案和触电事故急救援预案。

二、电工及用电人员的检查

电工是指符合国家标准《特种作业人员安全技术培训考核管理规定》中规定的人员。用电人员是指直接操作用电设备进行施工作业人员。

（1）查阅电工是否持有有效证件，即《中华人民共和国特种作业操作证》。

（2）电工独立上岗前，是否进行过安全技术培训和相关安全教育培训，考核是否合格。

（3）单位负责项目管理的技术人员是否用书面形式将有关安全施工的技术要求向施工作业班组、作业人员做过详细交底，双方是否确认。

（4）查阅各类用电人员是否分别签订《安全生产协议》，安全协议是否明确各类用电人员的安全责任、权限和安全注意事项等。

（5）施工现场是否形成了电工和各类用电人员共同遵守安全职责、履行安全职责、实施安全管理权力的氛围，是否形成了良好的用电风气。

三、定期的检查

（1）施工现场电工每天班前、班后检查一遍线路和电气设备使用情况，发现问题及时处理，每月对所有配电箱、开关箱进行检查和维修一次，并将检查和维修做好记录。

（2）施工现场每月由施工员、安全员、电工对工地的用电设备、用电情况进行全面检查，并将检查和解决的情况，写成材料入档备案。

（3）每月由项目经理部组织由项目经理、施工员、安全员、电工及班组长对工地的用电设备、用电情况进行全面检查，查出隐患，定人、定时、定措施进行整改，对整改情况进行复查。

（4）每季度由公司工程（生产）部组织对公司内的重点工程项目进行临时施工用电设备、用电情况全面检查，查出隐患，定人、定时、定措施进行整改，对整改情况进行复查。

（5）检查内容按建设部颁发的《施工现场临时用电安全技术规范》JGJ 46–2005 中的有关内容进行。

四、施工现场检查记录

在做好施工用电检查的同时，对于查出的隐患要立即整改，决不允许用电设备带病运行，同时要做好检查记录，其重点为电器设备线路的绝缘有无损坏；供电线路绝缘电阻是否合格；设备裸露带电部分是否有防护；保护接零和保护接地是否可靠；接地电阻值是否在规范规定范围内；电器设备的安装是否正确、合格；安全间距是否符合规范规定；各种保护装置是否齐全，动作是否正确、可靠；手持电动工具是否有漏电保护装置；局部照明及潮湿场所的照明灯具是否采用安全电压；安全用电变压器是否符合要求。

五、现场临时用电检查的主要记录

（1）现场临时用电设计变更记录；

（2）现场临时用电技术交底记录；

（3）现场临时用电检查验收记录；

（4）现场临时用电电气设备调试记录；

（5）现场临时用电接地电阻测试记录；

（6）现场临时用电线路绝缘测试记录；

（7）现场临时用漏电保护器检测记录；

（8）现场临时用电定期检查记录；

（9）现场临时用电复查验收记录；

（10）现场临时用电安装、巡查、维修、拆除记录。

第四节　安全用电

一、临时用电的安全使用和管理

施工现场临时用电的安全使用和管理是施工现场项目管理的关键工作，是决定工程项目安全文明施工的因素之一。针对施工现场临时用电的特点，应对安全生产要素采取管理，有效地控制不安全因素的发展与扩大，把可能发生的事故消灭在萌芽状态，以保证安全生产活动的安全与健康。

1. 严格临时用电施工组织设计的编制、审核和实施

临时用电施工组织设计是保障安全用电的源头，安全用电要从源头抓起。《施工现场临时用电安全技术规范》JGJ 46-2005（以下简称"规范"）规定：施工现场临时用电在5台以上或总用电量在50 kW及50 kW以上者，应编制临时用电施工组织设计。规范中明确要求对施工现场的临时用电进行策划，以保证临时用电的使用和管理有章可循。

（1）临时用电组织设计及变更时，必须履行"编制、审核、批准"程序，由电气工程技术人员组织编制，经相关部门审核及具有资格企业的技术负责人批准后实施。变更用电组织设计时应补充有关图纸资料。

（2）严格遵守规范要求的三项技术原则：

1）采用三级配电系统。

2）采用TN-S接零保护系统。

3）采用二级漏电保护系统。

（3）施工现场临时用电组织设计应包括下列内容：现场基本概况；确定电源进线、变电所或配电室、配电装置、用电设备位置及线路走向；进行负荷计算；选择变压器；选择导线或电缆；选择电器、设计接地装置，绘制临时用电电气平面图、配电系统接线图；设计防雷装置；确定防护措施；制定安全用电措施和电气防火措施。

（4）现场电工必须持证上岗。应严格按照方案要求实施。

（5）施工现场临时用电应根据施工现场实际进度情况分阶段编制方案，并经审核、批准后实施。临电工程验收合格后方可投入使用。

2. 施工现场临时用电的安全技术保障

（1）做好施工现场临时用电设备的接地及局部等电位连接

1）施工现场必须采用TN-S接零保护系统。大部分施工现场在打桩或基础施工前一般采用人工接地体，在主体基础接地施工结束后，可与主体接地装置连接，保证工作接地或重复接地的可靠性，应在总箱漏电保护器的一次电源进线侧作重复接地；还必须在配电线路中间、末端以及设备集中、线路拐弯、高大设备、分电箱处、开关箱处作重复接地。主体楼层接地可利用建筑物均压环或防雷引下线作接地干线进线接地连接。

2）施工现场内机械设备及高架设施高度应根据所在地区年均雷暴日数来确定防雷装置的设置。

3）接地连接宜采用 -25×4 镀锌扁钢或 BVR16mm^2 双色线或编织铜线进行连接，确保其机械强度及连接可靠性。

（2）配电箱电器按规定配置及接线

1）施工现场必须采用"三级配电、二级保护"，根据现场需要，也可做到"多级配电、三级保护"，因大多施工现场末级箱数量不足、违章接线普遍存在，建议二级箱内亦设漏电保护器，切实做到安全用电。

2）总配电箱、分配电箱、开关箱应装设电源隔离总开关，置于电源进线端，不能用空气开关或漏电保护器作隔离开关，必须选用能同时断开相线和中性线的四极开关，单相回路应采用两极开关。

3）总开关电器的额定值、动作整定值应与分路开关电器的额定值、动作整定值相适应，总配电箱和开关箱中漏电保护器的极数和线数必须与其负荷侧负荷的相数和线数一致，还应注意开关箱内负荷隔离开关与漏电保护器的匹配问题。

4）配电箱内必须分设N线端子板和PE线端子板。保证端子数与进出线数保持一致。

5）箱内配线线径要与相应开关的负荷匹配。

6）工地常用的起重机、卷扬机等用电设备常紧急停车，因此必须在设备配电箱中设紧急开关以迅速及时地断开电源。

7）因工地用电设备的多样性要求，可适当放宽相应开关和保护电器的选择容量，以适应各种用电设备的需求。

8）配电箱中漏电保护器的额定漏电动作电流应大于30mA，额定漏电动作时间应大于0.1s。

3. 控制临时用电线缆的安装与敷设

（1）室外电缆线路应采用具有保护性能的带护套电缆，埋地、架空或穿管敷设，严禁沿地面明设，并应避免机械损伤和介质腐蚀；室内配线必须采用绝缘导线或电缆沿瓷瓶绝缘槽、穿管或钢索敷设；禁止将电源线直接绑在钢管等金属物上。

（2）电缆垂直敷设上下楼层不得与外脚手架相连，应充分利用在建工程的竖井、垂直空洞等，见表5-6。

脚手架与外电架空线路的边线之间最小安全操作距离　　　　　表5-6

外电线路电压	1kV以下	1～10kV	35～110kV	154～220kV	330～500kV
最小安全操作距离（m）	4	6	8	10	15

（3）电缆线尽量短且无接头。如一定要有，则须采取防止接头拉伸的加固措施，避免线路端子接头受力。

（4）线路的安全距离必须满足规范要求。如因受现场等原因限制达不到安全距离时，必须增设屏障、遮拦围栏或保护网，并做好接地等防护措施，悬挂醒目的警告标志牌。

（5）电缆芯线数应根据负荷及其控制电器的相数和线数确定：三相四线时，应选用五芯电缆；三相三线时，应选用四芯电缆；三相用电设备中配置有单相用电器具时，应选用五芯电缆；单相二线时，应选用三芯电缆。

4. 加强电气机械设备的使用和管理

建立和执行专人专机负责制，并定期检查和维修保养。电气机械设备必须按规定作保护接零，做到"一机、一闸、一漏、一箱"；手持电动工具的外壳、手柄、插头、开关、负荷线等必须完好无损，必须做定期的绝缘检查和空载检查。

5. 加强临时用电安全知识的培训和安全管理

（1）要加强对施工现场管理人员及现场电工的临时用电安全技术规范知识的学习培训，能熟悉标准，掌握标准，提高对安全用电的重视程度，并能更好地按标准进行作业和管理。

（2）建立职工入场安全培训制度，认真对进场施工工人进行三级安全教育，使之了解施工现场临时用电的基本安全知识，明白施工现场临时用电的使用和维护由专业电工负责，不能随意操作，乱拉乱接；对电气机械设备使用人员加强安全操作规程的学习，不违章作业。

（3）针对施工现场临时用电中常出现的通病问题进行重点学习，分析原因，找出解决办法，并制定对策及改进措施。

（4）施工现场应制定事故应急预案并设兼职急救人员，能对施工现场出现的触电、物体打击、机械伤害、高坠等可能出现的伤害在第一时间进行紧急处理，减轻人员的伤害程度。为抢救赢取宝贵的时间，防患未然。

（5）建立和完善临时用电管理安全责任制，对临时用电工程应按分部、分项工程进行定期检查。检查时应复查接地电阻值和绝缘电阻值。对安全隐患必须及时处理，并应履行复查验收手续，保证整改到位，及时消除安全隐患。

二、触电的救护

被电击的人能否获救，关键在于能否尽快脱离电源和实行正确的紧急救护。因此懂得触电急救的正确方法尤为重要，下面介绍触电急救的步骤。

1. 使触电者脱离电源

为使触电者脱离电源，应立即断开就近的电源开关。如果事故地点离电源开关太远，不能立即断开，救护人可用干燥的衣服、手套、绳索、木板、木棍等绝缘物作为工具，拉开触电者或挑开电线，使之脱离电源，万一触电者因抽筋而紧握电线，可用干燥的木柄斧、胶把钳等工具切断电源，或用干燥木板、干胶木板等绝缘物插入触电者下身，以隔断电源。

如果事故发生在高压设备上，为使触电者脱离电源，应立即通知有关部门停电；或者戴上绝缘手套、穿上绝缘靴，用相应电压登记的绝缘工具拉开开关或切断电线；或者用抛入裸体金属软线的方法使线路短路接地，迫使保护装置动作，切断电源。注意抛入金属软线前，必须先将软线的一段可靠接地，然后抛掷另一端，注意抛掷的一端切不可触及触电者和其他人。

注意救护人不可直接用手或其他金属及潮湿的物体作为救护工具，必须使用适当的绝缘工具。救护人最好用一只手操作，以防自己触电。另外，还要防止触电人脱离电源后可能摔伤。如果发生在夜间，应迅速解决临时照明问题，以利于抢救，避免扩大事故。

2. 脱离电源后的救护方法

触电者脱离电源后，应尽量在现场抢救，先救后搬。

如触电者还未失去知觉，曾一度昏迷，或触电时间较长，则应让他静卧、保持安静、在旁看护，并召请医生。

如触电者已失去知觉，但还有呼吸或心脏还在跳动，应使他舒适地静卧，解开衣服，让他闻些氨水，或在他身上洒些冷水，摩擦全身，使其发热。如天气寒冷，还应注意保温。同时，迅速请医生诊治。如发现呼吸困难，或逐渐衰弱，并有痉挛现象，则应立即进行人工氧合。

3. 人工氧合的基本方法

人工氧合包括人工呼吸和心脏挤压等两种方法。根据触电者的具体情况，这两种方法可以单独应用，也可以配合应用。

不论应用哪种方法，实行人工呼吸前，均应迅速将触电者身上妨碍呼吸的衣领、上衣、裤带等解开，并迅速将触电者口腔内的食物、假牙、血块、黏液等取出，使呼吸道畅通，同时千方百计将触电者口张开。

（1）人工呼吸

人工呼吸方法有俯卧压背法、俯卧牵臂法、口对口（鼻）式人工呼吸法三种。前两种方法都不如口对口（鼻）式人工呼吸效果好，而且不便于与心脏挤压同时进行，将被口对口（鼻）式人工呼吸法所取代。故我们这里只介绍口对口（鼻）式人工呼吸法的步骤。

1）使触电者仰卧，头部尽量后仰，鼻孔朝天，下颚尖部与前胸大体保持在一条水平线上。触电者颈部下方可以垫起，但不可在触电者头部下方放枕头或其他物品，以免堵塞呼吸道。

2）使触电者鼻孔或口紧闭，救护人每次深呼吸一口气后紧靠触电者的口或鼻向内吹气，为时约2s。

3）吹气完毕，立即离开触电者的口或鼻，并松开触电者的鼻孔或嘴唇，让他自行呼气，为时约3s。

4）如触电者系儿童，只可小口吹气，以免肺泡破裂。

5）如发现触电者胃部充气膨胀，可一面用手轻轻加压于其上腹部，一面继续吹气。

6）如果实在无法使触电者张开口，可用口对鼻人工呼吸法，如图5-11。

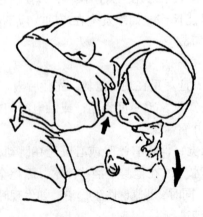

图5-11　人工呼吸图

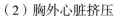

（2）胸外心脏挤压

如果触电者呼吸没有停止而心脏跳动停止了，则应进行心脏挤压。具体步骤如下：

1）使触电者仰卧在比较坚实的地或地板上，仰卧姿势同口对口（鼻）式人工呼吸的姿势。

2）救护人跪在触电者腰部一侧，或骑跪在他的身上，两手相叠，手掌根部放在心窝稍高一点的地方，即两乳头间略下一点，胸骨下 1/3 处。

3）掌根用力向下（脊背方向）挤压，压出心脏里面的血液。对成人应压陷 3 ~ 4cm；每秒挤压一次，每分钟挤压 60 次为宜。

4）挤压后掌根迅速全部放松，让触电者胸廓自动复原、血液充满心脏。放松时掌根不必完全离开胸廓。

5）如触电者系儿童，只用单手挤压，用力要轻一些，以免损伤胸骨。而且每分钟挤压 100 次左右。

如图 5-12、图 5-13 所示。

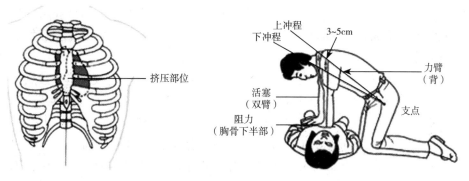

图 5-12　胸外挤压部位　　　　　图 5-13　胸外心脏挤压方法

（3）综合法

心脏跳动和呼吸是相互联系的。心脏跳动停止了，呼吸很快就会停止；呼吸停止了，心脏跳动也维持不了多久。一旦心脏跳动和呼吸都停止了，则应同时进行口对口（鼻）式人工呼吸和胸外心脏挤压。每吹气 2 ~ 3 次，再挤压 10 ~ 15 次。

急救过程中，如果触点者身上出线尸斑或身体僵硬，经医生作出无法救活的诊断后方可停止人工氧合。

三、电气火灾与防火措施

1. 电气火灾的特点

电气设备和电力线路的火灾，比较多的是由于短路、超负荷运行和接触电阻过大等原因造成的，火灾发生后，燃烧猛烈，火势蔓延快，并会发出强烈耀眼的弧光，有可能带电，很可能发生触电事故。有的电气设备在高温和电弧的作用下会发生爆炸，还会引起绝缘油外溢或飞溅，使火势在短时间内蔓延扩大，增加扑救火灾的难度。

2. 电气火灾的主要原因

（1）电气线路的火灾

1）导线超负荷：导线截面选择不当，实际负荷超过了导线的安全长期允许载流量；线路中接入了功率过大的电气设备，超过了配电线路的负载能力；线路上未设置过负荷保护或保护装置失灵。

2）短路：使用的导线没有按具体环境条件选择，使导线的绝缘层受高温、潮湿或腐蚀等作用的影响而失去绝缘能力；线路年久失修，绝缘层老化或受损，使线芯裸露；线路过电压，导线绝缘层被击穿；安装、维修人员错接线路或带电作业时人为造成相对地和相间短路；导线机械强度不够，使导线断落相对地，造成短路等。

3）接触电阻过大：安装质量差导致导线与导线、导线与电气设备衔接点连接不紧密；导线的连接处有杂质（氧化物、油污等）；连接点由于长期振动或冷热变化，使导线连接点松动；铜铝过渡连接时，由于接头处理不当使接触电阻增大。

4）漏电：导线由于使用年份过长，绝缘强度减弱、陈旧老化而漏电；导线受潮、高温、腐蚀而降低绝缘强度被电流击穿漏电；在安装或检修过程中，不慎损伤导线绝缘层或用电设备的对地绝缘损坏等造成漏电。

（2）照明灯具的火灾

1）碘钨灯高温热辐射烤着可燃物。

2）白炽灯引燃可燃物。

3）镇流器过热着火。

4）投光灯等变压器过热着火。

（3）电动机的火灾

1）电机选型不当，在火灾爆炸危险场所选用了普通电动机，当发生故障，电机产生高温电弧或电火花，就会引燃可燃物。

2）过载：过载时会出现电动机振动、转速下降、发热、声音异常等，严重过载时，将烧毁电动机，发生火灾。

3）接触不良：电动机绕组的各个接点或引出线接点连接不紧密，松动打火，引起火灾。

4）机械磨损：轴承磨损出现局部过热升温，周围有可燃气体将引发火灾。

5）缺相运行：带有负载的三相电动机发生缺相运行，时间过长会烧毁电动机，甚至引发火灾。

6）绝缘损坏：电动机绕组导线绝缘老化、受损或遭受雷击等，造成相间或相对地短路，将引发火灾。

（4）电热设备的火灾

1）电炉的电源线型号选用不当，接触不良，热元件损坏或短路等，造成导线过热着火。

2）电烘箱电源线接触不良，松动打火，引燃周围可燃物起火。

3）普通电阻加热器的密封不良或绝缘损坏，炉口和炉壁出现高温，引燃附近可燃物。

（5）电气焊的火灾

1）电焊设备和线路产生危险的热量，温度超过正常范围有可能生产火灾。

2）在焊接和切割作业中，带有高度和热量的电火花、电弧、熔渣，容易点燃周围可燃物着火。

3）焊接作业中，由于高温热的传导，因焊接点转移到附近相接触的可燃构件或物体上引起火灾。

（6）雷击火灾

雷击时，有强大的电流通过雷通道，产生的电火花或电流使金属物体迅速发热，引起着火；产生的冲击电压使电气设备绝缘损坏，引起短路起火。

3. 电气火灾的防范

（1）电气线路的火灾防范

1）电气线路的路径选择必须合理，导线类型与环境条件相适应。

2）导线接头连接应牢固、可靠、绝缘，包缠应符合规定。

3）导线截面选择应科学，必须经负荷计算和检验确定。

4）加大定期检查和维护工作，发现有线路老化、接头发热、导线绝缘降低，及时解决。

（2）照明灯具的火灾防范

1）照明灯具与可燃物应符合规定，不得直接照射易燃物。

2）碘钨灯的灯管附近的导线应采用玻璃丝、石棉、瓷管等耐热绝缘材料制成的护套。

3）严禁用可燃物遮挡灯具，灯具的正下方不得堆放可燃物。

4）镇流器、变压器等高热器件在安装时，应注意通风散热，不得直接固定在可燃物上。

（3）电动机的火灾防范

1）电动机的类型应根据其具体的工作环境条件来确定。

2）电动机的功率选择与确定应和其负荷情况相适应。

3）电动机应安装在非燃烧材料的基础上，周围不得堆放可燃物。

4）电动机应安装合适的保护装置。

5）加强运行中电动机的监视，防止电动机缺相和欠压运行。

（4）电热设备的火灾防范

1）电热设备设专人管理，在停电、工作结束或工作人员离开时，应切断电源。

2）电热设备应接地良好，周围不得堆可燃物。

（5）电气焊的火灾防范

1）施焊现场 10m 范围内及下方，不得堆放易燃、易爆物品。

2）电焊机放置的位置，应有良好通风措施。

3）电焊机外壳应有良好接地保护，开关箱内应装设保护装置。

4）坚持动火审批手续，同时配置必要的灭火器材，加强焊接场所的管理。

5）焊割作业结束后，应仔细检查工作场所下方是否留下火种，确认无隐患后，方可离开现场。

四、施工用电中常见安全隐患及消除方法

在施工现场临时用电方面，由于管理制度不完善、人员素质不高、抢进度等原因，使得现场用电不够规范，存在着许多安全隐患。根据现场情况分析通常有以下几个方面。

（1）电箱开关箱内零线与接地线合并。消除方法：零线端子与接地线端子要严格分开，且铜鼻子外露部分应用绝缘胶布包好。

（2）电箱、设备等的接地不规范，接地桩材料及规格不符合要求，埋深不够。消除方法：接地体可用 50mm×5mm 角钢或 $DN50mm$ 钢管，长度为 2.5m，不得使用螺纹钢。每组两根接地体之间距离不得小于 2.5m，埋地深度不得小于 0.6m。

（3）总配电箱电源进线没有分色，也没有标相位。消除方法：配线应分色（包括配电箱内连线），相线 L_1（A）为黄色，L_2（B）为绿色，L_3（C）为红色，工

作零线 N 为黑色，保护零线 PE 为黄/绿双色。

（4）水泵、手持电动工具等的专用三级箱内漏电保护器选型为 30mA。消除方法：水泵、手持电动工具等额定漏电保护动作电流不得大于 15mA。

（5）瓷插式保险丝、刀开关内保险丝采用铜丝。消除方法：熔断丝严禁用铜丝或其他金属丝代替使用（包括电闸）。如果保险丝没有合适的规格，要用铜丝或其他金属丝代替使用，必须通过严格的科学计算，计算书要经过有关部门审批通过方可使用。但一般不允许这样做。

（6）楼层配电箱配备不规范。消除方法：楼层配电箱一般根据需要每三层安装一只或几只，电源进线可穿管引入，也可用绝缘架空引入。楼层配电箱分为照明和动力配电箱，它们之间必须分开。

（7）四级漏电保护器零线没有进入。消除方法：施工现场有些设备不用保护接零，但零线还是必须接入的，具体接法如图 5-14。

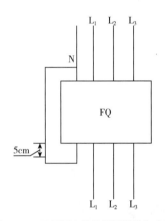

图 5-14　四级漏电保护器零线接入方法

（8）二相设备等用三级漏电保护器，两进两出。消除方法：用三级漏电保护器，如果两进两出，则漏电保护器是不会动作的。进线端 L_1、L_2、L_3 三相电均必须接入，出线端可任选二相引出。

（9）配电箱内明显断开点概念不清楚。消除方法：决不允许将瓷插、空气开关、漏电保护器等用肉眼无法直接观察到是否断开的器具作为明显断开点使用。要用例如刀开关类型的器具作为明显断开点使用。

（10）施工现场常见"两头线"接入插座。消除方法：所谓"两头线"是指不使用插头而直接将线头插入插座孔。这样是绝对不允许的，必须将插头装好，用插头插入插座孔。

第六章

安全防护

所谓安全，就是没有危险、不受侵害、不出事故；所谓防护，就是防备、戒备，而防备是指做好准备以应付攻击或避免受害，戒备是指防备和保护。做好准备和保护，以应付攻击或者避免受害，从而使被保护对象处于没有危险、不受侵害、不出现事故的安全状态。安全是目的，防护是手段，通过防范的手段达到或实现安全的目的，就是安全防护的基本内涵。

第一节　防护措施

一、事故类型及主要防护措施

1. 高处坠落事故

诱因：

（1）临边作业、洞口作业、攀登作业、悬空作业、操作平台等临边防护不符合《建筑施工高处作业安全技术规范》JGJ 80–1991 要求。

（2）未按规定使用合格的安全防护"三宝"。

（3）人工挖孔桩施工作业时未设置专用爬梯（绳）或脚蹬孔。

（4）脚手架搭设时，未搭设斜道、跑道或阶梯供作业人员上下。

防范措施：

（1）加强作业人员安全培训教育，认真学习和执行《建筑施工高处作业安全技术规范》JGJ 80-1991，提高安全意识和自我保护能力。

（2）严格贯彻执行《建筑工程预防高处坠落事故若干规定》（建质〔2003〕82 号）的规定，结合施工组织设计。

（3）根据工程特点编制预防高处坠落事故的专项施工方案，并组织实施。

（4）加强职工遵章守纪教育，严格遵守安全操作规程，杜绝违章作业，克服习惯性违章。

（5）正确使用安全防护"三宝"及个人防护用品。

（6）正确的临边洞口防护要求：

1）预留洞口的防护

预留洞口防护设施宜采用定型化、工具化制作，并考虑可除卸、再利用。

边长度在 25 ~ 200mm 的水平洞口（图 6-1），应设置盖件，四周搁置均衡，盖件 18mm 厚木胶合板用铁钉固定，面层刷红白相间的警示油漆，间距 200mm 角度 45°。

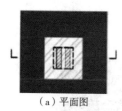  

（a）平面图　　　　　　　（b）剖面图　　　　　　　（c）三维效果图

图 6-1　边长度在 25 ~ 200mm 的水平洞口

边长度在 200 ~ 500mm 的水平洞口（图 6-2），可利用钢筋混凝土板内钢筋贯通构成防护网，网格小于 200mm，洞口盖 18mm 厚木胶合板，用 φ8 膨胀螺栓固定，面层刷红白相间的警示油漆，间距 200mm 角度 45°。

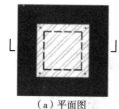 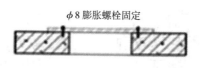 

（a）平面图　　　　　　（b）剖面图 1-1　　　　　　（c）三维效果图

图 6-2　边长度在 200 ~ 500mm 的水平洞口

边长度在 500 ~ 1500mm 的水平洞口（图 6-3），洞口上部铺设木枋（立放）间距 400mm，上盖 18mm 厚木胶合板用铁钉固定，面层刷红白相间的警示油漆，间距 200mm 角度 45°。洞口周边设置钢管防护栏杆，防护栏杆的水平杆及立杆刷间距 400mm 红白油漆，所有水平杆控制伸出立杆 100mm。

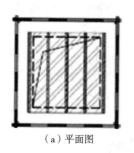 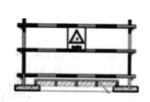 

（a）平面图　　　　　　（b）剖面图　　　　　　（c）三维效果图

图 6-3　边长度在 500 ~ 1500mm 的水平洞口

边长度在 1500mm 以上的水平洞口（图 6-4），洞口周边设置

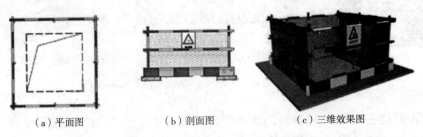

（a）平面图　　　　　　（b）剖面图　　　　　　（c）三维效果图

图 6-4　边长度在 1500mm 以上的水平洞口

平屋面、阳台边、楼层临边防护及预留洞口防护示意见图 6-5、图 6-6。

图 6-5　预留洞口防护示例（一）　　　　图 6-6　预留洞口防护示例（二）

2）楼梯口的防护

楼梯口和楼梯临边（图 6-7），应在 1.2m、0.6m 高处及底部设置 3 道防护栏杆，杆件内侧张挂密目式安全网。栏杆应有固定措施防止移动，防护栏杆转角部位宜采用工具式防护栏杆。防护栏杆涂刷红白相间油漆。

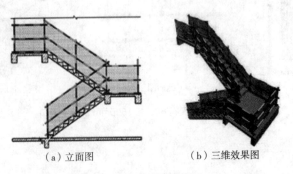

（a）立面图　　　　　　　　（b）三维效果图

图 6-7　楼梯边防护示例图（一）

（c）实例图

图 6-7　楼梯边防护示例图（二）

3）电梯井、竖向洞口的防护

电梯井口应设定型化、工具化的可开启式安全防护栅门，安全防护栅门高度不低于 1.8m，其中底部 1800mm 为踢脚板，门离地高度不大于 50mm，门应上翻或外开。电梯井口防护示例见图 6-8 ～图 6-11。

图 6-8　电梯井口防护门示例图

电梯井内应每层（不大于 10m）拉设一道安全平网或采用硬质材料隔离。当采用硬质材料隔离时，应封闭严密牢固。当隔离措施采用钢管落地式满堂架且高度大于 24m 时应采用双立杆。

电梯井口的防护设施应形成定型化、工具化，牢固可靠，防护栏杆涂刷黄黑相间油漆。

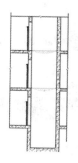

图 6-9　电梯井口防护（硬质）　　　图 6-10　电梯井口防护（安全网）

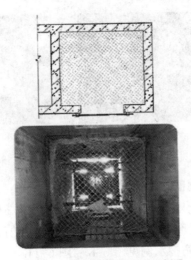

图 6-11　电梯井口安全网防护示例图

4）楼层临边的防护

楼层、阳台、屋层等临边应设置 1.2m、0.6m 高处及底部设置 3 道防护栏杆，杆件内侧张挂密目式安全网。防护栏杆转角部位宜采用工具式防护栏杆。防护栏杆涂刷红白相间油漆。栏杆应与建筑物固定拉结，防止移动确保防护设施安全可靠。具体见图 6-12。

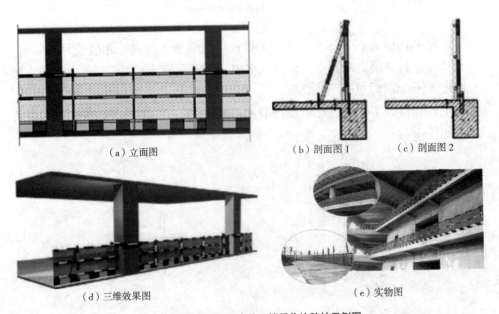

（a）立面图　　（b）剖面图 1　　（c）剖面图 2

（d）三维效果图　　（e）实物图

图 6-12　平屋面、阳台边、楼层临边防护示例图

5）基坑临边的防护

基坑施工必须进行临边安全防护，应采用 1.2m 高 3 道栏杆式防护，并采用密目式安全网做封闭式防护，临边防护栏杆离基坑边口的距离不应小于 500mm。见图 6-13。

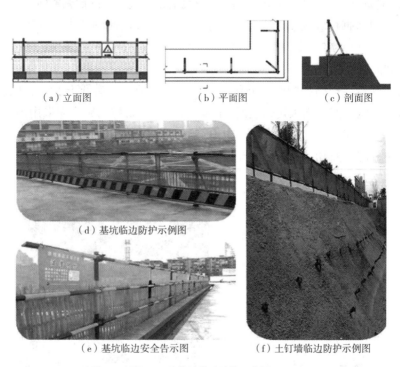

（a）立面图 （b）平面图 （c）剖面图

（d）基坑临边防护示例图

（e）基坑临边安全告示图 （f）土钉墙临边防护示例图

图 6-13 基坑临边防护示意图

6）施工升降机及卸料平台见图 6-14。

（a）施工升降机平台图 （b）施工升降机进出平台图

图 6-14 施工升降机示意图

7）防护

施工升降机地面进料口必须设置防护栅及防护通道，楼层卸料平台搭设前应编制专项施工方案，对搭设高度超过24m的，应采取措施进行卸荷。楼层卸料平台应单独搭设，严禁与外架连接。每层搭设高度不得小于2m，平台两侧均应设置2道防护栏杆，栏杆高度1.2m，其中底部设置高200mm厚18mm挡脚板，防护栏杆和挡脚板应涂刷红白相间警示油漆，立杆内侧满挂安全密目网，楼层卸料平台必须厚实牢固，铺设严密，并设防护条，平台板宜采用大于40mm厚的木板和防滑钢板。

楼层卸料平台防护门应定型化、工具化。防护门不应低于1.8m，门面板应采用钢板或钢板网。当采用钢板时，上部应有视孔，防护门锁止应采用插销形式，插销应安装在层门外侧，并有防止外开装置。

施工升降机及卸料平台防护示意见图6-15。

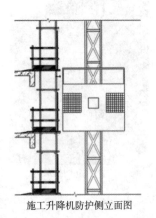 

施工升降机防护侧立面图　　　　　卸料平台防护示例图

图6-15　施工升降机及卸料平台防护示意图

应急处置：

（1）抢救受伤害者。

（2）检查事故现场，消除隐患，疏散无关人员，防止事故后续发生。

（3）设立警戒线，保护事故现场，若为抢救受伤害者需要移动现场某些物体时，必须作好现场标志。

（4）立即报告。

2.物体打击事故

诱因：

（1）重叠作业、垂直交叉作业、高处作业下方未按规定架设合格的安全网或未安装安全防护层。

（2）人工挖孔桩开挖临边防护不符合规定，桩基内未设避险孔或避险棚。

（3）用脚手架钢管加扣件，搭设吊篮架；吊索、吊钩、吊篮等损坏。

（4）作业平台临边未设置18cm高的挡脚板。

（5）隧道内施工未按规定顶撑或固壁支护，未执行班班"敲帮问顶"等安全操作规程。

防范措施：

（1）加强职工安全培训教育，提高安全意识和自我保护能力，杜绝违章作业。

（2）加强有关规范、标准的学习，在作业过程中，严格按规范、标准的规定执行。

（3）加强职工自觉遵章守纪教育，严格执行各项安全操作规程，克服习惯性违章。

（4）正确使用安全"三宝"及个体防护用品。

（5）正确设置并按规定架设合格的安全网和安全防护棚。

1）通道口的防护

进入建筑物主体通道口应搭设防护棚，两端各应长出1m，进深尺寸应符合高处作业安全防护范围。

坠落半径（R）分别为：当坠落物高度为2~5m时，R为3m；当坠落物高度为5~15m时，R为4m；当坠落物高度为15~30m时，R为5m；当坠落物高度大于30m时，R为6m。场内（外）道路边线与建筑物（或外脚手架）边缘距离分别小于坠落半径的，应搭设安全通道棚。安全通道净空高度和宽度应根据通道所处坠落半径及人、车通行要求确定，高度一般不低于3.5m，宽度一般不小于3m。

安全通道防护棚进口两侧可搭设钢管立柱，张挂安全警示标志牌和安全宣传标语（图6-16）。

图6-16 安全通道实例图

安全通道防护棚应严密铺设双层正交竹串片脚手片或双层正交 18mm 木模板的水平硬质防护，层间距离不得 600mm，同时应在顶层设置防护栏杆，高度为 1200mm，两道水平杆，栏杆涂刷警示油漆，除人口处外其余三面应进行隔离防护或满挂密目安全网（图 6-17）。

图 6-17　安全通道防护示例图

2）工棚的防护

施工现场所有加工工棚及机具设备均应搭设防护棚，在塔吊覆盖区域范围内的加工棚还应设置双层防护，双层防护的做法同"通道口的防护"（图 6-18、图 6-19）。

图 6-18　施工电梯外防护棚示例图　　　图 6-19　施工机具工棚防护示例图

应急处置：

（1）抢救受伤害者。

（2）检查事故现场，消除隐患，疏散无关人员，防止事故后续发生。

（3）设立警戒线，保护事故现场，若为抢救受伤害者需要移动现场某些物体时，必须做好现场标志。

（4）立即报告。

3. 坍塌事故

诱因：

（1）高切坡、深开挖、高填方、隧道开挖等土石方施工、模板支撑、搭设脚手架、搭设临时建筑物及制作钢筋笼等作业过程中，未按建筑施工安全技术标准、规范编制施工方案，制定专项安全技术措施或方案。

（2）安全防护设施费用投入不足，随意简化安全防护措施。

（3）施工作业人员缺乏安全意识和自我保护能力，冒险蛮干。

（4）土方开挖渣土堆置距离、高度不符合基础施工安全规定。

防范措施：

（1）认真学习标准、规范，按标准、规范编制施工方案，制定专项安全技术措施，认真进行安全技术交底，并组织实施。

（2）加在安全防护设施经费投入，认真加强安全防护。

（3）认真贯彻执行《建筑工程预防坍塌事故若干规定》（建质〔2003〕82号）的各项规定。

（4）加强职工安全培训教育，提高安全意识和自我保护能力，自觉的遵章守纪，克服习惯性违章。

应急处置：

（1）抢救受伤害者，若自身力量不够，应向外部请求支援。

（2）检查事故现场，消除隐患，疏散无关人员，防止事故后续发生。

（3）设立警戒线，保护事故现场，若为抢救受伤害者需要移动现场某些物体时，必须作好现场标志。

（4）立即报告。

4. 触电事故

诱因：

（1）施工现场用电未执行《施工现场临时用电安全技术规范》JGJ 46-2005；未执行三级配电、两级保护；电工作业人员违反安全操作规程，习惯性违章。

（2）施工现场作业人员安全意识差，在使用过程中随意损坏供电线路、开关、插针、插座等。

（3）线路破损老化，违反规定架设；漏电保护装置失灵；电工作业人员未执行每班巡查、维修的规定。

防范措施：

（1）加强电工作业人员的安全培训教育，经专业安全技术理论考核和实际操作技能考核合格，持证上岗。

（2）加强标准、规范的学习，自觉遵章守纪，坚持日常巡查维修，克服习惯性违章。

（3）加强施工现场作业人员的安全教育，提高安全意识和自我保护能力，爱护用电设施。

应急处置：

（1）切断电源，消除险情。

（2）将触电者放在木板上实施应急施救或送医院抢救。

（3）设立警戒线，保护事故现场（包括供电设施），移动现场物品时，必须作好现场标志。

（4）立即报告。

5. 机械伤害事故

诱因：

（1）由于施工机械流动性大，作业环境恶劣，灰尘大，润滑条件差，易磨损、腐蚀、疲劳、安装频繁和不合理，运行管理不正常，维护检修不及时，超负荷或带"病"运行。

（2）操作人员违反安全操作规程，执行《建筑机械使用安全技术规程》JGJ 33-2012不力。

防范措施：

（1）认真贯彻执行《建筑机械使用安全技术规程》JGJ 33-2012和住房和城乡建设部、各地市主管部门的监督管理规定。

（2）加强维修保养，确保机械运行正常。

（3）加强作业人员（安装人员）的安全培训教育；需持证上岗的人员，经专业培训考核合格，持证上岗。

（4）严格遵守各项安全操作规程。

应急处置：

（1）抢救受伤害者，疏散无关人员。

（2）用电机械切断电源，燃油机械切断燃油供应，消除二次事故隐患，防止火灾爆炸等其他事故的发生。

（3）设立警戒线，保护事故现场。凡与事故有关的物体、痕迹、状态不得破坏，若为抢救受伤害者需要移动现场某些物体时，必须做好现场标志。

（4）立即报告。施工现场立即报告企业负责人或企业安全管理热能部门；若行走机械在国家公路上发生事故，在向企业报告的同时，还必须立即报告辖区交警部门；若特种设备发生事故，还应向特种设备安全监督管理部门报告。

6. 火灾、爆炸事故

诱因：

（1）用电线路老化、搭铁、断路或超负荷，违章使用电炉，违章用电等。

（2）电焊（切割）作业时，违反安全操作规程；氧气瓶、乙炔瓶使用、存放时未保持5m以上的安全距离，与明火距离不足10m，又无隔离措施；乙炔瓶倒放；夏天气瓶在太阳下曝晒；气瓶无防振圈、无安全罩；气瓶存放库房照明未使用防爆灯等。

（3）燃油、油漆、化学原料等易燃物品违规存储，存储设施不符合安全规定，存储地照明未使用防爆灯，违规吸烟等。

（4）民用爆炸物品违反管理规定。

（5）沥青生产过程中温度超高。

（6）施工现场违规动火、宿舍明火取暖、使用大功率电器及卧床吸烟等。

防范措施：

（1）加强作业人员的培训教育，经专业安全技术理论考核和实际操作技能考核合格，持证上岗。

（2）加强标准、规范的学习，严格遵守安全操作规程。

（3）加强现场施工人员的安全教育，提高安全意识和自我保护能力，自觉遵章守纪，杜绝违章作业，克服习惯性违章。

（4）增加消防设施的投入，认真落实各项防火措施。

应急处置：

（1）抢救受伤害者，疏散人员。

（2）利用现场自有救援器材组织自救，并根据现场具体情况，立即电话向"120"、"119"或"110"请求救援；在请求救援时，应将着火（爆炸）单位、地点、燃烧（爆炸）物质和数量、伤亡人数等告知。

第二节　劳动防护用品类别、相关标准及发放要求

一、劳动防护用品的基本概念

劳动防护用品是指保护劳动者在生产过程中的人身安全与健康所必备的一

种防御性装备，对于减少职业危害起着相当重要的作用。

二、劳动防护用品的种类和质量要求

1. 按功能分类

（1）传递给人体的能量造成急性伤害的防护方式：

1）势能转变为动能时，通过介质来吸收和缓冲的防护方式，如安全帽、安全带等。

2）电能的绝缘防护，如绝缘手套。

3）利用试剂将急性有害的化学能变为无害的防护方式，如急性有害气体的防毒面具。

4）给操作人员输送新鲜空气的防护方式，如各种防毒面具。

5）飞来物体和落体的防护，如安全帽、防护镜等。

（2）传递给人体的能量造成慢性伤害的防护方式：

1）消除化学能的防护，如防护全身的防护服。

2）吸收、降低噪声能量，如耳塞。

3）辐射热能的屏蔽，如高温防护服。

4）放射线的屏蔽，如防紫外线的遮光镜。

2. 按人体生理部位分类

（1）头部防护：塑料安全帽，V形安全帽，竹编安全帽，矿工安全帽。

（2）面部防护：头戴式电焊面罩、防酸有机面罩类面罩、防高温面罩。

（3）眼睛防护：防尘眼镜，防酸眼镜，防飞溅眼镜，防紫外线眼镜。

（4）呼吸道防护：防毒口罩，防毒面具，防尘口罩，氧（空）气呼吸器。

（5）听力防护：防噪声耳塞，护耳罩，噪声阻抗器。

（6）手部防护：绝缘手套，耐酸碱手套，耐油手套，医用手套，皮手套，浸塑手套，帆布手套，棉纱手套，防静电手套，耐高温手套，防割手套。

（7）脚部防护：工矿靴，绝缘靴，耐酸碱靴，安全皮鞋，防砸皮鞋，耐油鞋。

（8）身躯防护：耐酸围裙，防尘围裙，工作服，雨衣，太阳伞。

（9）高空安全防护：高空悬挂安全带、电工安全带、安全绳、踩板、密目网。

3. 按防护用途分类

防尘用品、防毒用品、防酸碱制品、耐油制品、绝缘用品、耐高温辐射用品、防噪声用品、防冲击用品、防放射性用品、防水用品、涉水作业用品、高处作业用品、防微波和激光辐射用品、防机械外伤和脏污用品、防寒用品、农业作业用品等。

如表 6-1 所示为特种劳动防护用品、安全标志产品及相关标准。

特种劳动防护用品、安全标志产品及相关标准 表6-1

序号	产品单元	产品标准	相关标准
1	安全帽	《安全帽》GB 2811-2007	《安全帽测试方法》GB/T 2812-2006
2	安全带	《安全带》GB 6095-2009	《安全带测试方法》GB/T 6096-2009 《人造气氛腐蚀试验 盐雾试验》GB/T 10125-2012 《纺织品 燃烧性能试验 垂直法》GB 5455-1997
3	座板式单人吊具	《座板式单人吊具悬吊作业安全技术规范》GB 23525-2009	《安全带测试方法》GB/T 6096-2009
4	自锁器	《坠落防护 带刚性导轨的自锁器》GB 24542-2009 《坠落防护 带柔性导轨的自锁器》GB/T 24537-2009	《安全带测试方法》GB/T 6096-2009 《人造气氛腐蚀试验 盐雾试验》GB/T 10125-2012 《梯子 第1部分：术语、型式和功能尺寸》GB/T 17889.1-2012 《梯子 第2部分：要求、试验和标志》GB/T 17889.2-2012 《坠落防护 安全绳》GB 24543-2009 《坠落防护 缓冲器》GB/T 24538-2009 《坠落防护 连接器》GB/T 23469-2009
5	速差自控器	《坠落防护 速差自控器》GB 24544-2009	《安全带测试方法》GB/T 6096-2009 《人造气氛腐蚀试验 盐雾试验》GB/T 10125-2012 《坠落防护 安全绳》GB 24543-2009 《坠落防护 缓冲器》GB/T 24538-2009
6	安全网	《安全网》GB 5725-2009	《人造气氛腐蚀试验 盐雾试验》（密目式安全立网）GB/T 10125-2012 《纺织品 燃烧性能试验 垂直法》GB 5455-1997 《绳索 有关物理和机械性能的测定》GB/T 8834-2006 《机械工业产品用塑料、涂料、橡胶材料人工气候老化测试方法 荧光紫外灯》（平、立网）GB/T 14522-2008
7	焊接眼面部防护具	《职业眼面部防护 焊接防护第1部分：焊接防护具》GB/T 3609.1-2008	《包装储运图示标志》GB/T 191-2008 《成年人头面部尺寸》GB/T 2428-1998 《个人用眼护具技术要求》GB 14866-2006
8	防冲击眼护具	《个人用眼护具技术要求》GB 14866-2006	《包装储运图示标志》GB/T 191-2008 《成年人头面部尺寸》GB/T 2428-1998

序号	产品单元	产品标准	相关标准
9	阻燃服	《防护服装 阻燃防护 第1部分：阻燃服》GB 8965.1–2009	《纺织品 色牢度试验 评定变色用灰色样卡》GB/T 250–2008 《纺织品 甲醛的测定 第1部分：游离和水解》GB/T 2912.1–2009 《纺织品 卷装纱 单根纱线断裂强力和断裂伸长率的测定CRE法》GB/T 3916–2013 《纺织品 织物撕破性能 第3部分：梯形试样撕破强力的测定》GB/T 3917.3–2009 《纺织品 色牢度试验 耐摩擦色牢度》GB/T 3920–2008 《纺织品 色牢度试验 耐皂洗色牢度》GB/T 3921–2008 《纺织品 色牢度试验 耐汗渍色牢度》GB/T 3922–2013 《纺织品 织物拉伸性能 第1部分：断裂强力和断裂伸长率的测定（条样法）》GB/T 3923.1–2013 《纺织品 织物起毛起球性能的测定 第1部分：圆轨迹法》GB/T 4802.1–2008 《消费品使用说明 第4部分：纺织品和服装》GB 5296.4–2012 《纺织品 燃烧性能试验 垂直法》GB/T 5455–1997 《纺织品 色牢度试验 耐水色牢度》GB/T 5713–2013 《纺织品 水萃取液pH值的测定》GB/T 7573–2009 《纺织品 测定尺寸变化的试验中织物试样和服装的准备、标记及测量》GB/T 8628–2013 《纺织品 试验用家庭洗涤和干燥程序》GB/T 8629–2001 《纺织品 洗涤和干燥后尺寸变化的测定》GB/T 8630–2013 《洗衣粉（含磷型）》GB/T 13171.1–2009 《洗衣粉（无磷型）》GB/T 13171.2–2009 《劳动防护服号型》GB/T 13640–2008 《纺织品 织物透湿性试验方法 第1部分：吸湿法》GB/T 12704.1–2009 《个体防护装备术语》GB/T 12903–2008 《阻燃织物》GB/T 17591–2006 《纺织品 织物燃烧试验前的商业洗涤程序》GB/T 17596–1998 《纺织品 弯曲性能的测定 第1部分：斜面法》GB/T 18318.1–2009 《国家纺织产品基本安全技术规范》GB 18401–2010 《职业用高可视性警示服》GB 20653–2006 《单、夹服装》FZ/T 81007–2012

续表

序号	产品单元	产品标准	相关标准
10	防静电服	《防静电服》GB 12014-2009	《纺织品　甲醛的测定　第1部分：游离和水解》GB/T 2912.1-2009 《纺织品　色牢度试验　耐摩擦色牢度》GB/T 3920-2008 《纺织品　织物拉伸性能　第1部分：断裂强力和断裂伸长率的测定（条样法）》GB/T 3923.1-2013 《家用和类似用途电动洗衣机》GB/T 4288-2008 《纺织品　织物透气性的测定》GB/T 5453-1997 《纺织品　色牢度试验　耐水色牢度》GB/T 5713-2013 《纺织品　色牢度试验　聚丙烯腈标准贴衬织物规格》GB/T 7568.5-2002 《纺织品　水萃取液pH值的测定》GB/T 7573-2009 《纺织品　色牢度试验　耐人造光色牢度：氙弧》GB/T 8427-2008 《纺织品　测定尺寸变化的试验中织物试样和服装的准备、标记及测量》GB/T 8628-2013 《纺织品　试验用家庭洗涤和干燥程序》GB/T 8629-2001 《纺织品　洗涤和干燥后尺寸变化的测定》GB/T 8630-2013 《劳动防护服号型》GB/T 13640-2008
11	防静电毛针织服	《防护服装　防静电毛针织服》GB/T 23464-2009	《服装号型　男子》GB/T 1335.1-2008 《服装号型　女子》GB/T 1335.2-2008 《纺织品　定量化学分析　第4部分：某些蛋白质纤维与某些其他纤维的混合物（次氯酸盐法）》GB/T 2910.4-2009 《纺织品　甲醛的测定　第1部分：游离和水解》GB/T 2912.1-2009 《纺织品　色牢度试验　耐摩擦色牢度》GB/T 3920-2008 《纺织品　色牢度试验　耐皂洗色牢度》GB/T 3921-2008 《纺织品　色牢度试验　耐汗渍色牢度》GB/T 3922-2013 《家用和类似用途电动洗衣机》GB/T 4288-2008 《纺织品　织物起毛起球性能的测定　第3部分：起球箱法》GB/T 4802.3-2008 《消费品使用说明　第4部分：纺织品和服装》GB 5296.4-2012 《纺织品　水萃取液pH值的测定》GB/T 7573-2009 《纺织品　织物胀破性能　第1部分：胀破强力和胀破扩张度的测定　液压法》GB/T 7742.1-2005 《防静电服》GB 12014-2009 《针织上衣腋下接缝强力试验方法》FZ/T 70007-1999 《毛纺织产品经洗涤后的松弛尺寸变化率及毡化尺寸变化率试验方法》FZ/T 70009-2012

序号	产品单元	产品标准	相关标准
12	酸碱类化学品防护服	《防护服装 酸碱类化学品防护服》GB 24540-2009	《纺织品甲醛的测定第1部分：游离和水解》GB/T 2912.1-2009 《纺织品 织物撕破性能 第3部分：梯形试样撕破强力的测定》GB/T 3917.3-2009 《纺织品 色牢度试验 耐摩擦色牢度》GB/T 3920-2008 《纺织品 织物拉伸性能 第1部分：断裂强力和断裂伸长率的测定（条样法）》GB/T 3923.1-2003 《家用和类似用途电动洗衣机》GB/T 4288-2008 《纺织品 水萃取液pH值的测定》GB/T 7573-2002 《橡胶或塑料涂覆织物 耐屈挠破坏性的测定》GB/T 12586-2003 《个体防护装备术语》GB/T 12903-2008 《劳动防护服号型》GB/T 13640-2008 《防护服装 机械性能 抗刺穿性的测定》GB/T 20655-2006 《耐酸（碱）手套》AQ 6102-2007 《橡胶或塑料涂覆织物 拉伸强度和扯断伸长率的测定》HG/T 2580-1994
13	防静电鞋（靴）	《个体防护装备职业鞋》GB 21146-2007 《个体防护装备防护鞋》GB 21147-2007 （带防护包头） 《个体防护装备安全鞋》GB 21148-2007 （带安全包头）	《滚动轴承 钢球》GB/T 308-2002 《硫化橡胶或热塑性橡胶 拉伸应力应变性能的测定》GB/T 528-2009 《硫化橡胶或热塑性橡胶撕裂强度的测定（裤形、直角形和新月形试样）》GB/T 529-2008 《硫化橡胶或热塑性橡胶 耐液体试验方法》GB/T 1690-2010 《橡胶物理试验方法试样制备和调节通用程序》GB/T 2941—2006 《分析实验室用水规格和试验方法》GB/T 6682-2008 《硫化橡胶或热塑性橡胶耐磨性能的测定（旋转辊筒式磨耗机法）》GB/T 9867-2008 《个体防护装备 鞋的测试方法》GB/T 20991-2007 《橡胶或塑料涂覆织物 耐撕裂性能的测定 第1部分：恒速撕裂法》HG/T 2581.1-2009 《皮革化学、物理、机械和色牢度试验取样部位》（皮鞋）QB/T 2706-2005 《皮革 物理和机械试验 抗张强度和伸长率的测定》（皮鞋）QB/T 2710-2005 《皮革 物理和机械试验 撕裂力的测定：双边撕裂》（皮鞋）QB/T 2711-2005 《皮革 化学试验样品的准备》（皮鞋）QB/T 2716-2005 《皮革 化学试验 pH的测定》（皮鞋）QB/T 2724-2005

右上角：续表

序号	产品单元	产品标准	相关标准
14	导电鞋（靴）	《个体防护装备职业鞋》GB 21146－2007 《个体防护装备防护鞋》GB 21147－2007 《个体防护装备安全鞋》GB 21148－2007	《滚动轴承 钢球》GB/T 308－2002 《硫化橡胶或热塑性橡胶 拉伸应力应变性能的测定》GB/T 528－2009 《硫化橡胶或热塑性橡胶 撕裂强度的测定（裤形、直角形和新月形试样）》GB/T 529－2008 《硫化橡胶或热塑性橡胶 耐液体试验方法》GB/T 1690－2010 《橡胶物理试验方法试样制备和调节通用程序》GB/T 2941－2006 《分析实验室用水规格和试验方法》GB/T 6682－2008 《硫化橡胶或热塑性橡胶耐磨性能的测定（旋转辊筒式磨耗机法）》GB/T 9867－2008 《个体防护装备 鞋的测试方法》GB/T 20991－2007 《橡胶或塑料涂覆织物 耐撕裂性能的测定 第1部分：恒速撕裂法》HG/T 2581.1－2009 《皮革化学、物理、机械和色牢度试验取样部位》（皮鞋）QB/T 2706－2005 《皮革 物理和机械试验 抗张强度和伸长率的测定》（皮鞋）QB/T 2710－2005 《皮革 物理和机械试验 撕裂力的测定：双边撕裂》（皮鞋）QB/T 2711－2005 《皮革 化学试验样品的准备》（皮鞋）QB/T 2716－2005 《皮革 化学试验 pH的测定》（皮鞋）QB/T 2724－2005
15	保护足趾安全鞋（靴）	《个体防护装备职业鞋》GB 21146－2007 《个体防护装备防护鞋》GB 21147－2007 《个体防护装备安全鞋》GB 21148－2007	《硫化橡胶或热塑性橡胶 拉伸应力应变性能的测定》GB/T 528－2009 《硫化橡胶或热塑性橡胶撕裂强度的测定（裤形、直角形和新月形试样）》GB/T 529－2008 《硫化橡胶或热塑性橡胶 耐液体试验方法》GB/T 1690－2010 《橡胶物理试验方法试样制备和调节通用程序》GB/T 2941－2006 《分析实验室用水规格和试验方法》GB/T 6682－2008 《硫化橡胶或热塑性橡胶耐磨性能的测定（旋转辊筒式磨耗机法）》GB/T 9867－2008 《个体防护装备鞋的测试方法》GB/T 20991－2007 《橡胶或塑料涂覆织物 耐撕裂性能的测定 第1部分：恒速撕裂法》HG/T 2581.1－2009 《皮革化学、物理、机械和色牢度试验取样部位》（皮鞋）QB/T 2706－2005 《皮革 物理和机械试验 抗张强度和伸长率的测定》（皮鞋）QB/T 2710－2005 《皮革 物理和机械试验 撕裂力的测定：双边撕裂》（皮鞋）QB/T 2711－2005 《皮革 化学试验样品的准备》（皮鞋)QB/T 2716－2005 《皮革 化学试验 pH的测定》（皮鞋)QB/T 2724－2005

序号	产品单元	产品标准	相关标准
16	防刺穿鞋（靴）	《个体防护装备职业鞋》GB 21146-2007 《个体防护装备防护鞋》GB 21147-2007 《个体防护装备安全鞋》GB 21148-2007	《硫化橡胶或热塑性橡胶 拉伸应力应变性能的测定》GB/T 528-2009 《硫化橡胶或热塑性橡胶撕裂强度的测定（裤形、直角形和新月形试样）》GB/T 529-2008 《硫化橡胶或热塑性橡胶 耐液体试验方法》GB/T 1690-2010 《橡胶物理试验方法试样制备和调节通用程序》GB/T 2941-2006 《分析实验室用水规格和试验方法》GB/T 6682-2008 《硫化橡胶或热塑性橡胶耐磨性能的测定（旋转辊筒式磨耗机法）》GB/T 9867-2008 《个体防护装备鞋的测试方法》GB/T 20991-2007 《橡胶或塑料涂覆织物 耐撕裂性能的测定 第1部分：恒速撕裂法》HG/T 2581.1-2009 《皮革 化学、物理、机械和色牢度试验 取样部位》（皮鞋）QB/T 2706-2005 《皮革 物理和机械试验 抗张强度和伸长率的测定》（皮鞋）QB/T 2710-2005 《皮革 物理和机械试验 撕裂力的测定：双边撕裂》（皮鞋）QB/T 2711-2005 《皮革 化学试验样品的准备》（皮鞋）QB/T 2716-2005 《皮革 化学试验 pH的测定》（皮鞋）QB/T 2724-2005
17	电绝缘鞋（靴）	《足部防护电绝缘鞋》GB 12011-2009	《滚动轴承 钢球》GB/T 308-2002 《硫化橡胶或热塑性橡胶 拉伸应力应变性能的测定》GB/T 528-2009 《硫化橡胶或热塑性橡胶撕裂强度的测定（裤形、直角形和新月形试样）》（非皮革外底）GB/T 529-2008 《硫化橡胶或热塑性橡胶与织物粘合强度的测定》（布面、全胶、全聚合鞋鞋帮））GB/T 532-2008 《橡胶物理试验方法试样制备和调节通用程序》GB/T 2941-2006 《鞋号》GB/T 3293.1-1998 《纺织品 织物拉伸性能 第1部分：断裂强力和断裂伸长率的测定（条样法）》（织物鞋帮）GB/T 3923.1-2013 《硫化橡胶或热塑性橡胶耐磨性能的测定（旋转辊筒式磨耗机法）》GB/T 9867-2008 《个体防护装备 鞋的测试方法》GB/T 20991-2007 《皮鞋》（皮鞋）QB/T 1002-2005 《皮革 化学、物理、机械和色牢度试验取样部位》（皮鞋）QB/T 2706-2005 《皮革 物理和机械试验 抗张强度和伸长率的测定》（皮鞋、橡胶和聚合材料鞋帮）QB/T 2710-2005 《皮革 物理和机械试验 撕裂力的测定双边撕裂》（皮革鞋帮）QB/T2711-2005 《皮革 化学试验 pH的测定》（皮革鞋帮）QB/T 2724-2005 《劳动鞋》（布面胶鞋）HG/T 2495-2007 《橡胶或塑料涂覆织物 耐撕裂性能的测定 第1部分：恒速撕裂法》HG/T 2581.1-2009

续表

序号	产品单元	产品标准	相关标准
18	耐化学品的工业用橡胶靴	《耐化学品的工业用橡胶靴》GB 20266-2006	《硫化橡胶或热塑性橡胶 拉伸应力应变性能的测定》GB/T 528-2009 《硫化橡胶或热塑性橡胶 耐液体试验方法》GB/T 1690-2010 《橡胶物理试验方法试样制备和调节通用程序》GB/T 2941-2006 《硫化橡胶或热塑性橡胶热空气加速老化和耐热试验》GB/T 3512-2001 《硫化橡胶或热塑性橡胶硬度的测定》（10~100IRHD）GB/T 6031-1998 《硫化橡胶或热塑性橡胶 常温、高温和低温下压缩永久变形的测定》GB/T 7759-1996 《硫化橡胶或热塑性橡胶耐磨性能的测定（旋转辊筒式磨耗机法）》GB/T 9867-2008 《胶面胶靴（鞋）耐渗水试验方法》HG/T 3664-2000
19	耐化学品的工业用模压塑料靴	《耐化学品的工业用模压塑料靴》GB 20265-2006	《硫化橡胶或热塑性橡胶 拉伸应力应变性能的测定》GB/T 528-2009 《硫化橡胶或热塑性橡胶 耐液体试验方法》GB/T 1690-2010 《橡胶物理试验方法试样制备和调节通用程序》GB/T 2941-2006 《硫化橡胶或热塑性橡胶硬度的测定（10~100IRHD）》GB/T 6031-1998 《硫化橡胶或热塑性橡胶耐磨性能的测定（旋转辊筒式磨耗机法）》GB/T 9867-2008
20	耐油防护鞋（靴）	《个体防护装备职业鞋》GB 21146-2007 《个体防护装备防护鞋》GB 21147-2007（带防护包头） 《个体防护装备安全鞋》GB 21148-2007（带安全包头）	《硫化橡胶或热塑性橡胶 拉伸应力应变性能的测定》GB/T 528-2009 《硫化橡胶或热塑性橡胶撕裂强度的测定（裤形、直角形和新月形试样）》GB/T 529-2008 《硫化橡胶或热塑性橡胶耐液体试验方法》GB/T 1690-2010 《塑料和硬橡胶 使用硬度计测定压痕硬度（邵氏硬度）》GB/T 2411-2008 《橡胶物理试验方法试样制备和调节通用程序》GB/T 2941-2006 《分析实验室用水规格和试验方法》GB/T 6682-2008 《硫化橡胶或热塑性橡胶耐磨性能的测定（旋转辊筒式磨耗机法）》GB/T 9867-2008 《个体防护装备鞋的测试方法》GB/T 20991-2007 《橡胶或塑料涂覆织物 耐撕裂性能的测定 第1部分：恒速撕裂法》HG/T 2581.1-2009 《皮革化学、物理、机械和色牢度试验取样部位》（皮鞋）QB/T 2706-2005 《皮革 物理和机械试验 抗张强度和伸长率的测定》（皮鞋）QB/T 2710-2005 《皮革 物理和机械试验 撕裂力的测定：双边撕裂》（皮鞋）QB/T 2711-2005 《皮革 化学试验样品的准备》（皮鞋）QB/T 2716-2005 《皮革 化学试验 pH的测定》（皮鞋）QB/T 2724-2005

序号	产品单元	产品标准	相关标准
21	防寒鞋（靴）	《个体防护装备职业鞋》GB 21147—2007《个体防护装备防护鞋》（带防护包头）GB 21148—2007《个体防护装备安全鞋》（带安全包头）	《硫化橡胶或热塑性橡胶 拉伸应力应变性能的测定》GB/T 528—2009《硫化橡胶或热塑性橡胶撕裂强度的测定（裤形、直角形和新月形试样）》GB/T 529—2008《硫化橡胶或热塑性橡胶耐液体试验方法》GB/T 1690—2010《橡胶物理试验方法试样制备和调节通用程序》GB/T 2941—2006《分析实验室用水规格和试验方法》GB/T 6682—2008《硫化橡胶或热塑性橡胶耐磨性能的测定（旋转辊筒式磨耗机法）》GB/T 9867—2008《个体防护装备鞋的测试方法》GB/T 20991—2007《橡胶或塑料涂覆织物 耐撕裂性能的测定 第1部分：恒速撕裂法》HG/T 2581.1—2009《皮革化学、物理、机械和色牢度试验取样部位》（皮鞋）QB/T 2706—2005《皮革 物理和机械试验 抗张强度和伸长率的测定》（皮鞋）QB/T 2710—2005《皮革 物理和机械试验 撕裂力的测定：双边撕裂》（皮鞋）QB/T 2711—2005《皮革 化学试验样品的准备》（皮鞋）QB/T 2716—2005《皮革 化学试验 pH的测定》（皮鞋）QB/T 2724—2005
22	耐热鞋（靴）	《个体防护装备职业鞋》GB 21147—2007《个体防护装备防护鞋》（带防护包头）GB 21148—2007《个体防护装备安全鞋》（带安全包头）	《硫化橡胶或热塑性橡胶 拉伸应力应变性能的测定》GB/T 528—2009《硫化橡胶或热塑性橡胶撕裂强度的测定（裤形、直角形和新月形试样）》GB/T 529—2008《硫化橡胶或热塑性橡胶耐液体试验方法》GB/T 1690—2010《橡胶物理试验方法试样制备和调节通用程序》GB/T 2941—2006《分析实验室用水规格和试验方法》GB/T 6682—2008《硫化橡胶或热塑性橡胶耐磨性能的测定（旋转辊筒式磨耗机法）》GB/T 9867—2008《个体防护装备鞋的测试方法》GB/T 20991—2007《橡胶或塑料涂覆织物 耐撕裂性能的测定 第1部分：恒速撕裂法》HG/T 2581.1—2009《皮革化学、物理、机械和色牢度试验取样部位》（皮鞋）QB/T 2706—2005《皮革 物理和机械试验 抗张强度和伸长率的测定》（皮鞋）QB/T 2710—2005《皮革 物理和机械试验 撕裂力的测定：双边撕裂》（皮鞋）QB/T 2711—2005

序号	产品单元	产品标准	相关标准
23	矿工安全靴	《足部防护　矿工安全靴》AQ 6105-2008	《硫化橡胶或热塑性橡胶　拉伸应力应变性能的测定》GB/T 528-2009 《塑料和硬橡胶使用硬度计测定压痕硬度（邵氏硬度）》GB/T 2411-2008 《硫化橡胶或热塑性橡胶热空气加速老化和耐热试验》GB/T 3512-2001 《橡胶物理试验方法试样制备和调节通用程序》GB/T 2941-2006 《硫化橡胶或热塑性橡胶耐磨性能的测定（旋转辊筒式磨耗机法）》GB/T 9867-2008 《耐化学品的工业用模压塑料靴》GB 20265-2006 《耐化学品的工业用橡胶靴》GB 20266-2006 《个体防护装备鞋的测试方法》GB/T 20991-2007 《抗菌塑料-抗菌性能试验方法和抗菌效果》QB/T 2591-2003 《抗菌针织品》FZ/T 73023-2006
24	多功能安全/防护鞋（靴）	《个体防护装备安全鞋》GB 21148-2007 《个体防护装备防护鞋》GB 21147-2007	《硫化橡胶或热塑性橡胶　拉伸应力应变性能的测定》GB/T 528-2009 《硫化橡胶或热塑性橡胶撕裂强度的测定（裤形、直角形和新月形试样）》GB/T 529-2008 《硫化橡胶或热塑性橡胶　耐液体试验方法》GB/T 1690-2010 《塑料和硬橡胶.使用硬度计测定压痕硬度（邵氏硬度）》GB/T 2411-2008 《橡胶物理试验方法试样制备和调节通用程序》GB/T 2941-2006 《分析实验室用水规格和试验方法》GB/T 6682-2008 《硫化橡胶或热塑性橡胶耐磨性能的测定（旋转辊筒式磨耗机法）》GB/T 9867-2008 《个体防护装备鞋的测试方法》GB/T 20991-2007 《橡胶或塑料涂覆织物　耐撕裂性能的测定　第1部分：恒速撕裂法》HG/T 2581.1-2009 《皮革化学、物理、机械和色牢度试验取样部位》（皮鞋）QB/T 2706-2005 《皮革　物理和机械试验　抗张强度和伸长率的测定》（皮鞋）QB/T 2710-2005 《皮革　物理和机械试验　撕裂力的测定：双边撕裂》（皮鞋）QB/T 2711-2005 《皮革　化学试验样品的准备》（皮鞋）QB/T 2716-2005 《皮革　化学试验　pH的测定》（皮鞋）QB/T 2724-2005
25	耐酸（碱）手套	《耐酸（碱）手套》AQ6102-2007	《包装储运图示标志》GB/T 191-2008 《数值修约规则与极限数值的表示和判定》GB/T 8170-2008 《手部防护　通用技术条件及测试方法》GB/T 12624-2009

序号	产品单元	产品标准	相关标准
26	带电作业用绝缘手套	《带电作业用绝缘手套》GB/T 17622-2008	《带电作业工具设备术语》GB/T 14286-2008 《高电压试验技术 第1部分：一般定义及试验要求》GB/T 16927.1-2011 《带电作业工具基本技术要求与设计导则》GB/T 18037-2008
27	耐油手套	《橡胶耐油手套》AQ 6101-2007	《硫化橡胶或热塑性橡胶 拉伸应力应变性能的测定》GB/T 528-2009 《硫化橡胶或热塑性橡胶 压入硬度试验方法 第1部分：邵氏硬度计法（邵尔硬度）》GB/T 531.1-2008 《数值修约规则与极限数值的表示和判定》GB/T 8170-2008 《手部防护 通用技术条件及测试方法》GB/T 12624-2009
28	浸塑手套	《浸塑手套》GB/T 18843-2002	《纺织品 色牢度实验 评定变色用灰色样卡》GB 250-2008 《计数抽样检验程序第1部分：按接受质量限（AQL）检索的逐批检验抽样计划》GB/T 2828.1-2012 《周期检验计数抽样程序及表（适用于对过程稳定性的检验）》GB/T 2829-2002 《手部防护 通用技术条件及测试方法》GB/T 12624-2009 《塑料薄膜拉伸性能的测定第3部分：薄膜和薄片的实验条件》GB/T 1040.3-2006 《成年人手部号型》GB/T 16252-1996 《涂层织物涂层厚度的测定》FZ/T 01006-2008 《涂层织物耐低温性的测定》FZ/T 01007-2008 《涂层织物 耐热空气老化性的测定》FZ/T 01008-2008 《涂层织物 涂层剥离强加的测定》FZ/T 01010-2012
29	自吸过滤式防毒面具	《呼吸防护 自吸过滤式防毒面具》GB 2890-2009	《成年人头面部尺寸》GB/T 2428-1998 《呼吸防护用品——自吸过滤式防颗粒物呼吸器》GB 2626-2006 《用于技术设计的人体测量基础项目》GB/T 5703-2010 《湿热试验箱技术条件》GB/T 10586-2006 《低温试验箱技术条件》GB/T 10589-2008 《高温试验箱技术条件》GB/T 11158-2008 《个体防护装备术语》GB/T 12903-2008 《个体用眼护具技术要求》GB 14866-2006
30	长管呼吸器	《呼吸防护 长管呼吸器》GB 6220-2009	《一般压力表》GB/T 1226-2010 《呼吸防护 自吸过滤式防毒面具》GB 2890-2009 《钢质无缝气瓶》GB 5099-1994 《自给开路式压缩空气呼吸器》GB/T 16556-2007 《铝内胆全缠绕碳纤维增强气瓶的基本要求》DOT-CFFC-2000

续表

序号	产品单元	产品标准	相关标准
31	自给开路式压缩空气呼吸器	《自给开路式压缩空气呼吸器》GB/T 16556–2007	《一般压力表》GB/T 1226–2010 《透明塑料透光率和雾度的测定》GB/T 2410–2008 《呼吸防护　自吸过滤式防毒面具》GB 2890–2009 《爆炸性环境　第1部分：通用要求》GB 3836.1–2010 《爆炸性　第4部分：由本质安全型"i"保护的设备》GB 3836.4–2010 《钢质无缝气瓶》GB 5099–1994 《纺织品　燃烧性能试验　垂直法》GB/T 5455–1997 《55°非密封管螺纹》GB/T 7307–2001 《铝内胆全缠绕碳纤维增强气瓶的基本要求》DOT-CFFC–2000
32	自吸过滤式防颗粒物呼吸器	《呼吸防护用品自吸过滤式防颗粒物呼吸器》GB 2626–2006	《呼吸防护　自吸过滤式防毒面具》GB 2890–2009 《用于技术设计的人体测量基础项目》GB/T 5703–2010 《湿热试验箱技术条件》GB/T 10586–2006 《低温试验箱技术条件》GB/T 10589–2008 《高温试验箱技术条件》GB/T 11158–2008 《呼吸防护用品的选择、使用与维护》GB/T 18664–2002

第三节　防护用品的采购及使用

根据国家法律法规的规定，施工单位应为从业人员配备个人防护装备，保障从业人员的安全与健康，使其在劳动过程中免遭或者减轻事故伤害及职业危害。劳动防护用品分为特种劳动防护用品和一般劳动防护用品。特种劳动防护用品目录由国家安全生产监督管理总局确定并公布；未列入目录的劳动防护用品为一般劳动防护用品。

一、采购管理

（1）公司负责劳动防护用品的生产厂家、定点商进行综合调查与考核，确定劳动防护用品的合格供方。

（2）劳动防护用品的采购必须签订采购合同，对货物的提供方式、质量要求、供货时限要求、包装要求、款项结算等进行详细的约定。

（3）做好劳保用品入库验收工作，首先对数量和外观进行抽查，必要时进行逐一检查；同时查验并确保采购产品技术资料的完善（特种劳动防护用品生产许可证、产品鉴定书、产品使用说明书、产品出厂合格证等）。确认无误，签收货单。

（4）每年对同一厂家采购的劳保用品，进行一次功能性复检，按要求取样送劳动防护用品检测中心进行检测，检测指数合格，该供应商方能通过的年度考核，列为下一年度的合格供方名录。

二、存储和保管

（1）验收合格后，填写入库单，建立库存明细账。

（2）按照先入库先发放的原则，保证在有效期内使用。

（3）库房应该保持干燥，应有防潮、防火、防虫、防鼠等措施，确保劳保用品的存放安全。

（4）要有专人负责管理。

三、发放和使用

（1）劳动防护用品分为一般劳动防护用品和特种劳动防护用品，一般劳动防护用品具体使用期限及发放数量根据项目类型参照属地要求执行。

（2）从事特种作业和在特种劳动环境中作业的人员，应按其主要作业的工种和劳动环境配备劳动防护用品。

（3）项目部必须按规定为劳动者配备必要的劳动防护用品。

（4）项目部根据劳动防护规则和防护要求，对劳动防护用品的正确使用进行交底。

（5）将劳动防护用品的配制、使用管理情况列为安全监督检查的重点内容之一。

（6）发放要建立台账，对过了有效期及有破损的劳保用品及时回收，并妥善处置。

第七章

施工现场日常检查用表介绍

　　为了更好地落实法律法规、标准规范的要求，各级部门都会制定一些管理表单，记录日常管理和控制过程。表单制定和使用是一种管理手段，各类施工企业也会结合法规及地方性要求制定企业管理表单，虽然表单格式会有些不同，但是其目的都是一致的。所以以浙江省建筑业施工企业通用表单为例作使用说明，以供参考。当然，施工项目必须在符合当地要求的基础上，结合企业的自身规定进行调整。

第一节　带班记录及检查记录

参照《建筑施工企业负责人及项目负责人施工现场带班暂行办法》（建质〔2011〕111号）要求，进行房屋建筑和市政工程施工作业活动的场所，应建立企业负责人带班检查和项目负责人带班生产制度。

一、项目负责人施工现场带班记录（表7-1）

（1）项目负责人是项目安全管理第一责任人，应认真履行施工现场带班制度，每日做好带班记录。

（2）项目负责人包括总包、专业分包、劳务分包单位项目负责人。

（3）项目负责人必须确保每月在现场带班生产的实际时间不少于本月施工时间的80%，不得擅自离岗。项目负责人因事不在岗时应书面委托具有相应资格的人员代行管理工作，书面委托应报监理单位备案并现场留存备查。因事不在岗时间不得超过本月施工时间的20%。

项目负责人施工现场带班记录　　　　　　　　　　　　　　表7-1

工程名称：_____

日期			天气	
带班工作部位				
当天工地主要生产活动				
带班工作内容：				
带班意见或工作要求：				
项目负责人：　　　　　年　　月　　日				

注：本记录由带班人签字在项目存档备查。

二、企业负责人施工现场带班检查记录（表7-2）

（1）建筑施工企业应建立企业负责人现场带班检查制度，明确带班检查的职责权限、组织形式、检查内容、方式以及考核办法等具体事项，企业负责人现场带班检查制度应存放于工地被查。

（2）企业负责人是指企业法人代表、总经理、副总经理、总工程师、副总工程师和安全质量部门负责人，分公司经理、副经理、技术负责人。

（3）建筑施工企业负责人要定期带班检查工程项目质量安全生产状况及项目负责人带班生产情况，每月检查时间不少于其工作日的25%。

（4）企业负责人施工现场带班检查后应将记录存放工地被查。

企业负责人施工现场带班检查记录　　　　　　　　　　表7-2

单位名称			
工程名称			
带班日期		工程形象进度	
带班人姓名		职务	
参加人员			
带班检查工作内容：			
带班检查人意见或工作要求：			
企业负责人：　　　　　　　　　　年　　月　　日			
注：1.企业负责人指企业法人代表、总经理、副总经理、总工程师、副总工程师、安全质量部门负责人，分公司经理、副经理、技术负责人； 　　2.本记录由带班检查人签字并分别在企业和项目存档备查			

三、各类安全专项活动实施情况检查记录表（表7-3）

（1）施工单位和项目部应积极响应各级政府主管部门开展的各类安全专项活动，活动后应做好记录，活动情况需要上报的应及时上报。

（2）项目部按照施工企业自行开展的各类安全专项活动也应记录于本表。

（3）本表由项目专职安全员填写，项目负责人签字确认。

各类安全专项活动实施情况检查记录表　　　　　表7-3

工程名称				
专项活动名称		专项活动组织部门		
专项活动内容				
检查组人员		检查日期		
项目部参加人员				
项目部对安全专项活动的实施情况:				
上级部门检查组对安全专项活动提出的改进或整改意见:				
整改落实情况:				
项目负责人:　　　　　　　年　　月　　日				
注: 施工企业和项目部应积极贯彻建设行政主管部门开展的各类安全专项活动,并进行记录存档备查。施工企业自行开展的各类安全活动也应按本表进行记录				

　　记录人:　　　　　　　　　年　　月　　日

第二节　各项验收表和检查表

一、文明施工验收表（表7-4）

　　（1）项目部应在基础、主体工程施工中及封顶后、装饰工程施工时分四阶段进行文明施工综合检查验收；施工过程中完成的项目应及时进行验收。

　　（2）文明施工验收应对照文明施工专项方案，按现行规范、标准和规章及本表要求进行，对验收中未达到要求的部分应形成整改记录并落实人员整改。

（3）文明施工验收由项目负责人组织，项目技术负责人、安全员及有关管理人员参加。项目监理工程师应当参加并提出验收意见。

文明施工验收表

表7-4

序号	验收项目	技术要求	验收结果
1	专项方案	施工现场文明施工应单独编制专项方案，制订专项安全文明施工措施。经项目负责人批准后方可实施	
2	封闭管理	围墙应沿工地四周连续设置。要求坚固、稳定、整洁、美观，不得采用彩条布、竹笆等。市区围墙设置高度≥2.5m，且应美化，其他工地高度≥1.8m；彩钢板围挡高度不宜超过2.5m，立柱间距不宜大于3.6m，围挡应进行抗风计算；进出口应设置大门、门卫室，门头应有企业"形象标志"，大门应采用硬质材料制作，能上锁且美观、大方。外来人员进出应登记，工作人员必须佩戴工作卡	
3	施工场地	施工现场主要道路加工场地、生活区应做混凝土硬化，保证道路平整、畅通、环通，裸露的场地和集中堆放的土方应采取覆盖、固化等措施。施工现场应设置吸烟处，建筑材料、构件、料具须按总平面布置图，分门别类堆放，并标明名称、品种、规格等，堆放整齐。有防止扬尘措施	
4	现场绿化	位于城市主要道路和重点地段应当在城市道路红线与围墙之间、沿施工围墙及建筑工地合适区域临时绿化；现场出入口两侧，须进行绿化布置，种植乔木、灌木，设置花坛并布置草花；在建筑工地办公区、生活区的适当位置布置集中的绿地，绿地布置应以开敞式为主并设置花坛	
5	进出车辆	土方、渣土、松散材料和施工垃圾运输应采取密闭式运输车辆或采取覆盖措施；施工现场出入口处应采取保证车辆清洁的冲水设施（洗车池及压力水源），并设置排水系统，做到不积水、不堵塞、不外流	
6	临时用房	临时用房选址应科学合理，搭设应编制专项施工方案。现场作业区与生活区、办公区必须明显划分。宿舍内净高度≥2.5m，必须设置可开启式窗户。宿舍内的床铺不得超过2层，每间宿舍不宜超过8人，严禁采用通铺，临时用房主体结构安全，必须具备产品合格证或设计图纸且不得超过2层	
7	生活卫生设施	施工现场应设置食堂、厕所、淋浴间、开水房、密闭式垃圾站（或容器）及盥洗设施等临时设施。盥洗设施应使用节水水龙头，食堂必须有餐饮服务许可证。炊事员必须持健康证上岗，应穿戴洁净的工作服、工作帽和口罩，食堂配置消毒设施。办公区和生活区应有灭鼠、灭蟑螂、蚊、灭蝇等措施。固定的男女淋浴室和厕所，顶棚、墙面刷白，墙裙应当贴面砖，地面铺设地砖，施工现场应设置自动水冲式或移动式厕所。宿舍建立卫生管理制度，生活用品摆放整齐	

序号	验收项目	技术要求	验收结果
8	防火防中毒	建立防火防中毒责任制，有专职（或兼职）的消防安全人员及足够的灭火器，在建工程（高度24m以上或单体30000m³以上）应设置消防立管，数量不少于2根，管径不小于DN100，每层留消防水源接口，配备消防水枪、水带和软管；动用明火必须有审批手续和监护人，易燃易爆的仓库及重点防火部位应有专人负责。宿舍内严禁使用煤气灶、电饭煲及其他电热设备。宿舍区域内设置消防通道，且有标志，使用有毒材料或在有可能存在有毒气体的部位施工要采取防中毒措施	
9	综合治理	建立门卫值班制度，治安保卫责任制落实到人，建立防范盗窃、斗殴等事件发生的应急预案，建立学习和娱乐场所。现场建立民工学校，开展教学活动	
10	表牌标识	现场设有"五牌二图"及读报栏、宣传栏、黑板报；主要施工部位、作业点和危险区域以及主要通道口必须针对性地悬挂醒目的安全警示牌和安全生产宣传横幅	
11	保健急救	现场必须备有保健药箱和急救器材，配备经培训的急救人员。经常开展卫生防病宣传教育，并做好记录	
12	节能环保	临时设施应采用节能材料，墙体、屋面应采用隔热性能好的材料。施工现场采取降噪声措施，夜间施工应办理有关手续，现场禁止焚烧各类废弃物，对现场易飞扬物质采取防扬尘措施，生活和施工污水经过处理后排放	
验收结论		验收人员	项目负责人： 目技术负责人： 项目施工员： 项目安全员： 监理工程师： 验收日期：

二、施工临时用房验收表（表7-5）

（1）根据《建筑工程预防坍塌事故若干规定》（建设部建质〔2003〕82号）的要求，结合当前建筑施工临时设施时有坍塌的情况，提出对施工现场搭设临时用房应进行验收的要求。

（2）临时用房验收应按照设计文件及专项方案对基础、建筑结构安全、抗风措施、房屋所附电气设备、防火情况进行验收，并填写临时设施验收表。未经验收或验收不合格者不得投入使用。

（3）临时用房验收时应检查材料产品合格证、产品检测检验合格报告及生产厂家生产许可证等。

（4）验收由项目技术负责人组织临时用房搭设负责人、施工负责人、项目安全员进行验收。项目监理工程师应当参加验收并提出验收意见。

施工临时用房验收表
表7-5

工程名称：_____

序号	验收项目	技术要求	验收结果
1	专项方案	施工现场临时用房应单独编制专项施工方案，编制、审核、审批手续齐全	
2	地基与基础	地基加固、基础构造及强度、基础与墙体连接、房屋抗风措施是否符合施工图设计	
3	房屋建筑	各种建筑尺寸、标高、面积是否符合施工图及合同要求	
4	房屋结构	房屋结构构件材料、结构件的连接（焊接）节点、结构支撑件安装是否符合施工图和有关标准要求，当采用金属夹心板材时，其芯材的燃烧性能等级应为A级	
5	使用功能	门窗开闭是否灵活，防火、隔热、防盗等是否符合要求	
6	用电设备	用电线路敷设、开关插座及电器设备安装、线路接地等是否符合用电安全标准	
验收结论		验收人员	临时用房搭设单位负责人： 项目技术负责人： 项目施工员： 项目安全员： 监理工程师： 验收日期： 验收日期：

三、消防安全检查记录表（表7-6）

（1）项目部应根据现场消防安全管理制度对防火技术方案的落实情况进行定期检查，项目部专（兼）职消防员或安全员应开展日常巡查和每月定期安全检查，并将检查情况记入《消防安全检查记录表》。

（2）对检查中发现的消防安全隐患，项目部应责成整改人员进行整改，整改落实情况记入《消防安全检查记录表》，由项目部专（兼）职消防员负责复查确认。

消防安全检查记录表 　　　　　　　　　　表7-6

工程名称		项目负责人	
专（兼）职消防员		检查时间	
检查情况			
整改措施			
整改人员（签名）			
复查（验证）情况			
	专（兼）职消防员签名：　　　　　　复查时间：		

四、高处作业防护设施安全验收表（表7-7）

（1）除"三宝"外，施工中应对"四口五临边"——楼梯口、电梯（管道）井口、预留洞口、通道口及基坑、阳台、楼、屋面、卸料平台临边及攀登和悬空作业及时加设防护。防护设施应按规定的要求搭设并进行日常维护。如发生交叉施工必须拆除部分防护设施时应经项目安全员同意并采取其他安全措施，交叉施工完成后必须进行二次防护。任何人不得随意拆除防护设施。

（2）交叉施工阶段专业分包单位应对分包工程范围内的安全防护设施负责、总包单位履行检查监督责任。

（3）施工现场提倡防护设施采用定型化、工具化产品制作，达到安全有效、拆卸灵活、可重复使用的效能。对"三宝"的使用规定和"四口五临边"防护设施的搭设质量应符合本表内所列的技术要求及《浙江省建筑施工现场安全质量标准化管理实用手册》第四章和《浙江省建筑施工安全标准化管理规定》（浙建建〔2012〕54号文）的要求。

（4）安全防护设施搭设后项目施工负责人应及时组织项目施工员、安全员及有关专业人员进行验收，一般情况下每一楼层不少于一次验收。项目监理人员应监督项目部验收情况并提出验收意见，对"不符合"的内容应当提出验收意见。参加验收的人员应在验收表内签字。对不符合要求的项目部应落实人员及时进行整改。

高处作业防护设施安全验收表

表7-7

施工单位：　　　　　　　　　　工程名称：

序号	验收项目	技术要求	验收结果
1	安全帽	应符合《安全帽》GB 2811-2007，进场使用前必须经检测合格，不得使用缺衬、缺带及破损的安全帽，在使用期内使用	
2	安全网	必须有产品生产许可证和产品合格证，产品应符合《安全网》GB 5725-2009标准，进场使用前必须经检测合格	
3	安全带	必须有产品生产许可证和质量合格证，产品应符合《安全带》GB 6095-2009标准，进场使用前必须经检测合格。安全带外观无异常，各种部件齐全。在使用期内使用	
4	楼梯口电梯井口	楼梯口和梯段边应在1.2m、0.6m高处及底部设置三道防护栏杆，杆件内侧挂密目式安全网。顶层楼梯口应有防护设施。安全防护门高度不得低于1.8m，并设置180mm高踢脚板。电梯井内应每层设置硬隔离措施。防护设施定型化、工具化，牢固可靠	
5	预留洞口坑井防护	楼板面等处短边长为250～500mm的水洞口、安装预制构件时的洞口以及缺件临时形成的洞口，应设置盖件，四周搁置均衡，并有固定措施；短边长为500～1500mm的水平洞口，应置网格式盖件，四周搁置均衡，并有固定措施，上满铺木板或脚手片；短边长大于1500mm的水平洞口，洞口四周应增设防护栏杆。各种预留洞口防护设施应严密、稳固	
6	通道口防护	防护棚宽度、长度符合规定，各通道应搭设双层防护棚，采用脚手片时，层间距为600mm，铺设方向应相互垂直，防护棚应按建筑物坠落半径搭设，各类防护棚应有单独的支撑系统。不得悬挑在外架上	

续表

序号	验收项目	技术要求	验收结果
7	临边防护	临边防护应在1.2m、0.6m高处及底部设置三道防护栏杆，杆件内侧挂密目式安全立网。横杆长度大于2m时，必须加设栏杆柱。坡度大于1：2.2的斜面（屋面），防护栏杆的高度应为1.5m。双笼施工升降机卸料平台门与门之间空隙处应封闭。吊笼门与卸料平台边缘的水平距离不应大于50mm。吊笼门与层门间的水平距离不应大于200mm	
8	攀登作业	梯脚底部应坚实，不得垫高使用；折梯使用时上部夹角宜为35°～45°，并应设有可靠的拉撑装置，梯子材质和制作质量应符合规范要求	
9	悬空作业	悬空作业处应设置防护栏杆或其他可靠的安全措施。悬空作业所有的索具、吊具等应经验收，悬空作业人员应系挂安全带或佩带工具袋	
10	移动式操作平台	操作平台未按规定进行设计计算。移动式操作平台，轮子与平台应连接牢固、可靠，立柱底端距离地面不得大于80mm。操作平台应设计满足规范要求，平台台面铺板严密。操作平台四周应按规定设置防护栏杆，并设置登高扶梯，操作平台的材质应符合规范要求	
11	悬挑式物料平台	悬挑式物料平台的制作、安装应编制专项施工方案，并应进行计算。悬挑式物料平台的下部支撑系统或上部拉结点，应设置在建筑结构上；斜拉杆或钢丝绳应按规范要求在平台两侧设置前后两道，钢平台两侧必须安装固定的防护栏杆，并应在平台明显处设置荷载限定标牌；钢平台台面、钢平台与建筑结构间铺板应严密、牢固	

验收结论		验收人员	项目技术负责： 项目施工员： 项目专职安全员： 监理工程师： 有关人员： 验收日期：

五、施工用电安全技术综合验收表（表7-8）

（1）施工临时用电安全技术综合验收应根据《施工现场临时用电安全技术规范》JGJ 46-2005、《浙江省建筑施工安全标准化管理规定》（浙建建〔2012〕54号文）等有关规范、标准和本表要求，并对照施工方案进行。验收时应查验电器材料和设备合格证明、检测报告等。

（2）施工临时用电验收应随施工进度和施工平面布置的变化分段进行，在临时设施完成后、工程开工前应组织首次验收。施工中用电线路和设备发生较大变化的应重新进行验收。未经验收不得动用施工临时用电。

（3）临时用电安全技术综合验收由总承包项目部组织，项目负责人、项目技术负责人、专职安全员、安装电工、专业监理工程师应当参加验收并加盖施工项目部章。大型临时施工用电验收应由电气专业工程师参加。验收中发现不符合要求的，项目技术负责人应另签发整改记录，并进行复验。

施工用电安全技术综合验收表

表7-8

工程名称：_____

序号	验收项目	技术要求	验收结果
1	施工方案	施工现场临时用电设备在5台及以上或设备总容量在50kW及以上者，应编制用电组织设计。临时用电组织设计及变更时，必须履行"编制、审核、批准"程序，由电气工程技术人员组织编制，经企业技术负责人和项目总监批准后方可实施。方案实施前必须进行安全技术交底	
2	外电防护	外电线路与在建工程及脚手架、起重机械、场内机动车道的安全距离应符合规范要求；当安全距离不符合规范要求时。必须编制外电安全防护方案，采取隔离防护措施，隔离防护应达到IP30级（防止ϕ2.5mm的固体侵入），防护屏障应用绝缘材料搭设，并应悬挂明显的警示标志。防护设施与外电线路的安全距离应符合规范要求，并应坚固、稳定。外电架空线路正下方不得进行施工、建造临时设施或堆放材料物品	
3	接地与接零保护系统	施工现场应采用TN-S接零保护系统，不得同时采用两种保护系统。保护零线应由工作接地线、总配电箱电源侧零线或总漏电保护器电源零线处引出，电气设备的金属外壳必须与保护零线连接；保护零线应单独敷设，线路上严禁装设开关或熔断器，严禁通过工作电流；保护零线应采用绝缘导线。规格和颜色标记应符合规范要求；保护零线应在总配电箱处、配电系统的中间处和末端处不少于3处重复接地。工作接地电阻不得大于4Ω，重复接地电阻不得大于10Ω；接地装置的接地线应采用2根及以上导体，在不同点与接地体做电气连接。接地体应采用角钢、钢管或光面圆钢；施工现场起重机、物料提升机、施工升降机、脚手架应按规范要求采取防雷措施，防雷装置的冲击接地电阻值不得大于30Ω；做防雷接地机械上的电气设备，保护零线必须同时做重复接地	
4	配电线路	线路及接头应保证机械强度和绝缘强度；线路应设短路、过载保护，导线截面应满足线路负荷电流；线路的设施、材料及相序排列、档距、与邻近线路或固定物的距离应符合规范要求、严禁使用四芯或三芯电缆外加1根电线代替五芯或四芯电缆以及老化、破皮电缆；电缆应采用架空或埋地敷设，并应符合规范要求。严禁沿地面明设或沿脚手架、树木等敷设；电缆中必须包含全部工作芯线和用作保护零线的芯线，并应按规定接用；室内明敷主干线距地面高度不得小于2.5m	

续表

序号	验收项目	技术要求	验收结果
5	配电箱、开关箱	施工现场配电系统应采用三级配电、三级漏电保护系统，用电设备必须有各自专用的开关箱，箱体结构、箱内电器设置及使用应符合规范要求；配电箱必须分设工作零线端子板和保护零线端子板，保护零线、工作零线必须通过各自的端子板连接；总配电箱、分配电箱与开关箱应安装漏电保护器。漏电保护器参数应匹配并灵敏可靠；箱体应设置系统接线图和分路标记，并应有门、锁及防雨措施；箱体安装位置、高度及周边通道应符合规范要求；分配箱与开关箱间的距离不应超过30m，开关箱与用电设备的距离不应超过3m	
6	配电室与配电装置	配电室的建筑耐火等级不应低于三级，配电室应配置适用于电气火灾的灭火器材；配电室、配电装置的布设应符合规范要求；配电装置中的仪表、电器元件设置应符合规范要求；配电室内应有足够的操作、维修空间，备用发电机组应与外电线路进行联锁；配电室应采取防止风雨和小动物侵入的措施；配电室应设置警示标志、工地供电平面图和系统图	
7	现场照明	照明用电应与动力用电分设；特殊场所和手持照明灯应采用36V及以下安全电压供电；照明变压器应采用双绕组安全隔离变压器；灯具金属外壳应接保护零线；灯具与地面、易燃物间的距离应符合规范要求；照明线路和安全电压线路的架设应符合规范要求；施工现场应按规范要求配备应急照明	
8	用电档案	总包单位与分包单位应签订临时用电管理协议，明确各方相关责任；用电各项记录应按规定填写，记录应真实有效；用电档案资料应齐全，并应设专人管理	
验收结论		验收人员	项目负责人： 项目技术负责人： 项目专职安全管理人员： 项目电工： 监理工程师： 验收日期：

六、安全防护设施交接验收记录（表7-9）

（1）本条所指的安全防护设施是指操作场所内的洞口、梯井、临边等防护设施，施工场地操作方委托第三方搭建的作业平台或其他防护措施，如满堂脚手架等。施工现场的安全防护设施是各参建单位的公用设施，确保安全防护设施的及时搭设和完好使用是各参建单位的共同责任。工程总承包单位应对场内的安全防护设施承担总承包管理责任。当操作场地发生移交或操作方委托第三方搭建的防护措施完成时，移接双方应办理安全防护设施的交接验收手续，并填写本表。

（2）安全防护设施交接验收由移交方、接受移交方派员参加，对移交场所的安全防护设施按《浙江省建筑施工安全标准化管理规定》（浙建建［2012］54号文）逐一检查验收。验收符合要求的双方签署意见并签字,验收不符合要求的,移交方应予以整改。

（3）接收移交方在施工过程中应保持安全防护设施的完整性，不得擅自拆除。如作业过程中变动安全防护设施的，接受移交方应另采取有效措施加以防护。

（4）接收移交方退出操作场地后，双方在本表的备注栏里注明退场时间。

安全防护设施交接验收记录

表7-9

编号：

工程名称		总承包单位	
设施移交单位		设施接受单位	
移交部位或设施			
移交单位意见： 移交单位安全员： 移交单位负责人： 移交日期：		接受单位意见： 受单位安全员： 受单位负责人： 接受日期：	
备注：			

注：1.凡施工中甲单位的安全防护设施或设备，由乙单位在施工中使用时，或由乙单位委托甲单位搭设的安全防护设施及提供的设备时，必须办理交接验收记录；

2.移交单位的安全防护设施或设备，必须符合标准规范规定的要求，接受单位在验收合格接受后，施工中必须保持安全设施或设备的完好

第八章

案例

　　建筑行业属于高危行业，具有作业面大，工艺复杂，交叉作业多，工种多，劳动力密集，工人流动性大，经常使用大型的机械设备辅助作业等特点。人、机、料、法、环各要素不当的管理都能导致事故的发生。建筑行业的常见事故类型有高处坠落、物体打击、基坑坍塌、触电、机械伤害等，还经常伴有中毒、尘肺、电光眼等职业伤害。

　　事故具有必然性和偶然性，建筑业产值不断增长，产值事故率虽然处于平中有降的趋势，但事故总数还是逐年地上升，一起起血的教训，触目惊心。我们通过事故的归类和总结，来吸取经验和教训，谨记教诲，以此来推动安全管理的发展。

第一节　安全生产形势的分析

2012 年，全国房屋市政工程安全生产形势总体稳定，事故起数和死亡人数保持下降趋势，有 18 个地区的事故起数和死亡人数同比下降，有 11 个地区没有发生较大事故。

2012 年，全国共发生房屋市政工程生产安全事故 487 起、死亡 624 人，比 2011 年同期事故起数减少 102 起、死亡人数减少 114 人，同比分别下降 17.32% 和 15.45%。全国有 31 个地区发生房屋市政工程生产安全事故，有 18 个地区的事故起数和死亡人数同比下降，有 4 个地区的事故起数和死亡人数同比上升。

2012 年，全国共发生房屋市政工程生产安全较大及以上事故 29 起、死亡 121 人，比上年同期事故起数增加 4 起、死亡人数增加 11 人，同比分别上升 16.00% 和 10.00%。全国有 20 个地区发生房屋市政工程生产安全较大及以上事故，其中，江苏发生 4 起，湖北发生 3 起，河北、吉林、山西、浙江各发生 2 起，北京、山东、贵州、天津、上海、甘肃、新疆、安徽、湖南、河南、江西、辽宁、广东、内蒙古各发生 1 起。特别是湖北省武汉市东湖风景区东湖景园还建楼 C 区 71 号楼工程 "9·13" 事故属于生产安全重大事故，造成了 19 人死亡，给人民生命财产带来重大损失，造成了不良的社会影响。

事故类型和发生部位情况：2012 年，房屋市政工程生产安全事故按照类型划分，高处坠落事故 257 起，占总数的 52.77%；坍塌事故 67 起，占总数的 13.76%；物体打击事故 59 起，占总数的 12.11%；起重伤害事故 50 起，占总数的 10.27%；机具伤害事故 23 起，占总数的 4.72%；触电事故 10 起，占总数的 2.05%；车辆伤害、火灾和爆炸、中毒和窒息、淹溺等其他事故 21 起，占总数的 4.32%。房屋市政工程生产安全事故按照发生部位划分，洞口和临边事故 128 起，占总数的 26.28%；脚手架事故 67 起，占总数的 13.76%；塔吊事故 63 起，占总数的 12.94%；基坑事故 42 起，占总数的 8.63%；模板事故 26 起，占总数的 5.34%；井字架与龙门架事故 25 起，占总数的 5.13%；施工机具事故 25 起，占总数的 5.13%；外用电梯事故 19 起，占总数的 3.90%；临时设施事故 6 起，占总数的 1.23%；现场临时用电等其他事故 115 起，占总数的 17.66%。

当前的安全生产形势依然比较严峻，事故起数和死亡人数仍然比较多；较大及以上事故起数和死亡人数出现反弹，重大事故还没有完全遏制；地区不平衡的情况仍然存在，部分地区的事故起数和死亡人数同比上升。在全年发生的29起较大及以上事故中，模板脚手架坍塌事故10起，死亡35人，分别占较大事故总数的34.48%和28.93%；起重机械伤害事故10起，死亡52人，分别占较大事故总数的34.48%和42.98%。模板脚手架和建筑起重机械已成为房屋市政工程重大危险源，需要引起高度重视。同时，建筑市场行为不规范、企业主体责任落实不到位、安全生产隐患排除治理不彻底、生产安全事故查处不严格等问题都给安全生产工作带来了极大挑战。

2012年浙江省共发生房屋建筑和市政工程施工安全事故49起，死亡57人（其中较大事故2起死亡6人）。

按事故类别分：

（1）高处坠落25起、死亡30人。

（2）物体打击12起、死亡13人。

（3）坍塌事故7起、死亡9人。

（4）机械伤害4起、死亡4人。

（5）起重伤害1起、死亡1人。

按事故发生部位分：

（1）洞口和临边发生21起、死亡23人。

（2）脚手架发生4起、死亡5人。

（3）基坑发生3起、死亡4人。

（4）物料提升机发生3起、死亡5人。

（5）塔吊发生6起、死亡6人。

（6）施工机械发生8起、死亡8人。

（7）模板工程发生4起、死亡6人。

图8-1给出了2011年和2012年事故起数与死亡人数的对比。

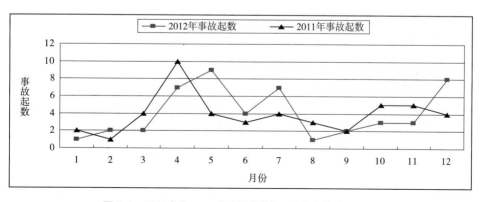

图8-1 2011年与2012年事故起数与死亡人数的对比（一）

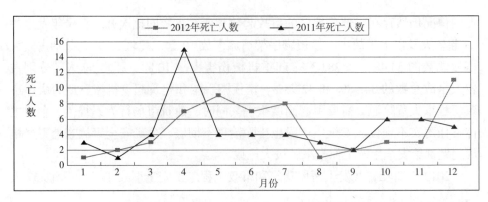

图 8-1　2011 年与 2012 年事故起数与死亡人数的对比（二）

第二节　施工安全事故案例分析

事故是指造成死亡、疾病、伤害、损坏或其他损失的意外情况，包括职业伤害事故与职业病。而职业伤害事故是指因生产过程及工作原因或与其相关的其他原因造成的伤亡事故。建设工程中常说的生产安全事故主要是指职业伤害事故。

职业伤害事故的分类方法很多，若按事故后果的严重程度分类，根据《生产安全事故报告和调查处理条例》第三条的规定，可分为：特别重大事故、重大事故、较大事故、一般事故。若按事故发生的原因分类，根据《企业职工伤亡事故分类》GB 6441-1986 标准的规定，可分 20 类，其中包括了建筑业最常见的事故类型，如高处坠落、物体打击、机械伤害、触电、坍塌等，本文主要针对这几种事故进行案例分析。

一、高处坠落

高处坠落是由于危险势能差引起的伤害，包括从架子、屋架上坠落以及平地坠入坑内等。

【案例1】

　　某年2月2日上午11时许，某地区02地块拆迁安置工程3号楼在货用施工升降机（以下简称"升降机"）拆卸过程中，发生一起吊笼坠落事故，造成4人死亡，直接经济损失90余万元。

■事故概况

　　02地块拆迁安置工程为6幢21层的高层拆迁安置房，总建筑面积约为58122m²，合同造价6337.9148万元。建设单位为某地区建设指挥部；设计单位为某建筑设计事务所；施工单位为某建筑有限公司，法定代表人陈某某，项目经理卫某某；劳务分包单位为某建筑劳务有限公司，法定代表人袁某。劳务分包合同价为670万元，项目经理何某某，监理单位为某工程监理有限公司，项目总监王某某，总监代表杜某某；升降机生产和安装单位为某机械工具有限公司。

　　事故发生时，6幢高楼土建已完工，并于1月30日下午开始拆卸6幢楼的升降机。2月1日下午2号楼的升降机拆卸完毕。

　　2月2日6:30左右，在工地3号楼现场，劳务公司安全员朱某某、架子工班长方某某召集寿某某、黄某某、叶某某、施某某、徐某某、安某某（其中：施某某、徐某某、安某某3人是1日晚上由寿某某临时招募来的架子工）6人，准备拆卸该楼升降机。

　　当时正好有一批卫生洁具需运上楼。货物运完后，9:30许，他们就开始拆卸升降机。根据分工，叶某某、施某某、徐某某、安某某4人到井架顶端拆卸吊笼上的钢丝绳，由黄某某将乘载4人的吊笼由地面升到井架顶部后，他们分别用钢管把吊笼架住，然后开始拆卸吊笼上四根钢丝绳中的三根，留住一根钢绳吊住吊笼；在地面的寿某某、黄某某把拆下来的钢丝绳盘绕在卷扬机的小卷筒上。

　　11时许，当钢丝绳拆完后，顶部的作业人员要求把吊笼往上升，以便把架住吊笼的钢管拔出。这时寿某某指挥黄某某操作升降机的开关，将吊笼往上升。当钢管拔出后，4人进入吊笼，并要求把吊笼降下去。

　　当吊笼往下降了7m左右时，溢出在小卷筒上的钢丝绳缠到曳引轮和减速器的夹缝中被卡住，由于吊笼内有4人（质量较大），吊笼的重力致使钢丝绳被拉断，并迅速从60余米高处坠落。1名拆卸作业人员当场死亡，另3名立即被送往医院进行抢救，经抢救无效死亡。

■事故原因分析

1. 直接原因

升降机拆卸违反拆卸作业程序和升降机违规载人运行，导致钢丝绳断裂，造成升降机吊笼坠落。

2. 间接原因

（1）架子工班长方某某无视安全生产，组织无升降机拆卸资格的人员拆卸升降机。特别在2号楼的升降机拆卸后，现场作业人员提出此类井架拆卸太危险，不愿再拆。当他们离开后，方某某再次临时招募无拆卸资格的人员，冒险组织拆卸3号楼升降机。

（2）劳务公司安全生产意识淡薄。劳务用工不规范，尤其在工程收尾阶段。施工现场管理混乱，安全防护措施不落实。升降机拆卸未严格履行报审手续，并将升降机拆卸交付给无升降机拆卸资格的架子工方某某等人进行，导致事故发生。

（3）升降机断绳防坠装置缺少日常维护。断绳防坠器护罩未能有效阻挡尘土侵入，以致吊笼下坠时，防坠器未能动作，并未起到有效的防坠作用。

（4）建筑公司没有认真履行总包单位安全生产管理职责。对分包的各项业务以包代管，在工程收尾阶段，对施工现场违章作业行为未及时制止，现场安全管理工作不落实。

（5）监理公司未认真履行监理安全生产监管职责。虽未接到劳务公司关于要求拆卸升降机的报审报告，但现场监理人员在工地巡视中发现升降机正在拆卸，对应报审而未报审的拆卸行为，没有采取有效措施予以制止。

（6）地区改造建设指挥部对辖区内建设项目扫尾阶段放松了安全监管，对存在的安全隐患，检查督办不力。

■事故责任分析及处理

（1）架子工施某某、徐某某、安某某、叶某某等4人无升降机拆装资格，却参与3号升降机的拆卸，违规冒险乘升降机至顶端作业。更为严重的是，当升降机端部四根钢丝绳拆除三根后，他们4人再次冒险乘升降机而下，酿成事故的发生。施某某等人对这起事故的发生负有直接责任。鉴于当事人已经死亡，不予追究。

（2）架子工班长方某某作为升降机拆卸现场组织者和作业指挥者，招用无升降机拆卸资格的人员参与升降机的拆卸。当2号升降机拆卸完成后，原拆卸人员提出此类拆卸太危险，不愿继续干离开后，方某某再次招募无资格人员冒险参与3号机的拆卸。在拆卸过程中，未按施工方案的拆卸程序进行，对拆卸人员乘载升降机上下的严重违规行为，未及时加以制止，对事故的发生负有主要责任。司法机关依法追究其刑事责任。

（3）劳务公司施工现场安全员朱某某对无升降机拆卸资格人员参与作业和冒险乘载升降机上下的严重违规行为，未能及时采取有效措施给予制止，对事故的发生负有重要责任。司法机关依法追究其刑事责任。

（4）架子工寿某某按方某某的授意，临时招募无升降机拆卸资格的人员参与升降机的拆卸，并严重违规冒险将承载4人的吊笼升至井架顶端。又指挥无卷扬机操作资格的黄某某操作卷扬机，对事故的发生负有重要责任。司法机关立案侦查。

（5）劳务公司何某某作为该工程的项目负责人，对升降机拆卸未按规定办理报审手续，对拆卸人员的上岗资格未把关审查，对事故的发生负有主要领导责任。司法机关立案侦查。

（6）劳务公司总经理袁某未履行企业安全生产第一责任人的管理职责。工程扫尾阶段施工现场管理混乱，劳务用工不规范，安全生产责任制不落实，对事故发生负有重要领导责任。

（7）劳务公司安全生产意识淡薄。劳务用工不规范，尤其在工程收尾阶段，施工现场管理混乱，违法从事升降机的拆卸作业，对事故的发生负有重要管理责任。

（8）建筑公司项目经理卫某某未认真履行项目经理职责，工程扫尾阶段以包代管，安全管理工作不落实，对这次事故发生负有重要领导责任。

（9）建筑公司劳务分包后，对劳务公司的安全监管不严，项目负责人和安全管理人员对施工现场安全监督检查不力，对事故发生负有管理责任。

（10）监理公司项目总监王某某未认真履行总监职责，长期不在施工现场工作，对事故发生负有重要监理责任。

（11）监理公司项目总监代表杜某某未认真履行监理职责。在工地巡视中发现升降机拆卸作业时，对应报审而未报审的拆除行为，没有采取有效措施予以制止，对事故的发生负有重要监理责任。

（12）监理公司未认真履行监理职责。项目总监长期不在施工现场，对劳务公司擅自拆除升降机的违章行为未及时给予制止，对事故的发生负有重要监理责任。

（13）地区建设指挥部对该项目扫尾阶段放松了安全监管，对施工现场安全监督检查不力，对事故的发生负有一定的管理责任。

（14）"2·2"重大事故的发生，反映了区政府在建设施工安全生产管理方面还存在疏漏和不足之处，区政府向市政府作出书面检查。

（15）其他相关人员按各单位的有关规定，分别给予相应处理。

【案例2】

某年3月21日，某县城西住宅小区自建房建筑工地东单元发生一起高处坠落事故，死亡1人。

■事故概况

某县城西住宅小区自建房工程建设项目由刘某某等16人开发建设，建筑面积5000m²，5层框架结构。施工单位为某县第二建筑工程公司，法人代表和工程项目经理为刘某某。该工程未聘请监理单位。

某年3月21日下午1点，自建房工程油漆工王某某独自一人到该工程东单元四至五层之间楼梯休息平台做顶部刮腻子工作，下午3点30分左右，王某某在人字梯上（梯高2.5m）刮腻子时，由于人字梯失稳翻倒坠落，造成侧脑着地致伤（经查未戴安全帽）。事故发生后，泥工陈某某等人在第一时间内立即将王某某送往该县人民医院，后经市、县医生全力抢救，终因伤势过重，抢救无效死亡。

■事故原因分析

1.直接原因

高处作业安全防范措施不到位，搭设的操作平台不规范（只搭设1/2操作台，未铺设脚手片）；使用人字梯重心不稳及作业人员在施工操作中未戴安全帽。

2.间接原因

（1）某县第二建筑工程公司经理兼县城西住宅小区自建房项目部经理刘某某对公司、项目部安全管理不到位，未消除施工现场生产安全事故隐患。

（2）第二建筑工程公司副经理林某某兼项目部施工员对项目施工安全管理和对职工安全生产教育不到位。

（3）项目部安全员赵某某未履行安全员职责，对施工现场安全检查不到位。

（4）项目部油漆班班长叶某某未履行班长职责，对班组工人作业过程中的安全交底不到位，发现搭设的操作平台不规范和作业工人未戴安全帽未加以制止和纠正。

■事故责任分析及处理

（1）死者王某某搭设操作平台不规范，使用人字梯重心不稳，在作业过程中未戴安全帽，对该起事故负直接责任。鉴于本人已在这起事故中死亡，免于处分。

（2）县第二建筑工程公司兼项目部经理刘某某对公司、项目部安全管理不到位，未消除施工现场生产安全事故隐患，对该起事故负有主要责任。责成第二建筑工程公司给予行政处分；建议县安全生产监督管理局依法给予经济处罚；建议县建设局按照国家建设工程安全生产有关法律法规对县第二建筑工程公司给予处理。

（3）县第二建筑工程公司副经理兼项目部施工员林某某对项目施工安全管理和对职工安全生产教育不到位，对该起事故负有直接责任。责成县第二建筑工程公司给予行政处分和经济处罚。

（4）项目部安全员赵某某未履行安全员职责，对施工现场安全检查不到位，对该起事故负直接管理责任。责成县第二建筑工程公司给予行政处分和经济处罚。

（5）项目部油漆班班长叶某某未履行班长职责，对班组工人作业过程中的安全交底不到位，发现搭设的操作平台不规范和作业工人未戴安全帽未加以制止和纠正，对该起事故负主要责任。责成县第二建筑工程公司给予行政处分和经济处罚。

【案例3】

> 某年2月2日，由某建设集团有限公司承建的某市大剧院工程，发生高处坠落事故，死亡1人。

■事故概况

市大剧院地基基础工程由某建设工程有限公司承建。该项目的地下室基坑围护设计方案由挡土支撑的钻孔灌注桩和起止水作用的水泥旋喷桩组成，其中旋喷桩部分由某地质矿产工程公司直属工程处分包施工，工期为某年前一年的9～11月。同年12月中旬，负责土建的某建设集团有限公司进行了动力机房基坑开挖，于第二年1月20日发现坑壁局部有水夹粉土渗漏，要求某地质矿产工程公司进场补做，地质矿产工程公司直属工程处副经理兼旋喷桩项目经理胡某带领施工人员进场堵漏抢险。

某年2月2日上午,胡某在工地指挥普工周某、童某等四人堵漏,中午回公司,下午2时返回工地继续指挥堵漏,晚6时15分,地矿公司普工周某等三人晚饭后下基坑东侧的渗漏点堵漏;胡某于晚6时20分左右去基坑观察堵漏情况,当时天已黑,基坑内侧仅有中央的碘钨灯照明,堵漏点光线暗淡;胡某站在基坑东南侧的圈梁上向下观察,这时,在基坑堵漏的童某等人只听到背后发出似水泥包扔下坑底的声音,周某迅速赶到出事点,见胡某已倒在基坑底,就立即将其送医院抢救,到医院时发现已死亡。

■事故原因分析

1. 直接原因

死者胡某缺乏安全意识,不戴安全帽,在无护栏的基坑边缘冒险观察、指挥作业。

2. 间接原因

(1)在相对高差6m深的基坑未按规定设置防护栏及防护网措施。

(2)作业环境不良,基坑边缘泥泞,且有散落水泥块等障碍物;天色已晚,照明度不足。

■事故责任分析及处理

(1)死者胡某安全意识淡薄,对此起事故负有直接责任。鉴于已死亡,不予追究。

(2)施工单位负责人对施工现场指导、监督不力,对此起事故负有一定责任。建议有关部门对该单位进行通报批评,并给予经济处罚。

(3)施工单位法定代表人洪某对职工的安全教育不够,安全监督不力,对此起事故的发生负有领导责任。建议有关部门给予经济处罚。

(4)承包单位未按规定在基坑边缘设置防护栏和防护网,对此起事故的发生应负有一定责任。建议有关部门给予相应的经济处罚。

【案例4】

某年5月26日,由某市第五建筑工程公司承建的某化工有限公司新标准车间工地,发生高处坠落事故,死亡1人。

■事故概况

该工程项目共 3 层现浇钢筋混凝土框架结构。总长度为 36m，宽为 19m，建筑面积为 1587m²，檐口高度 13.5m，中间设有气楼。气楼顶檐口高度为 15.4m。一至三层均为车间，底层层高为 3.5m，二层层高为 3.9m，三层层高为 5.6m。

某年 5 月 26 日上午，泥工班长李某分配普工在三层楼面拉砂浆（砌砖用），9 时 30 分左右，李某在三楼北面砌砖，因砌到了一定的高度需要排架，于是李某叫陈某去底层拿 4 张排架来，但是陈某不是去底层拿，而是图省力把二层楼面作预留洞口防护的 2 张排架拿走（是通过在三层楼抛砖的王某帮助下拿走的），且未用脚手片覆盖预留洞口，在陈某将 2 张排架交给李某后，因李某原来说过需要 4 张，又叫陈某再去拿 2 张，结果陈某再次图省力把三层手拉车通道北侧作防护设施的 2 张排架拿走，这就形成二层和三层约 2m² 无任何防护设施的预留洞口，留下了事故的隐患，约在 10 时，陈某将空车拉回经过通道时，不慎从预留洞口摔至一层地面，后脑着地，安全帽跌抛一旁，经送医院抢救无效死亡。

■事故原因分析

1. 直接原因

死者陈某缺乏安全意识，将二层和三层预留洞口作防护用的排架拿走，是导致本起事故发生的直接原因。

2. 间接原因

（1）工地项目部对施工现场安全生产管理不严，对职工的安全教育不力，是导致本起事故发生的间接原因。

（2）架子工未对二层和三层预留洞口作防护用的排架进行固定，是导致本起事故发生的间接原因。

（3）施工单位负责人及职能部门对施工现场的安全检查没有落到实处，没有严格的对职工进行安全教育，是导致本起事故发生的间接原因。

■事故责任分析及处理

（1）死者陈某缺乏安全意识，将二层和三层预留洞口作防护有的排架拿走，导致事故的发生，对本起事故负直接责任。鉴于本人已死亡，不予追究。

（2）工地项目部对施工现场的管理不严，对职工的安全教育不力，导致事故的发生，对本起事故应负间接责任。建议有关部门对项目经理潘某，安全员王某予以经济处罚，当地建设行政主管部门已对项目经理潘某作出降低其项目经理资格等级的处罚（由三级降为四级）。

（3）架子工对二层和三层预留洞口作防护用的排架没有固定，对本起事故负有一定的责任。建议有关部门对架子工班长管某给予经济处罚。

（4）施工单位负责人及安全科对施工现场的检查未落到实处，没有严格的对职工进行安全教育，对本起事故的发生负有领导责任。建议有关部门对该单位按规定给予处罚，并对单位负责人及安全科科长李某给予经济处罚。

【案例5】

■事故概况

某装修工程，一台高处作业吊篮悬吊平台离地高度约7m，正在进行外墙大理石干挂作业，悬吊平台一端的工作钢丝绳突然从上部绳端固定部位的绳卡中脱离，造成悬吊平台一端倾斜，3名作业人员坠地受伤；在悬吊平台倾斜的同时，一民工刚好从楼内出来，路经悬吊平台下方，不慎被悬吊平台砸中死亡。

■事故原因分析

（1）吊篮工作钢丝绳和安全钢丝绳绳端未按规定紧固，不能承载悬吊平台和作业人员及大理石板等的重量而"抽签"，导致悬吊平台一端下坠。

（2）各工种交叉作业，未能做好安全宣传及民工安全自我防护意识教育。

（3）吊篮在上面施工，下部作业区域未设置安全防护围栏，未专人看管。

（4）未履行吊篮日常检查和专项检查。

■吊篮使用过程中安全保证措施

（1）吊篮操作人员应严格按吊篮使用说明书规定的操作要求，安全使用吊篮。不得将吊篮作为垂直运输设备，不得采用吊篮运送物料。

（2）严格遵守荷载规定，正常施工时，吊篮平台内的荷载应保持均匀，严禁超载作业。如果按照工程实际荷载需求，超过了额定的荷载，应减少施工过程中的一次性荷载，可分由2次或多次操作。

（3）使用离心触发式安全锁的吊篮在空中停留作业时，应将安全锁锁在安全绳上；空中启动吊篮时，应先将吊篮提升，使安全绳松弛后再开启安全锁。不得在安全绳受力时强行扳动安全锁开启手柄；不得将安全锁开启手柄固定于开启位置。

（4）吊篮内的作业人员不应超过 2 个。

（5）吊篮内严禁使用登梯，吊篮内不应架设和使用梯子、高凳等，也不应另设吊具运材料。

（6）下吊篮时禁止跳上跳下，一定要在吊篮着地放稳后，方可上下。从吊篮上跳下来，或跳过女儿墙进入吊篮都是很危险的，不得手提用具上下吊篮，用具的拿进拿出应用手传递。

（7）禁止离开操作岗位，吊篮使用期间操作人员不得随意离开操作岗位。遇特殊情况离开操作岗位，必须切断电源，以防止无关人员触动引起事故。

（8）戴安全帽、系好安全带，操作时应正确佩戴安全帽，系好安全带，将安全锁扣扣在安全绳上，避免发生伤亡事故。

（9）禁止进入操作区域，在吊篮运行下方可能造成坠落物伤害的范围，应设置安全隔离区和警告标志，人员或车辆不得停留、通行。

（10）吊篮平台在运行时作业人员不得进行施工操作，并应密切注意周围情况，发现异常应立刻切断电源。

（11）吊篮平台操作人员应按规定的站位进行操作，吊篮平台内应保持荷载均匀。注意可能妨碍平台升降的建筑结构外伸部位或物体，并进行适当处理。

（12）吊篮工作平台要配备缓冲装置，减少平台空中晃动时碰撞工作面，导致幕墙材料破裂等情况发生；安装幕墙板块时尽量靠近建筑物，减少操作距离；应特别注意安装幕墙的工具，避免操作不当时工具或者辅助安装零件从高空掉落下去造成安全事故发生；尽量避免在吊篮上放置多余的材料，材料应用其他运输工具运到指定的楼层。

（13）钢丝绳应符合安全使用标准：工作钢丝绳和安全钢丝绳均不得损伤和发生变形、扭曲、不得沾油，禁止对接使用。磨损、断丝、腐蚀情况的检验和报废判定按有关规定要求执行。

（14）在吊篮上进行电、气焊作业时应对吊篮设备、钢丝绳、电缆采取保护措施。不得将电焊机放置在吊篮内；电焊缆线不得与吊篮任何部位接触；电焊钳不得搭挂在吊篮上。

（15）禁止在恶劣天气下操作，当吊篮施工遇有雨雪、大雾、风沙及 5 级以上大风等恶劣天气时，应停止作业，并应将吊篮平台停放至地面，应对钢丝绳、电缆进行绑扎固定。

【案例6】

> 某大楼空调安装项目，楼层空调水管道安装施工过程中发生一起高处坠落事故。造成1人重伤。

■事故概况

管道班组成员李某等4人组成的施工小组，在楼层安装空调水主管道。由于施工变更，需要拆除主管的第一个槽钢管码（重约47.5kg）。当时李某等两人站在第二层门型脚手架上，另外，有一人站在第一层脚手架上，一人站在地面监护。拆除完管码，李某等两人再从第二层脚手架往下放码，由于二层脚手架上人和物都在同一边，致使重心偏移脚手架发生晃动，导致第一层上的工人未抓牢管码使其脱落，撞击一层门型脚手架右边斜支撑，支撑弯曲脚手架变形，由于李某未按要求悬挂安全带，由第二层脚手架坠落（高度约3.6m）。施工班组立即通知安全员及项目部，项目部第一时间启动紧急预案，马上将伤者送到了医院进行医治。

事发后安全员在第一时间对事故现场进行了拍照取证，项目部对当时在场的相关人员进行了询问了解。在当天下午，安排项目部的全体施工人员停工。进行情况通报和接受安全教育。同时邀请了业主安全管理部门及监理公司主管人员参加了会议。并在会议结束后对施工现场进行了全面的细致的安全检查。同步对现场进行整改、落实。

■事故原因分析

1. 直接原因

施工小组思想麻痹，高空作业时没有对危险因素充分考虑。在拆卸管码时没有按照施工员安全技术交底要求，借助手拉葫芦或者绳索来拆放管码，而贪图方便简单地靠人力来操作，4人均在作业，无人监护。并且施工过程将管码的重量直接传递到脚手架上，导致脚手架重心偏移失稳，属于违章作业、冒险作业造成的。

2. 间接原因

（1）项目部安全管理不到位，施工员、安全员对存在危险的作业内容未引起足够重视，未设专人旁站；巡查力度不够，未能及时制止工人违章作业。

（2）劳动安全保护用品没按规定佩戴好，作业时虽戴有安全带却未按要求悬挂，导致直接坠落。戴有安全帽却帽带未系紧，导致坠落时安全帽脱落而至头部着地。

（3）施工班组长对危险性认识不足，未对此项作业内容进行详细分工，导致现场爬高作业无监护人员，没有及时制止施工小组违章行为。

（4）安全教育培训不够，职工安全意识淡薄。

■事故责任认定和处理

根据事故责任认定，按照事故处理"四不放过"的原则及公司管理制度和奖罚制度对各责任人进行如下处理：

（1）直接责任人是施工人员李某，违章作业，冒险作业。

（2）管道班班组长，现场监管不到位负主要责任。

（3）安全员对现场安全检查、监督不到位，负有管理责任。

（4）施工员对施工现场监督不力，检查不严，未能有效控制事故发生，对本次事故负有一定的管理责任。

（5）项目部负责人在管理上没有严格执行公司的有关规章制度，对各岗位的管理、考核不到位，负领导责任。

■事故评说

高处坠落事故多年来一直是建筑施工现场"五大伤害"事故之首。建筑施工现场存在人员流动大、高处作业多、手工操作、体力劳动繁重、施工变化幅度大等诸多不利因素。因此，在进行各项高处作业时必须做好各项必要的安全防护措施，全面预防高处作业坠落事故的发生，显得十分重要。

高处坠落事故发生的原因是多方面的，主要有两个方面。

一是人的因素。首先，施工管理人员、职工安全意识淡薄，企业管理者只管抓进度、求效益，对安全生产有关法律、法规及标准规范掌握不清，违章指挥，盲目施工。【案例1】中，架子工班长方某某作为升降机拆卸现场组织者和作业指挥者，招用无升降机拆卸资格的人员参与升降机的拆卸；施工现场安全员朱某某对无升降机拆卸资格人员参与作业和冒险乘载升降机上下的严重违规行为，未能及时采取有效措施给予制止；架子工寿某某按方某某的授意，临时招募无升降机拆卸资格的人员参与升降机的拆卸，并严重违规冒险将承载4人的吊笼升至井架顶端，又指挥无卷扬机操作资格的黄某某操作卷扬机。【案例3】中，死者胡某不戴安全帽，在无护栏的基坑边缘冒险观察、指挥作业。【案例4】中，死者陈某将二层和三层预留洞口作防护用的排架拿走等，都是现场管理和作业人员安全意识淡薄的表现。其次，项目部不能有效地对职工进行安全知识教育培训，导致职工安全意识差，违章作业，缺乏预防高处坠落事故发生的能力。另外，施工安全管理人员对施工现场的安全检查不全面，隐患发现不及时，整改落实不到位，缺乏事故发生的预见及防控能力。【案例4】中，架子工未对二层和三层预留洞口作防护用的排架进行固定，陈某又将二层和三层预留洞口作防护用的排架拿走的行为，一方面是项目部没有对作业人员进行有效的安全教育，另一方面是施工安全管理人员管理不到位所导致的。《建筑施工高处作业安全技术规范》JGJ 80–1991第2.0.8条明确规定，因作业必须，临时拆除或变动安全防护设施时，必须经施工负责人同意，并采取相应的可靠措施，作业后应立即恢复。陈某拿走排架的行为已经产生了安全隐患。本案例中，拆除部分属于设计变更内容，对变动部分应该补充制定安全技术措施，然后交底到位后，进行施工。对施工措施和方法应该进行旁站确认。班组长存在侥幸心理，对危险认识不足，盲目操作导致事故发生。

二是物的因素。施工企业对安全生产投入不足，如使用明令淘汰、安全系数不高的设备和机具，钢丝绳磨损，安全网老化，保护架板陈旧等；安全防护设施不到位。"四口"（楼梯口、通道口、电梯口、预留洞口）、"五临边"（尚未安装栏杆的阳台周边、无脚手架的屋面周边、龙门架通道的两侧边、卸料台的外侧边、框架楼的楼层边）防护设施不到位等现象时有发生。【案例1】中，升降机断绳防坠装置缺少日常维护，断绳防坠器护罩未能有效阻挡尘土侵入，以致吊笼下坠时，防坠器未能动作，并未起到有效的防坠作用。【案例2】中，高处作业安全防范措施不到位，搭设的操作平台不规范和使用人字梯重心不稳及作业人员在施工操作中未戴安全帽。【案例3】中，在相对高差6m深的基坑未按规定设置防护栏及防护网措施。因安全生产投入不足，存在侥幸心态，从而引发事故的教训已是非常深刻的。

防止高处坠落事故的发生，主要应做好以下几个方面：

（1）依法加强安全生产管理，增强从业人员安全意识，牢固树立以人为本的观念。

（2）加强对人员进行"三级安全教育"（公司教育、项目部教育、班组教育）。教育操作人员自觉遵守安全技术操作规程，提高自我保护意识，做到"三不伤害"（不伤害自己、不伤害别人、不被人伤害），杜绝"三违"（违章指挥、违章作业、违反劳动纪律）和冒险行为。

（3）加大安全生产的投入。严格按国家标准的要求设置安全防护设施，严禁使用明令淘汰的设备和机具；使用先进的生产工具和施工工艺，降低安全施工风险。

（4）有针对性地制定专项施工方案，并做好安全技术交底工作。应严格按照《建筑施工安全检查标准》JGJ 59-2011、《建筑施工扣件式钢管脚手架安全技术规范》JGJ 130-2001、《建筑施工高处作业安全技术规范》JGJ 80-1991、《建筑工程预防高处坠落事故若干规定》（建设部建质〔2003〕82号）等有关规定的要求，结合工程实际编制施工方案。

（5）认真做好日常检查工作。应经常定期、不定期地对施工现场安全生产状况进行全面检查，按照"定人、定时、定措施"的原则落实安全生产责任制，确保安全生产。

二、触电

触电是指由于电流经过人体导致的生理伤害。

【案例7】

> 某年5月15日10时20分，某市某工业区某厂新建厂房工地，正在作业的汽车吊碰到高压线，造成2名作业人员触电死亡事故。

■事故概况

某市某厂，为企业生产的需要，经有关部门批准在某市工业区新建1800m² 厂房。5月初，该厂厂长杨某将新厂房的施工图纸交给杜某某（无建筑施工资质的个人包工队），委托其负责新建厂房工程的土建施工，并委托某建筑安装工程有限公司为其工地打基础桩（无书面合同）。

5月14日，杜某某与本市建科院地基所副所长葛某某达成口头协议，由市建科院为该厂在工业区新建厂房工地已完工的地基桩进行检测。

15日早晨，建科院地基所葛某某租借某建筑安装工程有限公司50t汽车吊到工地为其吊装检测架。9时左右，该安装公司调度丁某安排李某某驾驶汽车吊并带领力工张某、陈某到工地协助建科院做地基桩检测工作。

李某某根据建科院检测地基桩的需要把吊车停放好，在建科院刘某的具体安排下开始吊装作业，10时20分左右，在起吊第二钩时，建科院工人刘某感觉检测架就位的位置不合适，示意李某某再起吊，当检测架离地200mm时，刘某手握吊装钢丝绳向西拽（靠近高压线的方向），同时安装公司的力工张某、陈某配合刘某向西推检测架，致使吊装检测架的起重钢丝绳与 10kV 高压线接触，造成刘某、张某被电击倒地，后急送医院救治，经医生诊断两人已死亡。

■事故原因分析

经过事故调查组的现场勘察取证，调阅相关材料，询问有关人员，认定此起触电伤害事故是由于违规组织施工、违章作业、安全管理不善等造成的生产安全责任事故，发生的具体原因如下。

1. 直接原因

（1）安装公司汽车吊司机李某某安全意识淡薄，在驾车到达施工现场后，对作业现场的周边环境观察不细，吊车臂升举的位置违反了《起重机械安全规程第 1 部分：总则》GB 6067.1—2010 "起重作业时，臂架、吊具、辅具、钢丝绳等与 1 ~ 35kV 输电线路的最小安全距离不得小于 3m" 的规定。在吊装人员向西推检测架时，致使吊装检测架的起重钢丝绳与 10kV 高压线接触碰，这是造成刘某、张某触电致死的直接原因。

（2）市建科院工人刘某安全知识贫乏，在从事吊装检测架作业时，对吊装检测架的钢丝绳可能与 10kV 高压线接触，造成触电的危害性认识不足，擅自将吊装检测架的钢丝绳向西拽，也是造成触电致死的直接原因。

2. 间接原因

（1）某厂厂长杨某法律观念及安全意识淡薄，违反《安全生产法》和《建筑法》关于新建工程的建筑施工必须交给具有建设行政部门和安全监督行政部门核发的建筑资质和安全资格许可证的建筑施工企业承担的规定，自行组织新建厂房的建筑施工；在将基础桩施工工程发包给安装公司时，没有签订书面合同；委托建科院为其新建厂房工地已完工的地基桩进行检测时，也未签订书面合同。

包工头杜某某在组织新建厂房的建筑施工中，对作业现场的安全管理不善，对外委施工单位安全生产缺乏协调和指导，是造成此起事故发生的主要原因。

（2）建科院地基所在承担新建厂房工地已完工的地基桩进行检测任务和租借安装公司 50t 汽车吊到工地为其吊装检测架时，未签订书面合同。对在 10kV 高压输电线路附近施工作业，没有制定具体有针对性的安全防范措施，对作业人员缺乏具体的安全技术交底，缺乏对吊装检测架作业的指导与监护，是造成此起事故发生的重要原因。

（3）安装公司安全管理不到位，对施工合同管理不严；对从事起重作业人员的安全教育不够，在安排李某某驾驶汽车吊到工地协助建科院做地基桩检测工作时，未对其进行具体的安全教育和安全交底，也是造成此起事故发生的重要原因。

■事故责任分析及处理

此起事故是由于某厂违反《安全生产法》和《建筑法》，自行组织新建厂房的建筑施工。在将基础桩施工工程发包和委托对地基桩进行检测时，不签订书面合同、作业人员违章作业、对新建厂房工地的施工现场缺乏必要的安全监督检查等原因造成的。因此根据《安全生产法》、《生产安全事故报告和调查处理条例》（国务院令第493号）等有关规定，按照"事故原因不查清不放过，职工和事故责任者没有受到教育不放过，事故整改措施不落实不放过，事故责任人不处理不放过"的四不放过原则，对在此起事故中负有责任的相关责任人作出了行政处分和经济罚款。

【案例8】

> 某年7月23日，某大厦建设工地发生一起触电事故，死亡1人。

■事故概况

某年7月23日下午4时许，位于某县某镇某街北段的某大厦建设工地发生一起死亡1人的触电事故，直接经济损失21.8万元。大厦建设工程（旧城改建某街北段 B1-2 地块）建筑面积为 14760m²，工程总造价 1895.18 万元。建设单位为县某房地产开发有限公司，合同开工时间为 2006 年 2 月 20 日。施工单位为温州某建筑安装工程公司。

7月23日下午4时许，当天下午才到工地的钢筋工陈某（无电焊工特种作业操作证书，未经过建设安装工程公司的新工人三级安全生产培训教育），被指派到大厦建设工地地下室底层电梯井机坑51号桩进行接桩工作。

当时陈某浑身是汗，未穿戴绝缘鞋和绝缘手套、面罩等防护用品。一开始电焊，在桩坑上方扶住钢筋的工人就觉得被电麻了一下，项目经理张某某叫他去拿手套，并要求陈某停止作业。陈某说没关系，又用焊钳点了一下，人就靠在桩坑边上的钢筋上。

张某发现情况不对，马上叫人关掉电闸，并把陈某从坑里救起送往医院。经抢救无效，陈某于当晚死亡。

■事故原因分析

1. 直接原因

（1）焊接设备存在缺陷。经现场勘验检查发现，距焊钳 3 ~ 4m 处，电焊机的软导线有两处明显的绝缘破损，其中一处绝缘胶布已脱落，导线铜线外露，极易和焊接的钢筋接触，引发触电事故。

（2）陈某未按规定穿戴劳动防护用品，在浑身是汗的情况下进入不良的作业环境冒险作业，从而导致触电，是事故发生的直接原因。

2. 间接原因

（1）现场管理混乱，是导致事故发生的重要原因。

1）大厦工地地下室打桩完成后，接桩施工未编制专项方案；

2）陈某未参加建筑安装工程公司的安全生产培训教育，没有取得电焊工特种作业操作证书，就进行电焊作业；

3）进入施工现场的设备没有报验；

4）现场管理人员对员工违章冒险作业制止不力；

5）监理部人员擅离现场，未按要求进行旁站监管，未能及时发现和制止安全事故隐患。

（2）责任制不健全，安全生产制度落实不严，也是事故发生的重要原因。

1）建筑安装工程公司对新来员工没有进行相关的培训教育，未能经常督促，检查本单位的安全生产工作，及时消除生产安全事故隐患；

2）大厦项目部制度落实不严，管理混乱。

【案例 9 】

■事故概况

5月 31 日 2 时 30 分，某电厂电除尘运行人员发现，3 号炉三电场二次电压降至零，四个电场的电除尘器当一个电场退出运行时，除尘效率受到一定影响。由于在夜间，便安排一名夜间检修值班人员处理该缺陷。在检修人员进入电除尘器绝缘子室处理 3 号炉三电场阻尼电阻故障时，由于仅将三电场停电，造成了检修人员触电，经抢救无效死亡。

■事故原因分析

（1）夜间抢修，检修人员无票作业。

（2）运行人员停电操作存在严重的随意性，且仅将故障的三电场停电，安全措施不全面。

（3）检修人员违反《电业安全工作规程》DL 409-1991 的规定，在没有监护的情况下单人在带电场所作业，且安全措施不全，造成触电。

（4）运行班长在检修人员触电后，应急处理和救援不当。不是立即对所有电场停电救人，而是打电话逐级汇报，延误了抢救时间。

■暴露问题

（1）安全生产疏于管理，导致出现习惯性违章，无票作业。
（2）工作监护制度执行不到位。
（3）作业前危险点分析不到位。

■采取措施

（1）严格执行两票三制，杜绝无票作业。
（2）加强安全生产管理，落实安全生产责任制，杜绝习惯性违章。
（3）对工作场所存在可能发生的触电危险情况，事前开展危险点分析。
（4）对职工加强应急处理和救援的教育。事故发生后，应立即采取措施救人，再向上级汇报。

【案例10】

■事故概况

8月19日，某厂维修电气专业厂用班人员根据工作安排检查 C2 号空压机一启动就跳闸缺陷。16 时 50 分和 19 时 40 分，运行人员先后两次应电修人员要求，在空压机房就地试启动 2 号空压机，但不成功。电修人员怀疑开关二次回路插头接触不良，由 A 值电气操作员将 2 号空压机开关小车从开关横内拉至"检修"位置，交厂用班人员继续检查。

20 时 35 分，电修人员认为缺陷已消除，电话通知当班值长毛某，要求再次试启动 2 号空压机运行，电气操作员助理冯某去执行该项任务。冯某到 2 号机 3kV2A 工作母线段后，将 2 号空压机开关小车从"检修"位置送入"隔离"位置（即"试验"位置），在此位置做开关分合闸试验，然后将开关小车推入"工作"位置，第一次推入不成功，便将操作杆恢复至原位置，然后进行第二次推送，也不成功，再退回至原位置。

20时42分，当冯某双手用力进行第三次推送操作杆过程中，开关发生三相短路，浓烟滚滚，强烈的弧光射出，将在场的冯某、周某、蔡某等三人烧伤。

事故后对现场检查：2号空压机开关在合闸状态；合闸闭锁杆被撞弯；开关机械脱扣装置变形；开关母线侧触头完全烧熔。

■事故原因分析

开关由"隔离"位置（即"试验"位置）送往"工作"位置时，没有查开关确在分闸位置，致使小车开关在开关合闸状态下带负荷碰合插头，三相弧光短路，是造成事故的原因。

■暴露问题

（1）没有执行操作票制度，严重违反《电业安全工作规程》的有关规定。

（2）操作监护执行不到位。

（3）设备管理不到位，开关的机械五防存在严重缺陷。

（4）开关送电操作中，没有认真检查开关的实际状态。

（5）运行值班人员对所管辖的开关设备基本构造不熟悉。送电操作中当出现两次小车推送不到位时，明显与往常送电操作不一样，未能觉察到是机械闭锁发挥作用。没有立即停止操作，找出原因弄清问题后，再继续操作。

（6）开关的分合闸指示灯灯泡烧坏后，没有及时更换，使开关状态得不到有效监视。

（7）3kV小车开关机械脱扣装置的打跳接触部分经使用一段时间后出现偏差，但未及时发现和调整。

■采取措施

（1）严格执行操作票和操作监护制度。

（2）加强培训，操作人员应熟悉开关的结构、原理，防止野蛮操作。

（3）完善开关、刀闸等设备的防误闭锁装置。

【案例11】

■事故概况

某集团配餐服务公司下属某公司管理下的某酒店计划"五一长假"期间对酒店的三楼进行装修，酒店与某建筑装修工程有限公司（以下简称"承包方"）

在 2006 年 4 月 29 日签订了《某酒楼装修施工合同》，合同中明确了安全条款，承包方于 2006 年 4 月 29 日进入现场——某大厦三楼某酒楼（以下简称"酒楼"）进行零星维修工作。

2006 年 5 月 5 日 14：00 左右，承包方开始对酒楼大厅顶棚内的监控信号系统线路进行检修，约在 16：30 左右，承包方施工电工解某在拉牵酒楼大堂顶棚上该监控器信号线时，无意中触及已被老鼠咬破裸露的照明线路，突然倒下，与解某共同作业的另一名电工发现后，急忙呼叫无应答，立即与顶棚板下的施工监督（酒店工程部主管）用对讲机联系，施工监督立即爬上顶棚板赶到，两人将解某抬到大厅内紧急实施抢救，并拨打 120 急救电话。

医生赶到现场，解某经抢救无效死亡。

经法医最终鉴定为：意外触电死亡。

经过调查收集到以下事实：

（1）某公司某酒店在选择承包商时查验了其相关资质，某建筑装修工程有限公司注册资金 1000 万元，营业执照、税务登记证、建筑业企业资质证书等相关资质齐全，并在有效期内。

（2）施工人员上岗证书齐全，电工解某电工证书齐全。

（3）某公司某酒店与某建筑装修工程有限公司签订了《某酒楼装修施工合同》，合同中明确了安全条款，并与乙方签订了安全施工承诺书。

（4）某公司某酒店安排专人对现场施工进行监督，作为甲方代表对整个施工人员的安全教育负责。开工前，施工监督对承包方施工人员进行了安全教育，事发时，施工监督周某在现场。

（5）某酒店在承包商制定了安全施工措施后方才准予其开工。

■事故原因分析

1. 客观原因

（1）某酒楼在 2000 年装修，由于几年来一直从事餐饮服务工作，并且楼层为三楼，隐蔽空间线路存在老化现象，线路有被老鼠咬坏现象。

（2）操作人员爬上顶棚上进行操作，作业场所光线较暗。

2. 主观原因

（1）承包方施工人员安全意识不强，尽管某酒店在合同中第三条第十二款中写明"做好施工现场电线路保护，若乙方防护不力而发生事故，则一切责任及经济损失由乙方承担"，在第七条第一款中写明"乙方应按安全施工有关规定，采取严格、科学的安全防护措施，确保施工安全和第三者的安全"，但是施工人员（电工解某）在操作过程中，只考虑将监控线路断电，主观认为与照明电路没有关系，而没有对其断电，违反了合同中的相关规定。事故发生前，在现场的某酒店经理还就安全问题交代了要注意的安全事项并要求断电作业，承包商表示遵照执行，实际没有遵照执行，这是造成此次事故的主要原因。

（2）承包商在施工作业中没有按照要求配备必要的防护用具，如绝缘手套、绝缘鞋。

（3）由于某公司于今年1月1日划归配餐公司，并且其本身原建立了一套安全管理体系，所以配餐公司在下发《配餐公司2006年健康安全环保工作安排》的文件中明确"某公司继续执行原有的安全健康环境管理体系"。某公司对体系中"承（分）包商安全管理办法"执行力度不够，对承包商培训及教育力度不够。

（4）配备的施工监督，安全经验、安全技能的专业素质较低，对风险认识能力不足。只关注施工人员是否对监控线路进行断电，而没有继续跟进、督促和检查，责任心不强。

（5）安全检查力度不够。某公司对某酒店检查中不够细致，对漏电保护器没有进行系统检查，致使事发时漏电保护器失灵没有发挥作用。

■事故评说

由于目前施工现场严格使用TN-S接地接零保护系统（或称三相五线系统，指由A、B、C三根相线、一根工作零线（N线）和一根保护零线（PE线）所组成的五线系统）、三级配电系统和二级漏电保护装置，触电事故的发生起数大为减少，但触电事故还时有发生。

触电事故发生的主要原因有：

（1）电工无证上岗，作业时不按规定穿戴劳动保护用品。【案例8】中，钢筋工陈某未参加安全生产培训教育，未取得电焊工特种作业操作证书，就进行电焊作业；陈某未按规定穿戴劳动防护用品，在浑身是汗的情况下进入不良的作业环境冒险作业。

（2）建筑物或脚手架与户外高压线距离太近，不设置防护网。【案例7】中，吊车臂升举的位置与输电线路的最小安全距离不满足规范规定，在吊装人员向西推检测架时，致使吊装检测架的起重钢丝绳与10kV高压线接触碰。

（3）电气设备、电气材料不符合规范要求，绝缘受到磨损破坏。【案例8】中，焊接设备存在缺陷，电焊机的软导线有两处明显的绝缘破损，其中一处绝缘胶布已脱落，导线铜线外露。

（4）机电设备的电气开关无防雨、防潮设施。

（5）施工现场电线架设不当、拖地、与金属物接触、高度不够。

（6）电箱不装门、锁，电箱门出线混乱，随意加保险丝，并一闸控制多机。

（7）电动机械设备不按规定接地接零。

（8）手持电动工具无漏电保护装置。

（9）不按规定高度搭建设备和安装防雷装置。

预防触电事故的主要措施有：

（1）加强劳动保护用品的使用管理和用电知识的宣传教育。

（2）建筑物或脚手架与户外高压线距离太近的，应按规范增设保护网。

（3）在潮湿、粉尘或有爆炸危险气体的施工现场要分别使用密闭式和防爆型电气设备。

（4）经常开展电气安全检查工作，对电线老化或绝缘降低的机电设备进行更换和维修。

（5）电箱门要装锁，保持内部线路整齐，按规定配置保险丝，严格执行"一机一闸一漏一箱"，按规定配置漏电保护器。

（6）根据不同的施工环境正确选择和使用安全电压。

（7）电动机械设备按规定接地接零。

（8）手持电动工具应增设漏电保护装置。

（9）施工现场应按规范要求高度搭建机械设备，并安装相应的防雷装置。

三、坍塌

坍塌是指建筑物、堆置物倒塌以及土石塌方等引起的事故伤害。

【案例12】

某年10月25日，某市发生在建建筑物坍塌事故，造成6人死亡、35人受伤（其中重伤11人），直接经济损失70.78万元。

■事故概况

某市电视台演播中心工程由市电视台投资兴建，某大学建筑设计院设计，某建设监理公司对工程进行监理。该工程在市招标办公室进行公开招投标，该市某建筑公司于1月13日中标，并于3月31日与市电视台签订了施工合同。

该建筑公司组建了项目经理部，史某任项目经理，成某任项目副经理。4月1日工程开工，计划竣工日期为第二年7月31日。工地总人数约250人，民工主要来自南方各地。

市电视台演播中心工程地下2层、地上18层，建筑面积34000m²，采用现浇框架剪力墙结构体系。演播中心工程的大演播厅总高38m（其中地下8.70m，地上29.30m），面积为624m²。7月份开始搭设模板支撑系统支架，支架钢管、扣件等总吨位约290t，钢管和扣件分别由甲方、市建工局材料供应处、某物资公司提供或租用。原计划9月底前完成屋面混凝土浇筑，预计10月25日16：00完成混凝土浇筑。

在大演播厅舞台支撑系统支架搭设前，项目部在没有施工方案的情况下，按搭设顶部模板支撑系统的施工方法，先后完成了三个演播厅、门厅、观众厅的搭设模板和浇筑混凝土施工。1月，该建筑公司工程师茅某编制了《上部结构施工组织设计》，并于当月30日经项目副经理成某和分公司副主任工程师赵某批准实施。

7月22日开始搭设施工后时断时续。搭设时没有施工方案，没有图纸，没有进行技术交底。由项目副经理成某决定支架立杆，纵横向水平杆的搭设尺寸按常规（即前五个厅的支架尺寸）进行搭设，由项目部施工员丁某在现场指挥搭设。搭设开始约15天后，分公司副主任工程师赵某将《模板工程施工方案》交给丁某。丁某看到施工方案后，向项目副经理成某做了汇报，成某答复还按以前的规格搭架子，到最后再加固。

模板支撑系统支架由该建筑公司的劳务公司组织进场的朱某工程队进行搭设（朱某是市标牌厂职工，以个人名义挂靠在该建筑公司劳务公司，事故发生时朱某工程队共17名民工，6月份进入施工工地从事脚手架搭设，其中5人无特种作业人员操作证），地上25～29m，最上边一段由木工工长孙某负责指挥木工搭设。10月15日完成搭设，支架总面积约624m²，高度38m。搭设支架的全过程中，没有办理自检、互检、交接检、专职检的手续，搭设完毕后未按规定进行整体验收。

10月17日开始进行模板安装，10月24日完成。23日木工工长孙某向项目部副经理成某反映水平杆加固没有到位，成某即安排架子工加固支架，25日浇筑混凝土时仍有6名架子工在继续加固支架。

10月25日6点55分开始浇筑混凝土，8点多，项目部资料质量员姜某才补填混凝土浇捣令，并送监理公司总监韩某签字，韩某将日期签为24日。浇筑现场由项目部混凝土工长邢某负责指挥。该建筑公司的混凝土分公司负责为本工程供应混凝土，为 B 区屋面浇筑 C40 混凝土，坍落度 16～18cm，用两台混凝土泵同时向上输送（输送高度约 40m，泵管长度约 60m×2）。浇筑时，现场有混凝土工工长 1 人，木工 8 人，架子工 8 人，钢筋工 2 人，混凝土工 20 人，以及电视台 3 名工作人员（为拍摄现场资料人员）等。

浇筑至 10 点 10 分，输送机械设备一直运行正常。到事故发生止，输送至屋面混凝土约 139m³，重约 342t，占原计划输送屋面混凝土总量的 51%。

10 点 10 分，当浇筑混凝土由北向南单向推进，浇至主次梁交叉点区域时，模板支架立杆失稳，引起支撑系统整体倒塌。屋顶模板上正在浇筑混凝土的工人纷纷随塌落的支架和模板坠落，部分工人被塌落的支架、模板和混凝土浆掩埋。

事故发生后，该建筑企业项目经理部向有关部门紧急报告事故情况。闻讯赶到的领导、指挥公安民警、武警战士和现场工人实施了紧急抢险工作，将伤者立即送往医院进行救治。最后，造成正在现场施工的民工和电视台工作人员 6 人死亡、35 人受伤（其中重伤 11 人），直接经济损失 70.78 万元。

■事故原因分析

（1）支撑体系搭设不合理。在主次梁交叉点区域的每平方米钢管支撑的立杆数应为 6 根，实际上只有 3 根立杆受力，又由于梁底模下木方呈纵向布置，使梁下中间排立杆受荷过大，有的立杆受荷最大达 4t 多；有部分立杆底部无扫地杆、步距过大达 2.6m，造成立杆弯曲，加之输送混凝土管的冲击和振动等影响，使节点区域的中间单立杆首先失稳并随之带动相邻立杆失稳。

（2）模板支撑与周围结构连结点不足，在浇筑混凝土时造成了顶部晃动，加快了支撑失稳的速度。

（3）未按有关法律法规的要求，对专业性较强的分项工程——现浇混凝土屋面板的模板支撑体系的施工编制专项施工方案；施工过程中，有了施工方案后也未按要求进行搭设。

（4）没有按照规范的要求，对扣件或钢管支撑进行设计和计算，因此，在后补的施工方案中模板支架设计方案过于简单，且无计算书，缺乏必要的细部构造大样图和相关的详细说明。即使按照施工方案施工，现场搭设时也是无规范可循。

（5）监理公司驻工地总监理工程师无监理资质，工程监理组没有对支架搭设过程严格把关，在没有对模板支撑系统的施工方案审查认可的情况下同意施工，没有监督对模板支撑系统的验收，就签发了浇捣令，工作严重失职，导致工人在存在重大事故隐患的模板支撑系统上进行混凝土浇筑施工，是造成这起事故的重要原因。

（6）在上部浇筑屋盖混凝土情况下，民工在模板支撑下部进行支架加固是造成事故伤亡人员扩大的原因之一。

（7）该建筑公司领导安全生产意识淡薄，个别领导不深入基层，对各项规章制度执行情况监督管理不力，对重点部位的施工技术管理不严，有法不依。施工现场用工管理混乱，部分特种作业人员无证上岗作业，对民工未进行三级安全教育。

（8）施工现场支架钢管和扣件在采购、租赁过程中质量管理把关不严，部分钢管和扣件不符合质量标准。

（9）建筑安全管理部门对该建筑工程执法监督和检查指导不力；对监理公司的监督管理不到位。

■事故责任划分及处理

（1）该建筑公司项目部副经理成某，具体负责大演播厅舞台工程，在未见到施工方案的情况下，决定按常规搭设顶部模板支架，在知道支撑系统的立杆、纵横向水平杆的尺寸与施工方案不符时，不与工程技术人员商量，擅自决定继续按原尺寸施工，盲目自信，对事故的发生应负主要责任，送交司法机关追究其刑事责任。

（2）监理公司驻工地总监韩某，违反"项目监理实施程序"中的规定，没有对施工方案进行审查认可，没有监督对模板支撑系统的验收，对施工方的违规行为没有下达停工令，无监理工程师资格证书上岗，对事故的发生应负主要责任，送交司法机关追究其刑事责任。

（3）建筑公司项目部施工员丁某，在未见到施工方案的情况下，违章指挥民工搭设支架，对事故的发生应负重要责任，送交司法机关追究其刑事责任。

（4）包工头朱某，违反国家关于特种作业人员必须持证上岗的规定，私招乱雇部分无上岗证的民工搭设支架，对事故的发生应负直接责任，送交司法机关追究其刑事责任。

（5）建筑分公司兼项目部经理史某，负责电视台演播中心工程的全面工作，对该工程的安全生产负总责，对工程的模板支撑系统重视不够，未组织有关工程技术人员对施工方案进行认真地审查，对施工现场用工混乱等管理不力，对这起事故的发生应负直接领导责任，给予史某行政撤职处分。

（6）监理公司总经理张某，违反《监理工程师资格考试和注册试行办法》（建设部第18号令）的规定，严重不负责任，委任没有监理工程师资格证书的韩某担任电视台演播中心工程的总监理工程师；对驻工地监理组监管不力，工作严重失职，应负有监理方的领导责任。有关部门按行业管理规定对该监理公司给予在某市停止承接任务 1 年的处罚和相应的经济处罚。

（7）建筑公司总工程师郎某，负责公司的技术质量全面工作，并在公司领导内部分工负责电视台演播中心工程，深入工地解决具体的施工和技术问题不够，对大型或复杂重要的混凝土工程施工缺乏技术管理，监督管理不力，对事故的发生应负主要领导责任，给予行政记大过处分。

（8）建筑公司安技处处长李某，负责公司的安全生产具体工作，对施工现场安全监督检查不力，安全管理不到位，对事故的发生应负安全管理上的直接责任，给予行政记大过处分。

（9）建筑公司某分公司副总工程师赵某，负责分公司技术和质量工作，对模板支撑系统的施工方案的审查不严，缺少计算说明书、构造示意图和具体操作步骤，未按正常手续对施工方案进行交接，对事故的发生应负技术上的直接领导责任，给予行政记过处分。

（10）项目经理部项目工程师茅某，负责工程项目的具体技术工作，未按规定认真编制模板工程施工方案，施工方案中未对"施工组织设计"进行细化，未按规定组织模板支架的验收工作，对事故的发生应负技术上重要责任，给予行政记过处分。

（11）建筑公司副总经理万某，负责该建筑公司的施工生产和安全工作，深入基层不够，对现场施工混乱、违反施工程序缺乏管理，对事故的发生应负领导责任，给予行政记过处分。

（12）建筑公司总经理刘某，负责公司的全面工作，对公司安全生产负总责，对施工管理和技术管理力度不够，对事故的发生应负领导责任，给予行政警告处分。

【案例 13】

　　某年 11 月 16 日上午 9 时 05 分，在某村某房屋开发公司建筑工地，下水管网沟槽坍塌，两名作业人员被掩埋窒息死亡。

■ 事故概况

11 月初房屋开发公司第二分公司经理傅某，将长 97m，宽 0.5m，深 1.3 ~ 1.4m 下水管网沟槽的挖掘工程发包给了本公司职工傅某某，同时制定了"下水管路坑槽方案"，并向傅某某下达了"技术、质量、安全交底记录"文本。

11 月 10 日，傅某某又以 4000 元的价格把该工程转包给了某机床厂劳务队
（无书面合同，只有口头协议）。

13 日机床厂在没有制定施工方案，也没有向傅某某索取"下水管路坑槽方
案"及"技术、质量、安全交底记录"的情况下，就指派劳务队张某某带领刘某、
任某等 15 人进入工地进行作业。施工中，下水管网沟槽实际深度平均在 1.7m，
个别地段深达 2m 以上。

16 日上午 9 时 05 分，刘某、任某、刘某某等人在挖沟作业时，沟槽西帮
发生坍塌（当时沟深约 2.5m 左右，宽 0.5m），将正在沟底作业的 3 个人压没在
下面。造成刘某、任某 2 人死亡，刘某某轻伤的事故。

■事故原因分析

1. 直接原因

（1）机床厂劳务队张某某安全意识不强，在房屋开发公司没有提供施工图
纸，也没有编制详细的施工方案的情况下，就带领刘某、任某等 15 人进入工
地进行挖沟作业。

（2）施工作业中盲目突击赶任务，在施工过程中又盲目加深了沟的深度（口
头协议沟深定为 1.3 ~ 1.4m，宽 0.5m，长约 100m，而实际挖沟平均深度为 1.7m，
个别地段达 2m 以上）。没有施工方案也没有采取任何有效的安全防护措施，盲
目作业，致使沟帮坍塌，是造成 2 人死亡事故发生的直接原因。

2. 间接原因

（1）机床厂劳务人员安全生产知识和经验不足，不具备识别该作业现场存
在安全隐患的能力及组织安全措施的防范能力，在施工过程中，在没有采取任
何的安全防护措施的情况下，盲目组织在押犯人进行挖掘作业，是造成此起事
故发生的间接原因，也是主要原因。

（2）机床厂对外派劳务的安全管理有漏洞，安全管理制度不完善。在承包
房屋开发公司下水管网沟槽的挖掘工程中，未组织制定施工方案，也未要求房
屋开发公司提供施工图纸。对施工作业现场的监督检查管理工作不到位，安全
生产管理松弛，是造成此起事故发生的间接原因，也是管理原因。

（3）房屋开发公司二分公司对施工工程发包合同的管理有漏洞，在将下水
管路坑槽的挖掘工程发包给机床厂时（口头协议），没有对其是否具有施工能
力进行审查，也没有要求机床厂编制施工方案并审查。对施工作业现场的安
全监督检查和技术指导不到位，是造成此起事故发生的间接原因，也是重要
原因。

■事故责任分析和处理

根据《安全生产法》《建筑法》《生产安全事故报告和调查处理条例》（国务院令第 493 号）和《安全生产违法行为行政处罚办法》（安全监管总局令第 15 号）等法律法规的规定，按照"事故原因未查清不放过，职工和事故责任人受不到教育不放过，事故隐患不整改不放过，事故责任人不处理不放过"的原则，对在此起坍塌事故中负有责任的相关责任人作出了行政处分和经济处罚。

【案例 14 】

某年 6 月 26 日凌晨 4 时 40 分左右。位于某市某区的某材料公司建筑工程施工现场一临时活动房，因山洪暴发，排水沟口堵塞，被排泻不畅的山洪冲垮违章建筑的围墙后压塌，造成 22 人死亡（其中男性 16 人，女性 6 人），7 人受伤的特大死亡事故。

■事故概况

该建筑工程为一厂房工程，建筑面积 10115m²，工程造价 895.94 万元，建设单位为某材料公司，施工单位为某市某建筑公司（二级资质），项目经理为边某某（二级资质），设计单位为某建筑设计院有限公司（乙级资质），监理单位为某工程监理有限责任公司（乙级资质）。

该工程已办理建筑工程用地许可，建设工程规划许可、计划、立项、工程招投标以及施工许可手续。从建设前期的审批条件看，工程建设的手续基本完备。

事故发生前，该工程尚未正式开工，但建设单位已于前一年 10 月违章发包给施工单位某市某建筑公司砌筑完成工地围墙以及临时活动房、门卫室和钢筋加工棚等临时设施。

从 6 月 22 日开始，市区连续降雨，使临近的山谷内集水区域水流汇集冲向谷口，山谷口水量猛增，平均流量 2.05m³/s，洪峰流量达 9m³/s，在短时间内形成山洪暴发。加上因连续降雨，围墙外原有水沟两边黄泥和卵石塌落，堵住水沟，致使排水不畅。当山洪暴发时，水沟内的水位不断抬高，水压不断增加，洪水冲垮围墙，压塌距离东围墙仅 2.2m 处的 9 间工棚，导致灾害性事故发生。

■事故原因分析

经事故调查分析，事故原因初步判定是：遭遇短时间内大量汇集的洪水淹没而溺水死亡，是一次山洪暴发所引发的自然灾害事故。但调查中发现，这次事故的发生，也存在一定的人为因素。

1. 技术方面

建设单位未经批准擅自改变用地范围，将东围墙超过规划红线向东延伸了80多米，将围墙直接建在山洪暴发口，并将围墙建了 5m 高（通常围墙高度为2～3m），厚度为 240mm，为红砖砌筑。超高围墙的稳定性、刚度均较差，无法阻挡洪水冲击。而围墙外的泄洪沟穿越围墙时的泄水洞太小（仅 ϕ1.2m），致使持续的暴雨形成的洪水无法顺畅泄洪，产生冲垮围墙、压塌民工活动房的巨大压力，是此次事故的技术原因。

2. 管理方面

（1）施工单位工地项目负责人违反施工规范，未按施工组织设计方案搭设临时建筑，擅自将原设在西侧 320 国道边的工棚改建到东侧 5m 高的围墙边，使 41 名人员在暴雨时住在位置非常危险的工棚中，是这次山洪灾害事故中不可忽视的重要人为因素。

（2）施工单位管理混乱，管理人员不负责任。某市某建筑公司在明知建设业主无任何审批手续并且没有围墙设计图情况下，逃避招投标，擅自承接工程，自行绘制草图，建造围墙和水渠改建工程。因此，违反施工规范，擅自变更工棚位置。

（3）某市某建筑公司主要负责人，放松了对下属工地项目的管理。

1）采取以包代管的方式，使该公司承接的建设工地项目经理不到位。

2）工地负责人没有负起责任，招用的施工现场人员缺乏安全防范和自我保护意识。

3）在暴雨季节既没有值班巡查制度，也没有应急预案措施，更没有施工的组织经验和指挥经验。

4）发现险情不引起重视，未采取措施，也不派人监视雨水状况，更不疏散工棚居住人员，致使事故发生。

（4）设计单位和建设单位对规划意见不够重视。

1）规划部门在规划设计条件中，对排水问题提出了要求，但设计单位和建设单位都没有引起足够重视，设计单位仅在说明中进行了阐述，没有进一步设计排水方案。

2）建设单位对排水问题也没有提出一定要认真解决的要求。致使工地的排水系统无法承受大暴雨所带来的水流，造成排水不畅，地面水位上升，是此次事故的管理原因。

■事故责任分析

（1）建设单位未经主管部门批准，擅自改变用地范围违章建造围墙，违反了《中华人民共和国土地管理法》第七十六条规定，是严重的违法行为。在其实施违法行为过程中，当地行政主管部门缺少检查和行使行政职权。

（2）施工单位逃避招投标，擅自承接工程，自行绘制草图，建造围墙和水渠改建工程。工地负责人工作不负责任，擅自改变工棚位置，违反了《中华人民共和国建筑法》第七十四条规定，也是严重的违法行为。

（3）设计单位和建设单位对规划意见不够重视，排水设施设计深度不够，忽视了现场的排水问题，形成此次事故的重大隐患。

【案例15】

> 某市某建筑公司大院内房屋拆除工程中，发生一起墙体坍塌事故，造成3人当场死亡。

■事故概况

该市因道路拓宽工程需要，市城建开发处与该市某拆迁单位签订委托拆迁协议，将某建筑公司大院部分房屋及附属物拆除任务委托给某拆迁单位。同年9月18日拆迁单位与建筑公司签订拆迁协议，同意由该建筑公司负责拆除。

签订协议后，拆迁单位程某某、邱某某、陈某某等人为了单位创收，与建筑公司副经理杨某、经营科长蒋某口头协议，要将文化中心和实验室拆除另行安排。据此书面和口头协议，某建筑公司安排所属工贸公司，将协议范围内的拆除物于年底前拆除完毕，而对拆迁单位口头协议留下的文化中心和实验室未安排队伍拆除。

当年10月，拆迁单位陈某某将文化中心和实验室拆除业务安排给了个体户陈某某。陈某某在拆除完实验室和文化中心屋顶后，将剩余的工程又转包给韩某某拆除。

过了半年后，即在第二年8月13日上午，文化中心只剩下东墙未拆（高约4m，长约7m），其余的墙已全部拆倒。工人韩某等3人在东山墙西侧约3m的地方清理红砖。约9时40分，东山墙突然向西倒塌，将正在清理红砖的3人砸倒，当场死亡。

■事故原因分析

1. 技术方面

拆除人韩某某在未对拆除工程制定拆除方案的情况下进行房屋拆除，采取了错误的分段拆除方法，并没有采取任何安全防护措施，导致墙体失稳，突然倒塌。因此，缺少施工方案和安全技术措施是此次事故的技术原因。

2. 管理方面

（1）拆迁单位对内部人员失之管理，且工程发包后，对工程未采取监督措施；

（2）某建筑公司作为合同中的承包人，执行合同不严，现场管理交接不清；

（3）拆迁单位职工陈某某利用身份和工作便利，弄虚作假、徇私舞弊，违法将拆迁业务安排给无资质的个体户；

（4）承包人个体户陈某无拆除资质，利用非法手段承揽拆迁业务，又非法转包给另一个个体户韩某某，是此次事故的管理原因。

■事故责任分析及处理

拆除人韩某某系无房屋拆除资质的个体，不懂建筑施工技术，承揽任务后私招滥雇，既未制定拆除方案，也没有采取任何安全防护措施，严重违反了拆除作业程序，属典型的违章拆除，其行为已触犯《刑法》第一百三十四条，应追究刑事责任。

该市拆迁单位职工陈某某，利用身份和工作便利，弄虚作假，徇私舞弊，私自将拆迁业务安排给无资质的个体业主，对本次事故负有主要责任。

该市拆迁单位部分分管此次拆迁工作的领导，为单位创收随意争来拆除业务后又不闻不问，管理、监督不到位，对此次事故负有不可推卸的责任。

对以上相关人员都进行了相应的处分。

【案例16】

某年10月8日，某隧道集团第二有限公司在某市地铁五号线某车站工地施工中，梁钢筋支架连同支架上已架设的钢筋倾覆倒塌，造成现场作业人员3人死亡、1人轻伤，直接经济损失29.7万元。

■事故概况

10月6日上午，第二有限公司05标项目部总工程师陈某主持召开项目部技术人员、工区主任、钢筋班长等有关人员参加地梁钢筋技术交底会议，对准确测定地梁轴线、各种预埋件标高、里程，及钢筋绑扎等做了布置。

技术交底会后，10月6日当班班长黄某、副班长梅某带领该班人员搭设地梁钢筋支架、钢管支架共13排，间距2m，设了3根斜撑，当日24时安装完毕。第二天，开始在支架上铺设主筋。

10月8日，当班16名作业人员分成4组，同时进行绑扎箍筋作业。由于主筋设计间距只有10cm，支架杆件纵向间距为2m，支架横杆挡住箍筋不好绑扎，现场作业人员杨某、霍某等向当班副班长梅某请示把支架扫地横杆拆掉，梅某答应隔一根拆一根。于是，4个作业组各拆除了一根支架底层横杆后，继续进行箍筋绑扎。

19时50分，作业人员在向上提拉箍筋过程中，支架连同已架设的钢筋向小导洞进口方向倾覆，将4名在中、下层作业人员压在钢筋下。经现场人员奋力抢救，将被压人员救出，分别送往就近医院。除梁某受轻伤当晚出院外，杨某、胡某当晚死亡，贺某于9日死亡。

■事故原因分析

（1）地梁支架没有按照承重架子的标准进行搭设，在使用过程中部分受力杆件被拆除后，致使支架受力状态发生变化，削弱了结构抗倾覆能力，是造成事故的直接原因。

按照脚手架支搭规程的规定，承重架子的立杆间距不得超过1.5m，大横杆间距不得超过1.2m，小横杆间距不得超过1m，必须设置与地面夹角不得超过45°～60°的斜支撑，架体中间还应设置剪刀撑，才能保证架体的稳定性。

地梁支架架体的承载重量已大大超出一般承重脚手架（承重脚手架载荷270kg/m²）允许的载荷，本应制定相应的安全技术措施，以加大支架的承载能力和加强架体的稳定性。但是，实际搭设的支架立杆及大横杆间距达到2m，且只在26.67m的长度内一侧设置了3根斜支撑。在使用过程中，作业人员又擅自拆除了支架中连接杆件（5根），最终导致架体失稳倒塌。

（2）安全、技术管理不严，违章指挥、冒险作业，是造成事故的主要原因。

1）项目部技术部门没有按照承重架子的标准组织设计和制定施工方案，考虑架体整体稳定性时凭经验办事，对架体抗倾覆措施考虑不全面，地梁钢筋施工技术交底会和下发的书面交底书内容不够详细具体；地梁架子搭设完毕后没有按规定组织验收便投入使用。

2）支架的搭设未使用专业人员，而是由开挖班班长和钢筋班副班长带领工人凭经验搭设；使用中，当班副班长梅某未经项目技术部门批准，对本身整体稳定性差的支架，又违章拆除扫地杆（4 根）和顶层横杆（1 根）。

3）安全人员、技术人员对支架的搭设和使用过程中的稳固状态检查不严、不细，未能对架体的稳定性提出意见；检查中对违章拆除扫地杆和顶层横杆的随意性施工未能及时发现。工人冒险作业，导致事故发生。

（3）监理人员没有认真履行监理职责，对施工方在没有地梁施工方案的情况下进行支架搭设和地梁钢筋绑扎作业，未能及时予以制止，是造成事故的原因之一。

■事故责任分析及处理

（1）当班副班长梅某擅自同意并指挥工人拆除支架受力杆件，致使支架的整体结构失稳倒塌，对事故负有直接责任。梅某的"违章指挥拆除架体受力杆件"的行为已触犯《中华人民共和国刑法》的有关规定，由公安机关依法追究其刑事责任。

（2）第二有限公司项目部工区主任田某负责工区的安全生产工作，对作业人员执行和落实项目部安全管理制度情况监督检查不力，责任心不强，没有发现现场违章现象及由此造成的安全隐患，对事故负有直接管理责任。给予田某撤销工区主任职务的行政处分。

（3）第二有限公司项目部安全员刘某，对地梁钢筋绑扎作业过程中的支架安全检查不仔细，没能及时发现、制止和纠正违章行为，对事故负有重要责任，给予刘某行政记过处分。

（4）第二有限公司项目部总工程师陈某，作为项目部施工技术管理主要负责人，没有按照承重架子的标准制定施工方案和组织支搭，也未能组织有关人员对所搭设的支架进行验收，对事故负有主要责任。给予陈某行政记大过处分。

（5）第二有限公司项目部副经理龚某，负责本项目部的生产和安全管理工作，对未按规定使用专业人员搭设支架及现场作业人员的冒险作业等行为失管、失察，对事故负有直接领导责任。给予龚某行政记过处分。

（6）责令某隧道集团第二有限公司在安全管理上进行全面整顿，暂停其在本市建筑市场 6 个月的投标资格，将此生产安全事故记入本市建设行业信用系统。并将某隧道集团第二有限公司的企业资质等级降低一级。

■事故评说

施工坍塌事故有一个非常显著的特点，就是每起事故所造成的伤害远比其他事故严重，容易发生群体性事故，必须引起现场管理人员的特别警惕。

坍塌事故的发生是多因素导致的，主要原因有：

（1）安全教育不到位，施工人员缺乏安全意识和自我保护能力，冒险蛮干。【案例12】中，民工在明知上部浇筑屋盖混凝土可能带来的风险情况下，仍在模板支撑下部进行支架加固。【案例13】中，机床厂劳务队张某某在房屋开发公司没有提供施工图纸，也没有编制详细的施工方案的情况下，冒险带领刘某、任某等15人进入工地进行挖沟作业；施工过程中又盲目加深沟的深度。

（2）施工现场管理混乱。如施工单位无资质或跨越本单位资质承揽工程，作业人员无证上岗或人证不一致等。【案例12】中，驻地总监理工程师无监理资质，工程监理组没有对支架搭设过程严格把关，在没有对模板支撑系统的施工方案审查认可的情况下同意施工，没有监督对模板支撑系统的验收，就签发了浇捣令，根本没有意识到混凝土浇捣存在的危险。【案例15】中，承包人个体户陈某无拆除资质，利用非法手段承揽拆迁业务。【案例16】中，支架的搭设未使用专业人员，而是由开挖班班长和钢筋班副班长带领工人凭经验搭设。

（3）施工方案编审不完善，搭设不规范。如方案编制不详细、方案交底不清、没有按规定进行专家论证、现场搭设与施工方案不一致等，从而导致支撑搭设不牢固、系统失稳或基坑坍塌。【案例12】中，没有按照规范要求，对扣件或钢管支撑进行设计和计算，在后补的施工方案中模板支架设计方案过于简单，且无计算书，缺乏必要的细部构造大样图和相关的详细说明；现浇混凝土屋面板的模板支撑体系的施工编制专项施工方案，补了施工方案后也未按方案要求搭设。【案例14】中，施工单位工地项目负责人违反施工规范，未按施工组织设计方案搭设临时建筑。【案例15】中，拆除人韩某某在未对拆除工程制定拆除方案的情况下对房屋进行拆除。【案例16】中，项目部技术部门没有按照承重架子的标准组织设计和制定施工方案，考虑架体整体稳定性时凭经验办事，对架体抗倾覆措施考虑不全面，地梁钢筋施工技术交底会和下发的书面交底书内容不够详细具体；地梁架子搭设完毕后没有按规定组织验收便投入使用。

（4）现场布置不合理。如施工未设置有效的排水措施，在基坑（槽）、边坡和基础桩孔边不按规定随意堆放建筑材料；挖土作业时，有人在挖土机施工半径内作业；施工机械不按规定作业和停放，距基坑（槽）边坡和基础桩孔太近；

拆除作业未设置禁区围栏、警示标志等安全措施等。【案例14】中，施工单位工地项目负责人擅自将工棚改建到东侧处于山洪暴发口的围墙边。

（5）缺乏季节性施工准备。雨期和冬季解冻期施工缺乏对施工现场的检查和维护。

预防坍塌事故，除加强对施工人员的安全培训教育、规范施工现场管理外，主要措施有：

（1）按照建筑施工安全技术标准、规范编制施工方案，制定专项安全技术措施。

（2）基坑开挖前必须做好降（排）水工作，并采取保护措施。

（3）基坑（槽）、边坡和基础桩孔边堆置各类建筑材料的，应按规定距离堆置。

（4）为保证模板的稳定性，除按照规定加设立柱外，还应沿立柱的纵向及横向加设水平支撑和剪刀撑。

（5）拆除作业现场周围应设禁区围栏、警戒标志，派专人监护，禁止非拆除人员进入施工现场，拆除建筑物应该自上而下依次进行，禁止数层同时拆除，禁止掏挖。

（6）各类施工机械距基坑（槽）、边坡和基础桩孔的距离，应根据设备重量、基坑（槽）、边坡和基础桩的支护、土质情况确定，并不得小于1.5m。

（7）雨期和冬期解冻期施工时，施工现场要进行全面检查和维护，保证排水畅通和无异常情况后方可施工。

（8）机械开挖土方时，作业人员不得进入机械作业范围内进行清理和找坡作业。

四、物体打击

物体打击是指落物、滚石、锤击、碎裂、崩块、砸伤等造成的人身伤害，不包括因爆炸引起的物体打击。

【案例17】

某年6月8日，由某市城市建筑工程公司承建的市新东文化中心工地，在塔吊起吊钢筋过程中，钢丝绳突然断裂，发生物体打击事故，死亡1人。

■事故概况

某年 6 月 8 日下午，施工单位项目部泥工班班长曹某安排普工项某和刘某在预应力多孔板料场吊运多孔板，下午 4 时左右，一辆货车运送钢材至现场，货车司机沈某没有通知项目部材料员，只与现场下料的钢筋工李某打了招呼，并让曹某和刘某停止吊运多孔板的工作。沈某自己动手用吊运多孔板的钢丝绳吊索捆扎钢筋，并指挥塔吊司机罗某吊运，当吊运至钢筋料场水平距离 3m 左右、高约 6m 时，捆扎钢筋的钢丝绳吊索突然断裂，钢筋下坠，一端砸中正在多孔板料场休息的刘某身上，造成刘某重伤。经送医院抢救无效后死亡。

■事故原因分析

1. 直接原因

起吊钢丝绳（ϕ12.5mm）强度不符合要求，以致在起吊螺纹钢筋（约 2t 重）时，突然崩断，是发生事故的直接原因。

2. 间接原因

（1）货车司机在没有塔吊指挥人员的情况下，擅自绑扎指挥起吊（没有上岗证）。

（2）塔吊司机的违章操作（在危险区域还有非工作人员情况下，仍然起吊）。

（3）现场管理人员及作业人员的安全意识不强。

（4）项目部对现场管理不严，对安全设施未及时进行检查，以致于钢丝绳吊索带有硬伤，超负荷使用造成断裂。

■事故责任分析及处理

（1）货车司机沈某违章指挥致事故发生，应负有这起事故的主要责任。建议有关部门给予相应的经济处罚。

（2）塔吊司机罗某违反塔吊的"十不吊"规章制度，导致事故的发生，应负这起事故的次要责任。建议有关部门给予相应的经济处罚。

（3）项目部现场施工员汪某对现场多次出现的违章行为，未进行及时的制止，应负这起事故的重要管理责任。建议有关部门给予相应的经济处罚。

（4）项目经理熊某对现场安全管理力度不够，对机械设施管理不到位，应负这起事故的主要管理责任。建议有关部门给予相应的行政和经济处罚。

（5）施工单位负责人陈某对该工程的安全检查、监督、管理不够重视，应负这起事故的领导责任。由施工单位给予通报批评，并给予相应的经济处罚。

【案例 18】

> 某年 8 月 20 日，某市世纪广场工程，在拆除工程 B 幢裙房钢管脚手架过程中，发生物体打击事故，死亡 1 人。

■事故概况

某市时代广场工程为框剪结构，楼高 30 层，建筑面积 672800m²，施工单位为某建设集团有限公司（企业资质房屋建筑施工总承包一级），分包单位为某省第六建筑工程公司（承担裙房外墙干挂花岗石任务）。

某年 8 月 20 日，总包单位项目部的架子工班长安排 3 名架子工去拆除世纪广场 B 幢原人货电梯施工洞部位装饰用的脚手架，其中 1 人将第 11 步架（高 19.8m）的钢管拆除后，摆放在第 10 步架上（高 18m），1 根 1.23m 钢管从摆放的架子上滑落，正好击中从下面裙房内走出的行人王某（分包单位装饰工）头部，王某当场被击昏，经送医院抢救无效死亡。

■事故原因分析

（1）施工单位项目部现场管理不严，违反规定多次擅自变更项目管理班子，原招标项目经理（一级资质）长期不到岗，由王某（二级资质项目经理）超资质负责项目管理（二级项目经理只能承建 28 层以下房屋建筑）。

（2）项目部未有效落实安全生产责任制及拆架活动范围的安全防护措施。总包单位未按规定履行施工现场安全总负责的职责。对外墙装饰分包单位的职工未进行三级安全教育。

（3）现场安全管理松懈，脚手架搭设不规范，施工中对高处作业的安全技术措施不落实，拆除架体时未设必要的安全警戒和围护，未派专人监护。且架子工班组擅自提早上岗作业，没有及时被制止，导致事故的发生。

（4）分包单位在现场未落实任何安全生产制度，对作业人员也未进行安全教育，各项安全活动也未展开，作业人员安全意识差。

（5）架子工班组未经项目部同意，在未设有效警戒和安全围护的情况下，未进行安全技术交底，就擅自提前上岗作业；操作工又违章作业，没有及时将拆除的钢管运至地面，是事故发生的重要原因。

（6）死者自我保护意识差，进入现场未戴安全帽，并冒险穿越脚手架行走，是事故发生的直接原因。

■事故责任分析及处理

（1）施工单位及项目经理对现场安全生产不重视，管理不严，未有效履行施工现场安全生产总负责的职责，安全生产责任制未有效落实，高处作业安全技术措施不落实，对事故的发生负有主要责任。当地建设行政主管部门已对施工单位和项目经理分别给予经济处罚，并将施工单位清退出当地建筑市场。省建设行政主管部门对项目经理王某作出吊销其项目经理资格证书的处罚。

（2）分包单位未落实任何安全生产责任制度，未开展各项安全活动，未对作业人员进行安全教育，对事故的发生应负有责任，当地建设行政主管部门对分包单位作出清退出当地建筑市场的处罚。

（3）架子工班组擅自上岗作业，在未设有效警戒、安全围护和未派人监护情况下，违章作业，对事故的发生负有直接责任。

【案例 19】

　　某年 2 月 23 日，某市第一建筑工程公司承建的该市开发区某某某有限公司工地，发生物体打击事故，死亡 1 人。

■事故概况

某年 2 月 23 日，泥工班长指派李某在该工地地面拉红砖，至中午 11 时 05 分，工地人员已下班，李某准备下班，由于正下雨，李某手上有泥，为图方便，就蹲在井架底部积水处洗手。这时，临时工代某启动井架卷扬机，把停靠在二层的吊篮放到地面上，由于视线不明，下降的井架吊篮底部击中正在洗手的李某的头部。李某经现场抢救并立即送医院抢救无效后死亡。

■事故原因分析

（1）李某虽然经过安全教育，但其安全意识差，自我保护意识淡薄，在不能进入井架的地方钻入井架，正好被下降的吊篮砸伤造成事故，是事故发生的直接原因。

（2）临时工代某在卷扬机操作工不在的情况下，临时操作卷扬机，也是事故发生的直接原因。

（3）项目经理对现场的安全生产重视、管理不够，是事故发生的间接原因。

（4）施工单位对该项目的安全生产监管不力，致使现场存在安全隐患，是事故发生的潜在原因。

■事故责任分析及处理

（1）李某安全意识淡薄，缺乏自我保护意识，违章进入井架，负本起事故的主要责任。

（2）临时工代某盲目操作卷扬机，造成事故，负有重要责任。

（3）项目经理现场管理不力，负有次要责任。

（4）施工单位对该项目管理不严，检查力度不够，负有一定责任。

【案例20】

■事故概况

某高层住宅为35层框架结构，建筑面积21000m²，由中建某局某公司总包，某建筑公司分包。

某年7月24日上午11时左右，分包单位的水工班正在安装室外落水管，落水管为镀锌钢管，长6m，直径100mm，重约70kg。当水工班长王某某用直径约1.5cm左右的尼龙绳捆好钢管，将钢管吊到屋面上时，发现已经到了吃中饭时间，随即通知将钢管放于35层屋面上，没有摘吊钩。吃过中饭约13：30左右，王某某就让李某某、潘某某、刘某某去上班。李、潘、刘三人因天气热，就带了一个西瓜上楼。王某某随即去叫塔吊司机陆某某上班（当时管理人员均在午休）。约下午14：00，陆某某进入驾驶室，王某某也上到29层作业面，便安排李某某用对讲机在29层脚手架上指挥吊车，随即他坐在脚手架上吃西瓜，且当时没有戴安全帽。潘、刘二人作安装管卡和焊接钢管的准备工作，李站在脚手架上用对讲机指挥吊车重新起钩，到达作业面的上空即开始慢速下降，当钢管降到约31层时，钢管下部卡在外墙面砖的缝里，致使吊绳与吊钩脱离，钢管坠落。随即钢管砸在脚手架上，反弹到王的头上，王满头是血，躺在脚手架上，李当即叫潘、刘二人去叫救护车，他和另外一个听到喊声走过来的工人将王抬到电梯上，用电梯运到楼下，叫了120急救中心救护车，送到医院抢救无效死亡。

■事故原因分析

所吊物品为φ100镀锌钢管，上午由王某某用φ15的尼龙绳进行捆扎，因到了下班时间放在 35 层屋面上，没有摘钩。下午起吊前王某某未对所吊物品的捆扎、吊钩的保险弹簧灵敏度进行必要的检查，致使吊绳与吊钩脱离，钢管坠落，是这起事故发生的直接原因。

王某某在挂钩时未对吊钩安全装置进行检查，且让无证人员李某某指挥塔吊起降，塔吊司机陆某某盲目听从李某某指挥，严重违反了安全操作规程与工作纪律，致使钢管碰到墙体坠落，是事故发生的间接原因。

■ 事故责任分析

总包单位对下属施工队的安全意识、安全措施及安全制度实施的监督、检查力度不够；项目管理人员安全管理不力；现场操作人员安全防护意识、自我保护能力较差，违章作业、违章指挥，上班不戴安全帽，有令不行、有章不遵，从而导致这起事故的发生。

【案例 21】

■ 事故概况

2009 年 10 月 12 日，某某安装工程公司某某项目部负责天然气系统改造工程某某段天然气管线加深工程施工，该段管线为东西走向，长度 480m，管线利旧。项目部副经理梁某负责现场指挥，施工分两组进行。第一组由赵某等 6 人负责已下沟管线两端的组对连头作业；第二组由李某、何某二人负责指挥操作手蒋某驾驶 PC200 型小松挖掘机将旧管线挖出，下入新管沟内。施工现场有两条利旧管线（$\phi 114 \times 4.5$ 干气管线和 $\phi 159 \times 6$ 湿气管线），$\phi 114 \times 4.5$ 干气管线已从原沟内取出，放入新管沟，东端连头处已焊接完毕。电焊工王某（男，32 岁）正在管线转弯处内侧焊接 $\phi 159 \times 6$ 湿气管线弯头处的一道焊口。

由于 $\phi 114 \times 4.5$ 干气管线是旧管线，下入新管沟后局部（距管线转弯处组对现场 400m）隆起达不到设计埋深要求，需要进行调直处理。于是李某、何某用管带绑住管线西端，指挥挖掘机把管线调直。15 时左右，由于被调的管线由东向西移动，把站在管线转弯处进行组对焊接的电焊工王某挤到西侧沟壁上，造成胸部挤伤，当场死亡。

■ 事故原因分析

1. 直接原因

李某、何某在未对现场起重作业条件是否符合规定要求进行检查确认的情况下，冒险违章作业是本次事故发生的直接原因。

2. 间接原因

现场生产指挥人员生产组织不合理，作业人员安全意识淡薄，安全管理存在疏漏，未能预见施工作业过程中存在的重大事故隐患。

3. 管理原因

（1）人员的岗位不固定，流动性大，作业点多，不利于监督和管理。

（2）现场人员安全素质参差不齐，个别人员误操作及作业的随意性较大，自我约束和自防自救能力不足。

（3）管理层（含班组长）安全管理责任意识不到位，对于常见施工作业的风险分析不细致，缺乏操作性和指导性。

（4）安全教育不到位，效果不明显，致使生产管理和操作人员安全意识淡薄，对安全操作规程和安全管理技术的掌握上存在盲点。

■**事故评说**

物体打击伤害是建筑业常见五大伤害事故中的一种，特别在施工周期短，劳动力、施工机具、物料投入较多，交叉作业时常有出现。这就要求在高处作业的人员对机械运行、物料传接、工具的存放过程中，都必须确保安全，防止物体坠落伤人的事故发生。

物体打击事故发生的原因是多方面的，有安全交底不清、安全培训教育不到位、职工安全意识淡薄、违章操作等，主要有：

（1）安全意识淡薄，现场交叉作业组织不合理。【案例18】中，分包单位装饰工王某在明知上面有人拆脚手架，仍在下面通行。【案例19】中，李某安全意识淡薄，缺乏自我保护意识，违章进入井架；临时工代某无上岗证盲目操作卷扬机。

（2）施工现场未设置警示，周围未设置护栏和搭防护隔离栅。【案例18】中，脚手架搭设不规范，施工中对高处作业的安全技术措施不落实，拆除架体时未设必要的安全警戒和围护，未派专人监护。

（3）缆风绳、地锚埋设不牢或钢丝绳不符合规范要求。【案例17】中，事故发生的主要原因就是起吊钢丝绳（ϕ12.5mm）强度不符合要求，以致在起吊螺纹钢（约2t重）时，突然崩断。

（4）起重吊装未按"十不吊"规定及其他吊装作业要求执行。【案例17】中，货车司机没有特种作业上岗证，在没有塔吊指挥人员的情况下，擅自绑扎指挥起吊；塔吊司机在危险区域还有非工作人员情况下的违章起吊。

（5）从高处往下抛掷建筑材料、杂物、垃圾或向上递工具、小材料。

（6）脚手架上材料堆放不稳、过多、过高。【案例18】中，操作工违章作业，没有及时将拆除的钢管运至地面。

要预防物体打击，主要应做到：

（1）切实做好安全教育和安全交底，增强职工安全生产意识。

（2）施工现场，特别是拆除工程，应有专项施工方案，并按要求搭设防护隔离棚和护栏，设置警示标志和搭设围网。

（3）安全防护用品要保证质量，及时调换、更新。

（4）经常检查地锚埋设的牢固程度和钢丝绳的使用情况。

（5）严格按照吊装技术操作规程作业。

（6）改正不良作业习惯，严禁往下或向上抛掷建筑材料、杂物、垃圾和工具。

（7）及时清理脚手架上堆放的材料，做到不超重、不超高、不乱堆乱放。

五、起重伤害

起重伤害是指从事各种起重作业时发生的机械伤害事故不包括上下驾驶室时发生的坠落伤害，起重设备引起的触电及检修时制动失灵造成的伤害。

【案例22】

某年7月25日，某县人民中学教学楼工地，发生一起起重伤害事故，死亡2人。

■事故概况

某年6月25日，某建筑工程有限公司因施工需要，向某机械工具有限公司合同定购一台SSE-1000型高27m的货用施工升降机，合同约定：由生产厂家免费现场安装调试并经检测合格后交付施工单位。同年7月5日，生产厂家派装拆组组长陈某随货去现场，经对施工单位预先浇好的混凝土基础验收后，确认具备安装条件。7月9日，生产厂家驻当地销售点负责人华某持施工方案等相关材料，向该县及市质量技术监督局办理施工备案手续。7月10日，市质监局根据县质监局审核意见批准开工。7月24日，生产厂家驻某销售点负责人许某指派3名安装人员，由架子工聂某带班至该县安装这台升降机。经施工单位项目部项目经理叶某的安全技术交底后，3名安装人员于7月24日下午2时，开始搭设井架。7月25日11点许，当井架搭至15m左右时，项目经理叶某在现场提醒安装人员拉好缆风绳后再搭。因施工单位尚未将钢丝绳送到现场，为赶时间，安装人员在未拉缆风绳的情况下，继续搭设井架。午饭时，钢丝绳送到现场，井架已搭至12层高（21.6m）。聂某看只差3层了，决定搭到顶再拉缆风绳，井架于傍晚6点50分许搭到顶后，聂某等2人在井架顶下一层位置装设曳引机钢丝绳，叶某再一次提醒安装人员拉缆风绳，此时，一阵6~7m/s风速的西北风突然刮起，在风力推动下，井架失去平衡随即向东南方向倾翻。在井架第二层吊篮内穿钢丝绳的张某、来现场临时帮忙装电线的厂家业务员许某及站在井架旁的施工单位项目经理叶某、施工员江某，见状及时躲避，幸免受到伤害，而井架上的聂某随井架瞬间坠地当场死亡，刘某随井架坠地被摔出2m多远，伤势严重，经医院抢救无效后死亡。

■事故原因分析

1. 直接原因

厂家安装人员严重违反本公司制定的产品说明书和施工方案规定的安装程序，井架底架梁与混凝土基础之间未连接，在规定高度未拉设缆风绳，使井架处于不稳定状态下，在风力推动下失去平衡而倾翻。

2. 间接原因

（1）厂家在落实安全生产责任、建立安全生产规章制度和安全技术操作规程、安全生产组织与管理方面忽视升降机安装环节。

（2）厂家驻某销售安装维修点负责人缺乏安全管理意识和能力，在施工组织、技术交底、现场管理等方面存在重大失误，使该台升降机安装过程出现失控状态。

（3）厂家对职工安全教育不落实，安装人员安全意识淡薄，技术素质差，缺乏严格执行施工方案的自觉性。

（4）该项目部有关人员看到安装人员违反安装程序及违规冒险作业后，对危及安全的严重状态认识不足，制止不力。

■事故责任分析及处理

（1）死者聂某和刘某违反安装程序，违规冒险作业，直接导致事故的发生，对事故负有直接责任。鉴于已死亡，不予追究。

（2）厂家驻某销售安装维修点负责人许某在施工组织、技术交底和现场管理方面存在重大失误，对事故的发生起主导作用，是事故的主要责任者。建议有关部门作出相应的处罚。

（3）厂家法人代表、总经理许某未切实履行安全生产第一责任人职责，在落实本公司安全生产责任制、建立安全生产规章制度和安全技术操作规程、安全生产组织与管理方面忽视了特种设备安装维修环节，对事故负有领导责任。建议有关部门作出相应的处罚。

（4）厂家分管经营、安装维修工作的副总经理王某未全面履行分管业务范围内的安全生产职责，导致本公司在特种设备安装过程中存在安全生产组织与管理不落实、施工组织不规范、施工方案执行不严、现场管理脱节等严重问题，对事故负有领导责任。建议有关部门作出相应的处罚。

（5）施工单位项目经理叶某对厂家安装人员危及安全的违规冒险作业行为制止不力，对事故也负有一定责任。建议有关部门作出相应的处罚。

（6）建议省级质量技术监督管理部门依照《特种设备质量监督与安全监察规定》暂停或取消事故责任单位某机械工具有限公司的《特种设备安装维修保养资格认可证》。

（7）建议有关部门对本起事故及责任单位、责任人员进行通报批评。

【案例 23】

某年 3 月 22 日，某县商住楼工程建设工地，在塔式起重机（以下简称：塔机）拆卸过程中，发生一起爬升架滑落的重大事故，造成 3 人死亡，1 人受伤。

■事故概况

某县商住楼工程位于某镇一号大道和建国路交汇处。工程建设单位为某置业有限公司，施工总承包单位为该县某建筑工程公司，监理单位为某工程监理有限公司，工程项目总监理周某某（注册监理工程师）。

该工程建筑总规模为 19027m²，合同造价 1400 万元，框剪结构，地下 1 层，地上 5~7 层。事故发生时，该工程主体已通过结构验收，进入装饰装修阶段。事故塔机由某省建筑机械有限公司制造出厂，最大起重量 6t。依照国家有关法规规定，塔机的安装、拆卸作业应由具备相应资质（格）的企业和人员承担。

前 1 年 5 月 8 日，某建筑机械安装有限公司（简称：建机安装公司，无塔机安装拆卸资质）的业务员顾某某受公司委托借用某建筑施工有限公司（简称：建施公司，具有某区建设局颁发的起重设备安装工程专业承包三级［暂］资质证书）的名义，与商住楼工程项目部技术负责人何某某（受项目经理委托）签订2台塔机租赁合同。

第2年3月21日，顾某某与陆某某（无作业资格）签订塔机安（装）拆（卸）协议，将发生事故的塔机拆卸作业转包给陆某某，并由其组织招用作业人员（大部分人员无作业资格）具体安排拆卸作业。

3月22日7时左右，王某某（持有某省质量技术监督局特种设备安全监察处颁发的作业证）带领4名作业人员开始对塔机进行拆卸作业。

至当日15时左右，已完成塔机起重臂、平衡臂、司机室和塔顶的拆卸作业，在准备拆卸塔机回转机构时，由于作业人员已拆除回转机构与爬升架的4根销轴连接，致使爬升架失去支承而沿着塔身滑落，从31m高的塔身顶端急速下滑约15m。由于爬升架顶升油缸此时穿入塔身的标准节内卡住，致使爬升架骤然停止下滑，造成在爬升架操作平台中作业的4名拆卸人员在其滑落过程中被甩出。王某某、张某某和蒙某某坠落至地面，经抢救无效死亡；杨某某奋力抓住爬升架操作平台的护栏后，身受轻伤。

■事故原因分析

1. 直接原因

作业人员盲目和违章冒险操作是导致本起事故发生的直接原因。

（1）作业人员在没有塔机拆卸专项施工方案的情况下，采用错误的步骤，拆卸塔机的回转机构。

（2）在未检查并确认顶升横梁挂板有否挂住塔身踏步，爬爪是否处于正确位置，以及爬升架有无可靠安全支承前，拆除回转机构与爬升架的连接销轴，致使爬升架失去支承而沿着塔身滑落。

2. 间接原因

（1）某建机安装公司无资质承揽塔机安装、拆卸业务，并违法转包给无施工资格的个人组织和实施作业。未编制专项施工方案，对施工现场也未采取措施进行有效的安全生产管理和安全交底工作，这是发生事故的主要原因。

（2）总承包的某建筑工程公司违法将搭机安装、拆卸业务分包给无资质、无安全许可证的企业，同时未能在实施过程中切实履行总承包方的安全生产职责。没有督促工程项目部落实安全管理责任，并进行有效的监管，造成塔机拆卸过程安全管理工作失控。并且，所属项目部管理人员对塔机拆卸的安全作业管理不力，未能制止违章、违规行为。这是发生事故的重要原因。

（3）某建施公司违法出借作业资质，并为某建机安装公司在塔机安装、拆卸作业中提供技术服务。还在塔机的安装、使用和拆卸中出具报审备案证明，但未对其作业安全进行管理。这是造成事故的一个重要原因。

（4）某工程监理有限公司对施工安全监管失职。未对某建机安装公司的施工资质、无专项施工方案以及安装、拆卸、使用施工机械的违章、违规行为和作业人员有无从业资格采取有效的监管措施，并予以制止，这也是造成事故的又一重要原因。

（5）作业人员缺乏塔机拆除技术和安全生产常识，未使用安全带，违章作业，自我保护意识不强，也是发生事故的一个原因。

（6）县建设行政主管部门对该工程未能很好履行政府行政主管部门的安全生产监督管理工作职责，行业安全生产监督管理工作不够落实。

■事故责任分析及处理

（1）塔机拆卸作业带班人王某某在没有专项施工方案，并未采取切实有效的安全防范措施的情况下，带领作业人员冒险进行拆卸作业，对事故的发生负有直接责任。

（2）塔机拆卸作业承包人陆某某（无从业资格）违法承揽业务后，没有采取措施对现场进行安全生产管理。未对作业人员进行安全教育与培训，未为其配齐必需的劳动防护用具。在没有采取任何安全防范措施，也没有拆卸作业专项施工方案的情况下，违章组织作业人员冒险进行塔机拆卸作业。对事故的发生负有直接责任。

（3）某建机安装公司业务员顾某某（无塔机从业资格）违法将其业务转包给无从业资格的作业人员后，没有采取措施对作业现场进行安全生产管理，未对作业人员进行安全教育与培训，在没有采取任何安全防范措施，也没有拆卸作业专项施工方案的情况下，默许其违章、违规组织塔机拆卸作业。对事故的发生负有直接责任。

（4）某建机安装公司无资质、无安全生产许可证承揽塔机拆卸业务，并违法转包给无施工资格的个人组织并实施作业。未对作业人员进行有关施工安全的培训，也未采取措施对施工现场进行有效的安全生产管理。对事故的发生负有主要责任。

（5）总承包的某建筑工程公司将塔机安装、拆卸作业违法分包给没有资质的某建机安装公司，未能切实履行总承包方单位的安全生产职责，对工程项目部和施工现场未能落实安全生产管理责任，未进行切实有效的管理，造成一些施工过程安全管理工作失控，对发生事故负有重要责任。工程项目部主要管理人员未能履行工程项目安全生产管理职责，对塔机拆卸作业安全管理失职。未能制止违章、违规行为，对发生事故负有施工管理责任。

（6）某建施公司违法出借作业资质，并为施工企业在塔机安装、拆卸作业中提供技术服务，在塔机的安装、使用和拆卸中出具报审备案证明，但没有对其作业进行安全管理，对事故的发生负有重要责任。

（7）某工程监理有限公司对施工现场监管工作不到位，对事故的发生负有监理责任。

（8）施工作业人员安全意识淡薄。作业时没有采取有效的防护措施，违章作业，对发生事故负有一定责任。鉴于死亡，不予追究。

（9）县建设局对该建筑施工工程实施有效监控不够，未能很好履行政府行政主管部门对行业安全生产监督管理的工作职责。县建设局在安全监管工作中存在的问题予以通报批评，并作出书面检查；县建设局主要领导在本系统工作会议上认真总结工作中的经验教训，并切实加以整改。

【案例 24】

　　某年 7 月 17 日，在某造船集团有限公司船坞工地，发生龙门起重机倒塌事故，造成 36 人死亡，3 人受伤，直接经济损失 8000 多万元。

■事故概况

某年 7 月 17 日上午 8 时许，在某造船（集团）有限公司船坞工地，由某建筑工程公司等单位承担安装的 600t×170m 龙门起重机在吊装主梁过程中发生倒塌事故，造成 36 人死亡，3 人受伤，直接经济损失达 8000 多万元。

1. 600t×170m 龙门起重机建设项目基本情况

（1）龙门起重机主要参数及主梁提升方法

600t×170m 龙门起重机结构主要由主梁、刚性腿、柔性腿和行走机构等组成。该机的主要尺寸为轨距 170m，主梁底面至轨面的高度为 77m，主梁高度为 10.5m。主梁总长度 186m，含上、下小车后重约 3050t。

正在建造的 600t×170m 龙门起重机结构主梁分别利用由龙门起重机自身行走机构、刚性腿、主梁、17 号分段组成（高 87m，重 900 多吨，迎风面积

1300m²，由 4 根缆风绳固定。以下简称"刚性腿"）与自制塔架作为 2 个液压提升装置的承重支架，并采用某大学的计算机控制液压千斤顶同步提升的工艺技术进行整体提升安装。

（2）施工合同单位有关情况

某年 9 月，某造船（集团）有限公司（甲方），与作为承包方的某电力建筑工程公司（乙方）、某建设机器人工程技术研究中心（丙方）、某科技发展有限公司（丁方，是甲方的三产公司）签订 600t×170m 龙门起重机结构吊装合同书。合同中规定，甲方负责提供设计图纸及参数、现场地形资料、当地气象资料。乙方负责吊装、安全、技术、质量等工作;配备和安装起重吊装所需的设备、工具（液压提升设备除外);指挥、操作、实施起重机吊装全过程中的起重、装配、焊接等工作。丙方负责液压提升设备的配备、布置;操作、实施液压提升工作(注：液压同步提升技术是丙方的专利）。丁方负责与甲方协调，为乙方、丙方的施工提供便利条件等。

第二年 4 月，负责吊装的乙方通过一个叫陈某某的包工头与某建筑工程有限公司以包清工的承包方式签订劳务合同。但实际上此项业务由陈某某（江苏溧阳市人，非该公司雇员，也不具有法人资格）承包，陈招用了 25 名现场操作工人参加吊装工程。

2. 起重机吊装过程及事故发生经过

（1）起重机吊装过程

4 月 19 日，乙方及某建筑工程有限公司施工人员进入船坞工地开始进行龙门起重机结构吊装工程，至 6 月 16 日完成了刚性腿整体吊装竖立工作。

7 月 12 日，丙方进行主梁预提升，通过 60%～100% 载荷分步加载测试后，确认主梁质量良好，塔架应力小于允许应力。

7 月 13 日，丙方将主梁提升离开地面，然后分阶段逐步提升，至 7 月 16 日 19 时，主梁被提升至 47.6m 高度。因此时主梁上小车与刚性腿内侧缆风绳相碰，阻碍了提升。乙方施工现场指挥张某某考虑天色已晚，决定停止作业，并给起重班长陈某留下书面工作安排，明确 17 日早上放松刚性腿内侧缆风绳，为丙方 8 点正式提升主梁做好准备。

（2）事故发生经过

7 月 17 日早上 7 时，施工人员按张某某的布置，通过陆侧（远离大江一侧）和江侧（靠近大江一侧）卷扬机先后调整刚性腿的两对内、外两侧缆风绳。

现场测量员通过经纬仪监测刚性腿顶部的基准靶标志，并通过对讲机指挥两侧卷扬机操作工进行放缆作业（据陈述，调整时，控制靶位标志内外允许摆动 20mm）。放缆时，先放松陆侧内缆风绳，当刚性腿出现外偏时，通过调松陆侧外缆风绳减小外侧拉力进行修偏，直至恢复至原状态。通过 10 余次放松及调整后，陆侧内缆风绳处于完全松弛状态。

此后，又使用相同方法，和相近的次数，将江侧内缆风绳放松调整为完全松弛状态，约 7 时 55 分，当地面人员正要通知上面工作人员推移江侧内缆风绳时，测量员发现基准标志逐渐外移，并逸出经纬仪观察范围，同时还有现场人员也发现刚性腿不断地在向外侧倾斜，直到刚性腿倾覆，主梁被拉动，横向平移并坠落，另一端的塔架也随之倾倒。

（3）人员伤亡和经济损失情况

事故造成 36 人死亡，2 人重伤，1 人轻伤。死亡人员中，乙方 4 人，丙方 9 人（其中有副教授 1 人，博士后 2 人，在职博士 1 人），甲方 23 人。

事故造成经济损失约 1 亿元，其中直接经济损失 8000 多万元。

■事故原因分析

1. 刚性腿在缆风绳调整过程中受力失衡是事故的直接原因

事故调查组在听取工程情况介绍、现场勘查、查阅有关各方提供的技术文件和图纸，收集有关物证和陈述笔录的基础上，对事故原因作了认真的排查和分析。在逐一排除了自制塔架首先失稳、支承刚性腿的轨道基础沉陷移位、刚性腿结构本体失稳破坏、刚性腿缆风绳超载断裂或地锚拔起、荷载状态下的提升承重装置突然破坏断裂及不可抗力（地震、飓风等）的影响等可能引起事故的多种其他原因后，重点对刚性腿在缆风绳调整过程中受力失衡问题进行了深入分析，经过有关专家对于吊装主梁过程中刚性腿处的力学机理分析及受力计算，提出了《"7·17"特大事故技术原因调查报告》，认定造成这起事故的直接原因是：在吊装主梁过程中，由于违规指挥、操作，在未采取任何安全保障措施情况下，放松了内侧缆风绳，致使刚性腿向外侧倾倒，并依次拉动主梁、塔架向同一侧倾坠、垮塌。

2. 施工作业中违规指挥是事故的主要原因

乙方第三分公司施工现场指挥张某某在发生主梁上小车碰到缆风绳需要更改施工方案时，违反吊装工程方案中关于"在施工过程中，任何人不得随意改变施工方案的作业要求。如有特殊情况进行调整必须通过一定的程序以保证整个施工过程安全"的规定。未按程序编制修改书面作业指令和逐级报批，在未采取任何安全保障措施的情况下，下令放松刚性腿内侧的两根缆风绳，导致事故发生。

3. 吊装工程方案不完善、审批把关不严是事故的重要原因

由乙方第三分公司编制、乙方批复的吊装工程方案中提供的施工阶段结构倾覆稳定验算资料不规范、不齐全；对甲方600t龙门起重机刚性腿的设计特点，特别是刚性腿顶部外倾710mm后的结构稳定性没有予以充分的重视；对主梁提升到47.6m时，主梁上小车碰刚性腿内侧缆风绳这一可以预见的问题未予考虑，对此情况下如何保持刚性腿稳定的这一关键施工过程更无定量的控制要求和操作要领。

吊装工程方案及作业指导书编制后，虽经规定程序进行了审核和批准，但有关人员及单位均未发现存在的上述问题，使得吊装工程方案和作业指导书在重要环节上失去了指导作用。

4. 施工现场缺乏统一严格的管理，安全措施不落实是事故伤亡扩大的原因

（1）施工现场组织协调不力。在吊装工程中，施工现场甲、乙、丙三方立体交叉作业，但没有及时形成统一、有效的组织协调机构对现场进行严格管理。在主梁提升前7月10日仓促成立的"600t龙门起重机提升组织体系"由于机构职责不明、分工不清，并没有起到施工现场总体的调度及协调作用，致使施工各方不能相互有效沟通。乙方在决定更改施工方案，决定放松缆风绳后，未正式告知现场施工各方采取相应的安全措施；乙方也未明确将7月17日的作业具体情况告知甲方。导致甲方23名在刚性腿内作业的职工死亡。

（2）安全措施不具体、不落实。6月28日由工程各方参加的"确保主梁、柔性腿吊装安全"专题安全工作会议，在制定有关安全措施时没有针对吊装施工的具体情况由各方进行充分研究并提出全面、系统的安全措施，有关安全要求中既没有对各单位在现场必要人员作出明确规定，也没有关于现场人员如何进行统一协调管理的条款。施工各方均未制定相应程序及指定具体人员对会上提出的有关规定进行具体落实。例如，为吊装工程制定的工作牌制度就基本没有落实。

综上所述，"7·17"特大事故是一起由于吊装施工方案不完善，吊装过程中违规指挥、操作，并缺乏统一严格的现场管理而导致的重大责任事故。

■**事故责任分析及处理**

（1）张某某，乙方第三分公司职工，甲方船坞工地600t龙门起重机吊装工程7月17日施工现场指挥。作为17日施工现场指挥，对于主梁受阻问题，未按施工规定进行作业，安排人员放松刚性腿内侧缆风绳，导致事故发生。对事故负有直接责任，涉嫌重大工程安全事故罪，建议给予开除公职处分，移交司法机关处理。

（2）王某某，乙方第三分公司副经理。作为甲方 600t 龙门起重机吊装工程项目经理，忽视现场管理，未制定明确、具体的现场安全措施；明知 7 月 17 日要放刚性腿内侧缆风绳，未采取有效保护措施，且事发时不在现场。对事故负有主要领导责任，涉嫌重大工程安全事故罪，建议给予开除公职、开除党籍处分，移交司法机关处理。

（3）陈某，某建筑工程有限公司经理。作为法人代表，为赚取工程提留款，在对陈某某承包项目及招聘人员未进行审查的情况下，允许陈使用本公司名义进行承包，只管收取管理费而不对其进行实质性的管理。涉嫌重大工程安全事故罪，移交司法机关处理。

（4）陈某某，600t 龙门起重机吊装工程劳务工包工头。在不具备施工资质的情况下，借用他公司名义与乙方签定承包协议；招聘没有资质证书人员进入施工队担任关键岗位技术工作。涉嫌重大工程安全事故罪，给予开除党籍处分，移交司法机关处理。

（5）史某某，乙方第三分公司副总工程师，甲方 600t 龙门起重机吊装工程项目技术负责人。在编制施工方案时，对主梁提升中上小车碰缆风绳这一应该预见的问题没有制定相应的预案；施工现场技术管理不到位。对事故负有重要责任，给予行政撤职、留党察看一年处分。

（6）刘某，乙方第三分公司副经理兼总工程师，主管生产、技术工作。审批把关不严，没有发现施工方案及作业指导书存在的问题。对事故负有重要领导责任，给予行政撤职、留党察看一年处分。

（7）刘某某，乙方第三分公司党支部书记。贯彻党的安全生产方针政策不力，对公司在生产中存在的违规作业问题失察，安全生产教育抓得不力。对事故负有主要领导责任，给予撤销党内职务处分。

（8）汤某某，乙方副总工程师。在对施工方案复审时，技术把关不严，没有发现施工方案中上小车碰缆风绳的问题。对事故负有重要责任，给予行政降级、党内严重警告处分。

（9）李某某，乙方经理。作为公司安全生产第一责任人，管理不力，没有及时发现、解决三分公司在施工生产中存在的安全意识淡薄、施工安全管理不严格等问题。对事故负有主要领导责任，给予撤销行政职务、党内职务处分。

（10）施某某，乙方董事长。贯彻落实党和国家有关安全生产方针政策和法律法规不力。对事故负有领导责任，给予行政记大过、党内警告处分。

（11）瞿某某，甲方安全环保处科长。作为甲方 600t 龙门起重机吊装工程现场安全负责人，对制定的有关安全制度落实不力。对事故负有一定责任，给

予行政记过处分。

（12）顾某某，甲方 600t 龙门起重机吊装工程项目甲方协调人（原甲方副总经理）。对现场安全管理工作重视不够，协调不力。对事故负有领导责任，给予行政记过处分。

（13）乌某某，丙方工程部负责人、600t 龙门起重机吊装工程提升项目技术顾问，现场地面联络人。施工安全意识不强，安全管理、协调不力。对事故负有一定责任，给予行政记过处分。

（14）徐某某，丙方研究中心主任，安全意识不强，对于机器人中心施工安全管理不力。对事故负有一定领导责任，给予行政警告处分。

其他与事故有关的责任人也给予了严肃处理。

【案例 25】

■事故经过

2002 年 4 月 19 日上午，在某工程 3A 标段现场，一台起重量为 50t、起重臂 25m 的履带式起重机准备配合汽机安装施工，9 时吊装结束，起重机停车熄火。10 时左右，司机朱某某又发动了该起重机主机进行充气。此时该起重机的位置是：起重臂与履带平行、朝南方向，起重臂与水平方向的角度约 67°。朱某某见到位于前方约 10 多米处另一台起重量 25t 的履带式起重机转向无法到位，便擅自跳离自己的驾驶室，上了 25t 起重机驾驶室帮忙操纵。10 时 15 分，无人操纵的 50t 起重机由于未停机，起重臂由南向北后仰倾覆，砸垮施工现场临时围墙（起重臂伸出围墙外 6.1m），倒向路面，造成 6 名行人伤亡，其中 2 名死亡，1 名重伤，3 名轻伤。

■事故原因分析

1. 直接原因

（1）起重机司机违章，在起重机启动状态擅自离开驾驶室，离开时，操纵起重臂提升的三个操作杆没有全部恢复到空档。

（2）起重机无安全装置，没有起重臂提升限制器和防止起重臂后仰的安全支架，带病工作。

2. 间接原因

（1）公司安全管理体系不健全，项目经理无证上岗，管理人员不配套，机械管理员由不懂专业的材料员兼任，无法进行有效的管理。

315

（2）现场安全管理混乱，安全管理制度不落实，公司的安全检查流于形式，没有发现隐患。

（3）作业人员安全意识淡薄，违章作业，起重机工作时无指挥在场。

（4）机械设备管理混乱，起重机进场没验收，设备管理资料不全。

■事故教训

（1）广泛深入开展作业人员的安全生产培训教育工作，提高安全意识。加强对机械设备操作人员安全生产责任制和安全操作规程的教育培训，增强按章操作的自觉性。

（2）加强起重机等大型设备安全管理，严格执行设备检查维护保养和进场验收制度，严禁无安全装置设备进场，严禁设备带病工作。

【案例26】

■事故概况

某砂石生产线建设工程安装工程，2009年7月21日早上7：00，在钢漏斗吊装过程中发生一起物体打击事故，事故后果是一人死亡，陈某，男，40岁。

粉碎工艺楼，框架结构，分为三层，第一层高3m，第二层高8m，第三层高5m。第二层楼面共有四个预留洞口，用于安装石料筛选漏斗，分一、二期完成。当天5名工人在第二层准备钢漏斗（偏心锥形）就位，四个洞口田字形分布，中心有80cm见方柱子。一期（西侧）两个预留洞口均已做好钢架，准备安装钢漏斗。二期（东侧）两个预留洞口未做防护。南北向横梁1m宽。钢漏斗由吊车起吊至第二层楼面边缘，钢漏斗底向内横卧放置，再由作业人员用葫芦移动就位，两个起吊点在漏斗上口内侧，西侧设置一个地拉葫芦。

开始陈某、任某两人站在东侧平台拉捯链，吊装指挥在西侧平台指挥，事先明确陈、任二人不得移动位置。在操作过程中陈、任两人擅自变动位置，并列站到1m宽横梁上，漏斗被吊起后，重心失稳，漏斗撞向中心柱子，位列南面的任某某迅速蹲下躲开，北面的陈某躲避不及，被漏斗尖角击中，又受柱子挤压，头部击穿，当场死亡。

■事故原因分析

（1）查项目管理机构，安全员无证上岗，现场分为三个班组，预制班、安装班、油漆班。项目经理经常不在现场，现场项目管理机构分工不清晰，职责不明确。

管理人员责任制、班组责任制未建立。

（2）业主施工许可证未办理，施工组织设计、吊装方案无审批记录，三级教育资料不全，多人无三级教育记录，劳务分包单位与工人未签订劳动合同。三个班组的岗前班组长安全教育均未开展，技术交底资料过于简单。

（3）现场负责人表示已经对作业班组口头交底过，起重班组长到场后才能操作。事发现场作业的5个工人均是普工，在没有经过吊装班长同意擅自进行吊装，属违章作业、无证上岗。

■责任分析

（1）项目经理负主要领导责任。

（2）公司负监管不力的责任。

■事故评说

建筑行业中的起重作业涉及面广，施工环境复杂，群体、多层、立体作业机率高，施工危险性较大，稍有不慎，就会造成事故。在建筑行业历年的事故中，起重伤害均占有一定的比例。

造成起重伤害事故的主要原因有：

（1）起重机械产品质量不合格。如吊索具安全系数偏小；滑轮、绳索选用不合理等。

（2）起重机械安装、拆卸单位中存在的问题。如装拆单位无资质或跨越资质；装拆施工无方案或方案不完善；装拆工艺交底不清；装拆人员无证上岗；装拆过程与施工方案不一致，操作失误等。【案例22】中，事故的主要原因就是厂家安装人员严重违反本公司制定的产品说明书和施工方案规定的安装程序作业。【案例23】中，建机安装公司无资质承揽塔机安装、拆卸业务，并违法转包给无施工资格的个人组织和实施作业，未编制专项施工方案；作业人员在没有塔机拆卸专项施工方案的情况下，采用错误的步骤，拆卸塔机的回转机构；在未检查并确认顶升横梁挂板有否挂住塔身踏步，爬爪是否处于正确位置，以及爬升架有无可靠安全支承前，拆除回转机构与爬升架的连接销轴。

（3）起重机械使用过程中存在的问题。如无吊装方案或方案不完善；违章指挥；操作人员无证上岗；操作人员不按规程要求操作；未设警示区域等。【案例24】中，由于违规指挥、操作，在吊装主梁过程中，在未采取任何安全保障措施情况下，放松了内侧缆风绳，致使刚性腿向外侧倾倒，并依次拉动主梁、塔架向同一侧倾坠、垮塌；吊装工程方案中提供的施工阶段结构倾覆稳定验算资料不规范、不齐全；主梁上小车碰刚性腿内侧缆风绳的问题未予考虑等。

起重作业中安全需注意的问题：

（1）起重机械要有产品合格证、制造许可证、制造监督检验证明。若达到国家规定的检验检测期限，必须经具有专业资质的检验检测机构检测，经检测不合格的，不得继续使用。

（2）施工现场安装、拆卸施工起重机械，必须由具有相应资质和安全生产许可证的单位承担并在其资质许可的范围内承揽业务；安装、拆卸单位应当编制拆装方案、制定安全施工措施，并由专业技术人员现场监督；安装、拆卸过程必须严格按规程和施工方案要求操作；安装完毕后，安装单位应当自检，出具自检合格证明，并向施工单位进行安全使用说明；使用单位应当组织有关单位进行验收或委托具有相应资质的检验检测机构进行验收；验收前应当经有相应资质的检验检测机构监督检验合格等。

（3）施工起重机械安装拆卸工、起重信号工、起重司机、司索工等特种作业人员应当经建设主管部门考核合格，并取得特种作业操作资格证书。作业人员初次上岗，应经过实习。

（4）起重机械使用过程中，应有吊装作业方案；按操作规程的要求实施操作；严格遵守"十不吊"原则；提升等动作要规范；绑扎要牢固；现场作业人员站位要正确；危险区域要有必要的防范措施（如警示旗、警示灯等）；要考虑气候对吊装作业的影响等。

六、机械伤害

机械伤害是指被机械设备或工具绞、碾、碰、割、戳等造成的人身伤害，不包括车辆、起重设备引起的伤害。

【案例27】

某年4月24日，某市某建设集团公司发生一起机械伤害事故，死亡1人。

■事故概况

某年4月24日，在某建设集团总包、某劳务公司分包的动力中心及主厂房工程工地上，动力中心厂房正在进行抹灰施工。现场使用一台JGZ350型混凝土

搅拌机拌制抹灰砂浆。

上午 9 时 30 分左右，由于从搅拌机出料口到动力中心厂房西北侧现场抹灰施工点约有 200m 左右的距离，用两台翻斗车进行地面运输，加上抹灰工人较多，砂浆供应不上，工人在现场停工待料。

作为抹灰工长的文某非常着急，到砂浆搅拌机边督促拌料。因文某本人安全意识不强，趁搅拌机操作工去备料而不在搅拌机旁的情况下，私自违章开启搅拌机，且在搅拌机运行过程中，将头伸进料口边查看搅拌机内的情况，被正在爬升的料斗夹到其头部后，人跌落在料斗下，料斗下落后又压在文某的胸部，造成头部大量出血。事故发生后，现场负责人立即将文某急送医院，经抢救无效，于当日上午 10 时左右死亡。造成直接经济损失约为 22.25 万元。

■事故原因分析

1. 直接原因

作为抹灰工长的文某，安全意识不强，在搅拌机操作工不在场的情况下，违章作业，擅自开启搅拌机，且在搅拌机运行过程中将头伸进料斗内，导致料斗夹到其头部，是造成本起事故的直接原因。

2. 间接原因

（1）总包单位项目部对施工现场的安全管理不严，施工过程中的安全检查督促不力。在搅拌机位旁边没有操作规程张挂。

（2）分包单位对职工的安全教育不到位，没有安全技术交底。经查，该单位有安全生产三级教育和经常性教育制度，但长时间没有实施过。导致抹灰工擅自开启搅拌机。

（3）施工现场劳动组织不合理，大量抹灰作业仅安排三名工人和一台搅拌机进行砂浆搅拌，造成抹灰工在现场停工待料。搅拌机操作工因为没有备料力工，须自行备料而经常离开搅拌机，给无操作证人员违章作业创造条件。

（4）无论是总包还是分包单位，只顾抢进度而不进行现场安全教育，因此施工作业人员安全意识淡薄，缺乏施工现场的安全知识和自我保护意识。

3. 主要原因

抹灰工长文某，违章作业，擅自操作搅拌机，是造成本起事故的主要原因。

■事故责任分析及处理

（1）分包单位领导缺乏对职工的安全上岗教育，违反有关安全教育的规定，对本起事故负有领导责任，法人代表刘某，作书面检查；分管安全生产的副经理金某，给予罚款的处分。

（2）分包单位驻现场负责人顾某，对施工现场的安全管理不力，对本起事故负有重要责任，给予行政警告和罚款的处分。

（3）总包单位项目经理于某，对现场的安全检查监督不力，对本起事故负有一定的责任，给予罚款的处分。

（4）总包单位法人代表林某，对现场的安全管理不够，对本起事故负有领导责任，作出书面检查。

（5）抹灰工长文某，在搅拌机操作工不在场的情况下，私自违章操作搅拌机，对本起事故中负有主要责任，鉴于已死亡，故免于追究。

【案例 28】

> 某年 9 月 15 日，由某市建筑有限公司承建的该市美亭花园工地，发生机械伤害事故，死亡 1 人。

■事故概况

某年 9 月 15 日上午，由某市建筑有限公司承建的美亭花园工地，在刚上班时，泥工刘某等 2 人一组到 A 楼十一层粉线节。6 时 30 分左右，灰浆尚未吊上来，刘某站在十一层井架式货用升降机（SSB100/100）左侧井架前卸料平台的右侧，喊"砂灰吊上来"，右手握在二层吊笼中间井架前 20cm 左右的脚手架钢管立杆上，头朝下侧面伸进左边井架的右侧三角档内，未察觉吊笼正从十二层向下运行，头部被吊笼底板冲压。安全帽被吊笼卡掉，急送医院抢救无效后死亡。

■事故原因分析

（1）死者本人安全意识淡薄，缺乏自我保护意识，为及早工作，高喊时不慎把头伸进井架三角档而被吊笼夹死，是事故发生的主要原因和直接原因。

（2）施工单位对职工安全教育、技术培训不及时，安全管理不严，是导致该起事故的管理原因。

1）由于该工程主体结构（21 层）已封顶，施工单位就产生了麻痹思想，对升降机操作工的过期证书未及时检查，未敦促其及时上岗复训。

2）对高层建筑的升降机吊笼上下，虽有电视监控及警示信号，但缺乏通信位置。

3）对工人安全交底不全面，当时料推出后，十一层的卸料平台防护门未及时关上。

（3）升降机操作工虽有操作证，但操作证已过期 2 个月，缺乏安全操作知识再培训。其次，该升降机 2 只吊笼在操作时虽有 2 台电视监控，但存在着下降时看不到下面的情况缺陷。另外，当吊笼从 12 层下降时，基本听不到声音，此时操作工应按响警铃或用其他方式以示警告，而操作工安全意识淡薄，粗心大意，是导致事故发生的原因之一。

■ **事故责任分析及处理**

（1）死者刘某安全意识淡薄，缺乏自我保护意识，冒险把头伸进井架三角档，而导致事故的发生，应负直接责任和主要责任。鉴于刘某已死亡，不予追究。

（2）施工单位负责人及职能部门对职工安全教育、技术培训不及时，安全管理不严而导致事故发生，应负领导责任。建议有关部门对施工单位和有关责任人给予相应处罚。省级建设行政主管部门已对项目经理方某作出降低其项目经理资格等级的处罚（从二级降为三级）。

■ **事故评说**

从近几年的施工安全事故发生情况来看，机械伤害事故在施工现场所发生的起数和死亡人数，相对于高处坠落、物体打击、坍塌和起重伤害要少一些，但也不能掉以轻心。

机械伤害事故发生的主要原因有：

（1）现场管理混乱，安全教育不到位，安全交底不全面。【案例 27】中，分包单位对职工的安全教育不到位，没有安全技术交底；现场劳动组织不合理，大量抹灰作业仅安排 3 名工人和 1 台搅拌机进行砂浆搅拌，现场没有备料力工。【案例 28】中，死者安全意识淡薄，缺乏自我保护意识，高喊时把头伸进井架三角档。

（2）安全装置不齐全。如传动带、砂轮、电锯以及接近地面的联轴节、皮带轮和飞轮等，未设安全防护装置；平面刨无护手安全装置，电锯无防护挡板，手持电动工无断电保护器等。【案例 28】中，高层建筑的升降机吊笼上下，虽有电视监控及警示信号，但缺乏通信位置。

（3）操作人员无证上岗或机械操作不规范。如机械设备超负荷运作或带病工作；机械工作时，将头手伸入机械行程范围内等。【案例 27】中，抹灰工长文某，在搅拌机操作工不在场的情况下，违章作业，擅自开启搅拌机，且在搅拌机运行过程中将头伸进料斗内。【案例 28】中，升降机操作工虽有操作证，但操作证已过期。

预防机械伤害事故的措施有：

（1）加强操作人员的安全教育培训，增强安全生产意识。

（2）机械设备要安装固定牢靠。

（3）增设机械安全防护装置和断电保护装置。

（4）对机械设备要定期保养、维修，保持良好运行状态。

（5）经常进行安全检查和调试，消除机械设备的不安全因素。

（6）操作人员要按规定操作，严禁违章作业。

七、中毒

中毒是指吸入过量的有毒气体而导致的伤害事故。包括煤气、油气、沥青、化学、一氧化碳中毒等。

【案例29】

> 某年7月14日，某市广场工程发生一起防水涂料作业过程中中毒事故，造成4人死亡，10人受伤。

■事故经过

某市广场工程项目建筑面积81174m²，框架结构，主楼高19层。建设单位为某市某房地产开发有限公司，施工单位为该市某建筑公司。工程项目部将防水处理工程分包给个体涂料经营户（无施工资质）承包。所用的非焦油聚氨酯防水涂料系某省某防水工程有限公司（企业具有相应的生产、施工资质）的产品，据事发后取样检测分析，该涂料含苯359g/kg、甲苯82g/kg、二甲苯25g/kg，属危险化学品。7月2日进场防水涂料，7月4日做样板并陆续施工。

7月14日，民工戴某等5人进行该工地地下室外墙防水涂料涂刷作业，其中1人在地面上拌、送料，其余4人下到基坑作业。至下午3时许，在基坑下约8m深处作业的民工突然晕倒跌落坑底（当时基坑底部有深约0.7m的积水）在地面上作业的民工发现后立即喊叫救人。在基坑下约4m处作业的另外三人见状急忙去抢救，结果也相继晕倒并跌落坑底积水中。周围人员听到呼救声，迅速赶来救人，在抢救过程中，营救人员中也出现胸闷、头晕、意识模糊等症状。

先后有 14 人被送往医院救治，其中 2 人在现场经医生确认死亡，2 人经医院抢救无效死亡，10 人因接触作业环境而引起身体过敏性反应住院观察治疗。

经事发后作业场所空气中有毒物质的测定，含苯 57mg/m³。经鉴定，4 人的死亡是由于苯、甲苯等中毒，引起中枢神经系统、心肌抑制，导致呼吸循环功能衰竭所致。

■ **事故原因分析**

（1）直接原因

1）涂刷作业使用的非焦油聚氯酯防水涂料（851）中含有严重超标的苯系物质。

2）施工现场为槽形基坑，作业空间狭小，在气温高（事发当气温高在 37.6℃）、通风不良、连续作业的情况下，作业现场空气中有毒物质浓度大量超标。

3）作业人员没有相应的上岗资格，缺乏安全防范和自我保护意识，不懂安全操作规程，不具备职业防毒知识和事故应急能力，在具有危险、危害的作业环境中盲目作业。

（2）防水工程承包人员严重违反建设工程有关法律、法规和技术规范、标准，自称是具有施工资质的单位代理人承揽工程业务。在组织施工过程中，采用苯系物质严重超标的防水涂料，没有施工技术资料，没有安全生产管理制度和安全技术操作规程，没有安全生产责任制。操作场所没有安全、防毒设施和必要的个体防护装备，所有操作人员没有经过规范的安全教育培训。现场管理混乱，施工作业无序。是该起事故的主要原因。

（3）施工单位项目部违反国家有关工程建设的法律法规规定，将防水工程发包给不具有相应资质的个体经营者施工，且在未取得防水涂料检验结果、未经监理单位签字的情况下允许防水工程施工队伍进场施工，对防水工程的施工过程没有进行严格的安全生产监督和管理。是该起事故的重要原因。

（4）防水涂料生产单位对产品质量管理不严，产品中的苯系物质含量严重超标，且产品包装标志不符合有关规定要求，没有安全技术说明书。是该起事故的重要原因。

（5）监理单位对防水涂料工程项目监理工作缺位，该工地地下室外墙防水涂料涂刷作业违规施工已达 10 多天，未予及时检查、制止，也是事故原因之一。

（6）施工单位对该工程项目部存在的不符合规范要求的发包合同协议、现场管理无序、事故隐患严重等问题，监督查处不力，也是事故原因之一。

■事故责任分析及处理

（1）防水工程承包人和现场负责人不具备相应资质，私制有关作业人员上岗资格证书，违法承接工程施工业务，在组织施工过程中，没有施工技术资料，没有安全生产管理制度和安全操作规程，没有安全生产责任制，没有对操作人员进行技术交底和安全教育培训，现场管理混乱，施工作业无序。对这起事故负有主要责任。建议司法机关依法追究其法律责任。

（2）建设单位项目部技术负责人推荐、介绍无专业资质的个体经营商承包防水处理工程施工业务，且在未取得防水涂料检验结果、未报项目部经理同意、未经监理单位审签的情况下指示防水工程施工队伍进场施工，对防水工程的施工过程没有进行严格的监督和管理。对这起事故负有重要责任。建议有关部门依法给予经济处罚。

（3）施工单位项目经理未经严格核实，将防水处理工程发包给无资质的个体经营商，且对工程施工情况不闻不问，没有进行严格的安全生产监督和管理。对这起事故负有重要责任。省建设行政主管部门已建议建设部对其作出降低项目经理资格等级的处罚（从一级降为三级）。

（4）防水涂料生产单位法定代表人，对产品质量管理不严，非焦油聚氨酯防水涂料（851）中的苯系物质含量严重超标，且产品包装标志不符合有关规定要求，没有安全技术说明书，对这起事故负有重要责任。建议该公司注册地有关部门依法给予处罚。

（5）监理单位对防水处理工程的施工过程监理不力，对该工程地下室外墙防水涂料涂刷作业违规施工未及时检查、制止。对本起事故负有一定责任。建议当地建设行政主管部门依法给予经济处罚和通报批评。

（6）施工单位对所属的各工程项目部监管不力，对现场管理无序、存在严重事故隐患的施工工程，没有给予有力的监管和及时查处，对本起事故负有一定责任。省建设行政主管部门已对施工单位作出降低其房屋施工总承包资质的处罚（由二级降为三级）。

【案例30】

　　某年6月23日，某市某建筑工程有限公司承建的该市西山小区16号楼工程，在人工挖孔桩的施工中，发生中毒事故，造成3人死亡。

■事故概况

西山小区 16 号楼工程由某市西山房产开发有限公司开发,该市某建筑工程有限公司(房建资质三级)中标承接。该公司委派吴某(无证)担任该工程项目经理。吴某又将桩基础工程分包给无资质的私人包工头叶某施工。

叶某在工程未取得施工许可证及三通一平各种工作尚未完成的情况下,便进场施工。至事故发生当天,已人工挖孔 10 个。施工现场原为低洼积水地并堆有居民生活垃圾,存在大量有机物质,桩孔旁边有一条市政排污渠,此渠为味精厂及周围居民生活污水的排污渠,存在大量有机物和蛋白质。有机物和蛋白质腐烂后能产生硫化氢等有害物质。

事故发生在桩孔孔径 85cm,孔深 3m 处。6 月 23 日下午 5 时许,民工谢某等人在工地进行人工挖孔作业时,离地面 3 ~ 4m 处发现黑色污水渗漏严重,并在孔深 3m 处发现 3 ~ 4 个污水漏孔,谢当即爬到地面,向施工负责人叶某汇报,经观察后决定用水泵抽空污水,约 6 时,谢见污水不能抽干,再次下孔用水泥封堵漏孔并试图捡回施工工具,当谢某下至孔深 3m 时,闻到恶臭味,迅即全身乏力,立即让在孔口的儿子用绳子拉他上去,至孔洞口 1m 不到,又掉落到孔底,后陆续有 3 人下孔救人,均发生昏迷。经抢救,1 人脱险,3 人死亡。经鉴定 3 人硫化氢中毒致死。

■事故原因分析

(1)民工谢某违反国家规定,在没有对孔内有毒有害物质进行检测,也没有佩戴必要防护用品的条件下盲目下孔作业,是造成这起事故的直接原因。

(2)另外,3 人在没有任何安全防护的条件下,盲目进入孔内救人,救援方法不当,造成此起事故的扩大。

(3)人工挖孔桩承包人无资质承揽施工任务,未编制人工挖孔桩专项施工方案,未配备有效的安全防护设施,又未对聘用人员进行安全教育培训,安全管理制度不落实,安全管理混乱,是造成此起事故的间接原因。

(4)施工单位安全管理制度不健全,责任不落实,无施工组织设计和专项施工方案;擅自将桩基工程违法分包给无资质的个体包工头施工;项目经理未履行其管理职责;施工企业未对桩基工程进行安全监督管理,是造成此起事故的间接原因。

(5)建设单位未办理质量监督手续和建筑工程施工许可证,擅自组织施工,逃避政府监管,允许个人挂靠本单位名义开发建设工程。在未取得施工图设计文件、明确桩基类型的情况下，擅自同意采用人工挖孔桩施工，是造成这起事故的间接原因。

■事故责任分析及处理

（1）包工头叶某无资质承揽业务，违反规定进行桩基施工。对这起事故的发生负有主要责任。建议司法机关依法追究其法律责任。

（2）项目经理违法分包桩基工程，未对职工进行安全教育培训和安全技术交底。在尚未明确桩基类型的情况下违章实施人工挖孔施工，对这起事故的发生负有主要责任。建议司法机关依法追究其法律责任。

（3）施工单位委派无证人员为该工程项目经理，安全管理混乱，对这起事故的发生负有重要责任。建议有关部门依法对该公司及其法定代表人分别给予经济处罚，当地建设行政主管部门已依法吊销该企业的建筑施工资质。

（4）建设单位未办理有关施工手续的情况下，擅自组织施工，逃避政府监管，允许他人以本单位名义开发工程，开发中多次违规，对本起事故的发生负有重要责任。建议有关部门依法对该公司及其法定代表人分别给予经济处罚。有关部门依照资质管理有关规定对该公司进行严肃处理。

【案例31】

■事故简介

某年11月17日，某集团在硝酸铅项建设过程中安装转化池PVC内衬（防漏及光滑）时发生一起重大中毒窒息事故，造成三人死亡。

■事故发生经过

某年11月17日，某集团在硝酸铅项建设过程中安装转化池PVC内衬（防漏及光滑）。由车间主任任某带领3名工人，对该转化池安装搅拌机减速器。在安装过程当中，无任何人发现有异常情况和不良反应。后褚某不慎跌落到池底，且马上出现昏迷发抖等现象。一起工作的3人均认为他是摔伤所致，庄某、陆某两人立即下池抢救褚某，当他俩下到池底准备扶起褚某的同时也昏倒并伴有发抖现象。池上面的人误认为是触电所至，立刻叫人拉下总电闸，随后单位领导及其他员工均赶到现场。庄某、沈某先后下到池底救人，也昏迷在池内。这时候池上的救援人员意识到根本不是触电所至，在场的领导和职工都坚决阻止其他人再下池救人，立即用钉耙将五人全部救出池外，并快速请求了外界的支援。庄某、陆某、庄某3人经抢救无效死亡，褚某、沈某2人经抢救现已治愈出院。

■事故原因分析

1. 直接原因

该厂硝酸铅车间生产中的反应釜产生大量二氧化碳，沉积到新安装转化池内，由于1名安装人员不慎跌落到池底，其他人员相继下池抢救时中毒窒息。

2. 间接原因

（1）该工厂违反规定，没有取得《化学危险物品安全生产许可证》。

（2）工人未经培训，不认识化工生产的危险特点，尤其不能正确处理生产中出现的应急情况。

■事故责任认定

本次事故属于责任事故。该工厂在未取得《化学危险物品安全生产许可证》下仓促试产，留下了安全隐患。且未对工人进行安全教育，该工厂主要负责人应付领导责任。

■事故教训

（1）企业必须按照规定取得安全生产许可证方可从事生产活动。

（2）加强各级人员的安全教育，提高各级人员安全意识和应急处理能力。

【案例32】

■事故简介

2002年12月4日，某开发区某厂房发生一起一氧化碳中毒事故，造成3人死亡。

■事故发生经过

由某建设工程有限公司承建的西青开发区某通用厂房工程，于2002年10月份开工。施工单位在某地区11月进入冬期施工，由于该工地冬施准备不及时，一直拖延到12月份生活区内仍未设置取暖设施。2002年12月4日，有3名作业人员自己在办公室内砌筑暖墙取暖，当晚由于雾大、气压低，办公室又门窗紧闭，导致室内人员一氧化碳中毒，造成3人死亡。

■事故原因分析

1. 技术方面

室内砌筑暖墙作为取暖设施，需提前研究暖墙形式、砌筑方法及烟道出口、室内通风设施，且必须预先砌筑待砂浆固结后使用。

此事故中，是由于天气寒冷，原室内无取暖设施，未经研究试验随意砌筑暖墙，砌筑完立即烧火使用砂浆内水汽蒸发，室外雾大、气压低，室内门窗紧闭空气不流通，氧气得不到及时补充，至第2天早晨发现已经太迟，救助无效死亡。

2. 管理方面

建筑施工为露天作业，直接受天气变化的影响。季节性强的地区必须预先考虑施工技术措施和安全措施，作为建筑企业这是管理方面的常识，是企业必须提前作好的施工准备工作。

该企业一是领导管理失控，未在进入冬期施工前安排好取暖设施；二是表现了领导对基层的漠不关心，没有贯彻"以人为本"的管理精神，只管完成生产任务，不顾工人冷暖，导致工人自己随意采取取暖方式也无人管理；三是进入冬期施工前，没有组织作业人员进行教育和交底，提出冬期施工应注意事项。

■事故结论与教训

1. 事故主要原因

本次事故是由于该企业管理失控，没按建筑施工的特点在进入冬期施工之前统一安排取暖、防中毒、防火等安全措施。该项目经理在指挥生产的同时，未对冬季取暖设施进行考虑和检查，又未对作业人员进入冬期施工应注意事项进行交底，已进入12月份仍不安排取暖，导致作业人员自己动手随意砌筑取暖设施，最终造成一氧化碳中毒事故。

2. 事故性质

本次事故属于责任事故。由于该企业从公司领导到项目经理对承建工程项目如何管理，进入冬施如何管理等问题，没有根据施工特点预先研究编制详细的施工方案，对施工现场及生活区又没及时检查发现取暖设施不足而采取措施，以致天气寒冷作业人员随意砌筑暖墙导致中毒事故。

3. 主要责任

（1）该项目经理应负直接领导责任。

（2）该企业主要负责人应负管理责任。

■事故评说

建设工程施工现场所发生的中毒事故主要包括施工中毒事故、食物中毒及煤气中毒等。其中施工中毒事故所占的比例最高。施工中毒主要体现在：市政污水管道（井）作业，地下管线开挖，人工挖孔桩施工，通风不良区域的涂装作业、油漆作业、电焊作业等。

施工中毒事故发生的原因主要有：

（1）安全培训教育不够，作业人员安全意识不强，安全投入不足、安全防护措施不到位。【案例29】中，作业人员没有相应的上岗资格，缺乏安全防范和自我保护意识，不懂安全操作规程，不具备职业防毒知识和事故应急能力。【案例30】中，民工谢某在没有对孔内有毒有害物质进行检测，也没有佩戴必要防护用品的条件下盲目下孔作业；人工挖孔桩承包人无资质承揽施工任务，未配备有效的安全防护设施，又未对聘用人员进行安全教育培训。

（2）作业环境条件不能满足施工需要。【案例29】中，施工现场为槽形基坑，作业空间狭小，气温高，通风不良。

（3）较大危险性工程施工无专项施工方案、方案交底不彻底或现场作业不按方案执行。【案例30】中，承包人没有编制人工挖孔桩的专项施工方案而组织人员施工。

（4）所采用的材料、设备要符合规范要求。【案例29】中，涂刷作业使用的防水涂料中含有严重超标的苯系物质。

（5）无安全生产应急救援预案、预案没有演练或现场应急救援不当。【案例30】中，另外3人在没有任何安全防护的条件下，盲目进入孔内救人，救援方法不当。

预防中毒事故的主要措施有：

（1）强化施工（维护）人员防护救护知识的培训教育。在安全生产基本常识的教育基础上，还应结合各自施工作业的实际情况，强化专业施工的安全知识培训，让作业人员懂得个人防护和救护的基本方法，增强自我保护意识，避免因盲目施救造成施救人员伤亡。

（2）把好材料、设备进场质量关，加强对设备的维护保养工作。

（3）加大安全生产费用的投入，限制淘汰危及安全生产的落后工艺设备。对有挖孔桩、防水涂料、油漆等可能发生有害气体中毒事故施工内容的项目，施工现场必须配置有害气体检测仪、防毒面具和必要的通风设备，作业时要有专人监护。

（4）切实加大预防施工中毒事故的措施力度。对于涉及市政污水管道（井）、人工挖孔桩等可能发生有害气体中毒的工程，施工单位必须编制专项施工方案，并按规定程序进行报批；专项方案要有针对性，方案交底要完整；要创造良好的施工作业环境。

（5）认真制定完善施工中毒事故的应急预案。应根据中毒事故发生的原因和规律，有针对性地制定预防中毒事故应急预案，并定期组织演练。

总之，建筑施工企业要认真按照《建筑施工安全检查标准》JGJ 59-2011、《建筑工程预防高处坠落事故若干规定》（建设部建质［2003］82号）、《建筑工程预防坍塌事故若干规定》（建设部建质［2003］82号）、《建筑起重机械安全监督管理规定》（建设部令第166号）及相关技术规范、规程和省市的有关文件，加强对企业的安全生产和安全管理工作，全面加强安全培训和教育，提高员工的安全意识、责任心、技术水平和安全素质；严格按照施工技术规范的要求作业，加大安全防护设施方面的投入，不得任意简化安全防护措施，杜绝麻痹思想和冒险蛮干，认真做好安全生产交底工作；加强劳动保护用品的使用和管理，对违章作业者进行严肃处理。通过严格的安全生产管理，把建筑施工的事故伤害降低到最低点，切实保障人民群众的生命和财产安全。

第九章

安全生产法律法规简述

本节主要介绍了建设工程安全生产法律法规体系及其主要法律制度，简述了《中华人民共和国安全生产法》（以下简称《安全生产法》）、《建设工程安全生产管理条例》（国务院令第393号）的安全生产责任和法律责任，使学员对建设工程的整个法律法规体系有所了解，并明确施工单位、监理单位等责任主体在安全生产工作中应承担的义务和责任。

首先我们来了解一下我国法律体系，有利于学习和执行安全生产法律法规。

我国的法包括宪法、法律、行政法规、地方性法规和行政规章。宪法是国家根本大法，具有最高的法律地位和法律效力。但宪法只规定立法原则，不直接规定具体的行为规范，所以不能代替普通法律。

法律是全国人民代表大会及其常委制定和修订的规范性文件。法律的地位和效力仅次于宪法，但高于行政法规、地方性法规和行政规章。比如《中华人民共和国建筑法》、《中华人民共和国安全生产法》、《中华人民共和国消防法》、《中华人民共和国突发事件应对法》、《中华人民共和国刑法》、《中华人民共和国职业病防治法》、《中华人民共和国劳动法》、《中华人民共和国劳动合同法》、《中华人民共和国行政许可法》等。

行政法规是国家行政机关制定的规范性文件的总称，狭义的行政法规专指国家最高行政机关国务院制定的条例、规定、办法、决定等，所以其他行政机关制定的行政措施，比如地方性的法规、行政规章等，均不得与行政法规的规定相抵触。比如《建设工程安全生产管理条例》、《安全生产许可证条例》、《危险化学品安全管理条例》、《特种设备安全监察条例》、《生产安全事故报告和调查处理条例》、《工伤保险条例》、《使用有毒物品作业场所劳动保护条例》等。

地方性法规是指地方国家权力机关（省、市人民代表大会及其常委会）依照法定职权和程序制定和颁布在本行政区域施行的规范性文件。地方性法规低于上述法规，但高于地方政府规章。因为地方性法规是根据本辖区具体情况及实际需要，不与上述法规相抵触的前提下制定的规范性文件。如《杭州市建设工程施工安全管理条例》、《浙江省安全生产条例》、《河南省安全生产条例》。

行政规章是指国家行政机关依照行政职权所制定的针对某一类事物、行为和人员的行政管理规范性文件（如浙江省、杭州市行政规章）。

以上所举例子从安全生产有关角度选取。

安全生产法律法规体系主要有安全生产法律、安全生产行政法规、安全生产地方性法规及部门规章、地方政府规章、安全生产标准等。改革开放以来，我国安全生产法制建设有了很大进展，先后制定并颁布了《劳动法》、《建筑法》、《消防法》、《安全生产法》、《职业病防治法》等法律法规。国家有关部门根据安全生产的法律法规先后制定了安全技术标准、安全技术规范及规程等。各省、自治区、直辖市也根据有关法律的授权和本地区实际工作需要，相继制定了一些地方性的安全生产法规、规章。这些法律、法规、规章构成了我国安全生产法律法规体系的重要内容，对提高安全生产管理水平、减少伤亡事故，促进安全生产起到了重要作用。特别是《安全生产法》的公布实施，是我国安全生产领域影响深远的一件大事，填补了我国安全生产立法的空白，因为《安全生产法》解决了安全生产最突出问题，一是安全生产监督管理薄弱，二是生产经营单位安全生产基础薄弱，三是从业人员人身安全缺乏法律保障，四是安全生产问题严重影响了经济发展。安全生产法的立法目的明确，对所有生产经营单位的安全生产普遍适用，它是安全生产法规体系建设的里程碑，它标志着我国安全生产工作进入了一个新阶段。

我国政府历来都很重视安全生产工作，2004 年 1 月 9 日颁布的《国务院关于进一步加强安全生产工作的决定》明确指出：搞好安全生产，保障人民群众的生命和财产安全，体现了最广大人民群众的根本利益，反映了先进生产力的发展要求和先进文化的发展方向，是全面建设小康社会、统筹经济社会全面发展的重要内容，是实施可持续发展战略的组成部分，是政府履行社会管理和市场监管职能的基本任务，是企业生存发展的基本要求。

在"安全第一，预防为主，综合治理"的总体方针指导下，我国的安全法规体系建立得到了长足的发展。目前我国的安全法规遵循"三级立法"的原则，即在国家法规、政策的统一指导下，充分发挥地方立法的积极性，形成全国人大及其常委会、国务院及其部门、地方立法部门的三级立法体系。我国的安全生产法规体系已初步完善，至少覆盖如下八个方面的法律法规：综合性安全生产法律、法规和规章，矿山安全法规子体系，危险物品安全法规子体系，建筑业安全法规子体系，交通运输安全法规子体系，公众聚集场所及消防安全法规子体系，其他安全生产法规子体系和我国已批准的国际劳工安全卫生公约，从而初步建立健全安全生产法规体系。

据国家安全生产监督管理总局的有关统计数据显示，全国人大及常委会立法中与安全生产有关的法律有 10 多部，国务院制定的各种条例达 50 多部。此外，国务院还下发了 30 多个加强安全生产的通知，国务院各部委制定规章 100 多个。

必须承认，我国近年来的安全生产形势依然严峻，全国每年因安全生产事故而丧生的人数达到十多万。安全生产事故频发，死伤众多，不仅影响了经济发展和社会稳定，而且损害了党、政府和我国改革开放的形象。而工程建设过程中发生的事故起数和伤亡人数也一直高居不下，仅次于交通业和采矿业。建设工程安全事故频发也已经严重影响了国家、社会的安定和千家万户的幸福生活。

  建设工程的安全生产法律法规体系是从源头管理、过程控制、应急救援和事故查处 4 个管理活动出发而建立的，主要由《建筑法》《安全生产法》《建设工程安全生产管理条例》以及相关的法律、法规、规章和工程建设强制性标准构成。

  《建筑法》和《安全生产法》是规范建设工程领域安全生产行为的两个基础法律;《建设工程安全生产管理条例》和《安全生产许可证条例》是目前调整建设工程安全生产行为的两个主要行政法规。2004 年 1 月 13 日，国务院第 397 号令公布了《安全生产许可证条例》，并自公布之日起施行，这对建筑企业来说是一件大事。《安全生产许可证条例》对于严格规范安全生产条件，进一步加强安全生产监督管理，防止和减少生产安全事故，发挥了保障作用。2004 年 2 月 1 日开始正式实施的《建设工程安全生产管理条例》是我国真正意义上第一部针对建设工程安全生产的法规，使建设工程安全生产做到了有法可依，建设工程各方责任主体也有了明确的指导和规范。此外，在国家有关法律法规中，也提出了有关安全生产方面的条款，如《刑法》、《劳动法》、《行政处罚法》等。各级人民政府和建设行政主管部门也相继出台了一系列安全生产地方性法规、部门规章和标准。其中技术规范虽然未正式纳入法律体系范畴，但是许多安全生产立法却将安全生产标准作为经营单位必须执行的法定义务，即国家强制性安全生产标准具有法律上的地位和效力，所以在这里将安全生产标准纳入法律体系中，目的也是提高安全生产的技术含量。如:《实施工程建设强制性标准监督规定》(建设部令 81 号)、《建筑起重机械安全监督管理规定》(建设部令 166 号)、《浙江省安全生产条例》、《建筑施工安全检查标准》JGJ 59-2011、《施工现场临时用电安全技术规范》JGJ 46-2005、《建筑施工高处作业安全技术规范》JGJ 80、《龙门架及井架物料提升机安全技术规范》JGJ 88-2010、《建筑施工门式钢管脚手架安全技术规范》JGJ 128-2010、《建筑施工扣件式钢管脚手架安全技术规范》JGJ 130-2011、《建筑机械使用安全技术规程》JGJ 33-2012 等。

参考文献

［1］中华人民共和国安全法．

［2］中华人民共和国建筑法．

［3］中华人民共和国消防法．

［4］建设工程安全生产管理条例．

［5］企业安全生产费用提取和使用管理办法．

［6］建筑业企业职工安全培训教育暂行规定．

［7］建筑施工特种作业人员管理规定．

［8］特种作业人员安全技术培训考核管理规定．

［9］国家规定的特种作业目录．

［10］特种设备作业人员作业种类与项目．

［11］《危险性较大的分部分项工程安全管理办法》建质［2009］87号．

［12］杭州市危险性较大分部分项工程专项施工方案编制参考意见．

［13］工伤保险条例．

［14］工伤认定办法．

［15］浙江省建筑施工安全标准化管理规定．

［16］使用有毒物品作业场所劳动保护条例．

［17］中华人民共和国行业标准．施工现场临时用电安全技术规范 JGJ 46-2005．北京：中国建筑工业出版社，2005．

［18］建筑施工企业负责人及项目负责人施工现场带班暂行办法．

［19］中华人民共和国国家标准．建筑灭火器配置设计规范 GB 50140-2005．北京：中国计划出版社，2005．

［20］特种设备安全监察条例．

［21］《关于在建筑工地创建农民工业余学校的通知》建质［2007］82号．

［22］浙江省建设工程施工现场安全管理台账实施指南．

［23］浙江省建设工程施工现场安全管理台账．

致　　谢

记忆是一个永远不会过去的现在。如同所有的感恩之情带来的这份感激，深深地根植于我们心中：朋友、老师、同事和家人，许多幕后英雄默默地奉献着自己的理解和关切，提供想法、启迪、晤谈、批评、鼓励、援助以及各种支持。致谢辞让笔者有机会代表丛书编委会向这么多的单位和爱心人士表达谢意并且致敬。没有他们，也就不可能有这套丛书的诞生，也不可能有青川县未成年人精神家园的援建和诞生。

首先，要感谢中共青川县委、县人民政府对这一援建工程的高度重视。在汶川大地震中，青川受灾学生高达 42000 多人，学生死亡数 380 人，全县的学校基本夷为平地。青川县有 64 个孩子失去了双亲，365 个孩子成了单亲家庭，还有更多的未成年人成了残疾儿童。受伤亡人员的亲情影响，许多未成年人思想负担重，心理创伤大。本项目的规划、建设得到了陈正永县长、现任县委书记罗云同志的关心。为了重点建设好、早日建成这一公共建筑，县委县人民政府将其列为近几年县十大民生工程之一。

在此，还要感谢浙江省精神文明办和龚吟怡先生对灾区未成年人健康成长和环境建设的关怀。感谢顾承甫同志——为了 2008 年 12 月的那天你接听了那通电话，并鼓励笔者将内心的想法运用到灾区建设中去。经历了半年多的曲折寻找，终于从浙江省援建青川指挥部了解到此一待援建项目。谢谢你为此所做的努力，以及多年来的友谊、交流、相助和那份简洁明了的热忱。

非常感谢马健部长，在县城乔庄镇可利用土地资源承载极其有限的情况下，在本援建工程立项与否，以及项目启动以后，面临建设用地移作他用的压力下，是你挺身而出，成功保住了这一重点项目的建设。谢谢你尤其对友人的淳厚与大度。在援建活动最困难的情况下，你总是给我们以信任与呵护，患难中见真情。

在此，还十分感谢罗家斌副县长。历历往事，悠悠乡愁，在青川工程的共同努力中，你多次不辞辛劳来浙江，甚至在身体不适的情况下。一切心灵的意境在世上皆有其地方。非常幸运，在灾区家乡建设中，我们结下了诚挚的友情。这犹如播下种子，度过秋冬季节，直到春临大地，新绿萌生。

感谢你，刘成林同志，启动县未成年人校外活动中心建设项目阶段工作十分艰巨，这一段经历给人留下了无法忘怀的深刻记忆，谢谢你为此洒下了辛勤的汗水，还有你的热情、友谊、付出和期待。

苟蔚栋主任，你对灾区孩子们遭遇的巨大灾难与不幸比许多人认识的都更深刻，你讲的木鱼中学遇难学生的亲历往事让人听了心碎。青川工程推进之际，我们的联系最为频繁。谢谢你的友情、川味、信赖和合作，以及抱着一个美好的目的所付出的一切，许多往事都将成为值得回味的故事。

中共青川县委宣传部、县精神文明办作为项目业主单位，有一个优秀的群体：熊凯、杨丽华、尤顺亮、李玖碧、刘夕森、司机赵友等诸位朋友，感谢你们从这场历经五载的友情马拉松、奉献、精神成长和从这场社会公益之旅的第一天起，一路给予我们的支持。在此，还要感谢敬飞同志的帮助、交流和友谊。

在任何一项事业的起步阶段，总有一些人抛开个人得失来支持襁褓中的理念。一些善心人士在我们进行社会公益活动的初起阶段，便直接投入或参与进来。他们无论在援建灾区未成年人精神家园建设还是本套丛书编写仍然处于艰难起步阶段的时候就给予信任和支持，这份感激让人一直铭记于心。

感谢董丹申先生，为了2009年5月那天我们所通的电话。谢谢你在第一时间做出的决定，并带领如此优秀的勘察设计团队援建此一工程，你还多次为优化设计方案提出建议，这种园丁式的建筑师的敏锐和悟性，在废墟中给人性开创了丰富的空间可行性，从而将助长花园中的生命。历经五载，风风雨雨见证了我们的友谊。

感谢本建筑的主创设计师陆激博士，谢谢你对作品内涵的把握、表现力、讨论、午餐、诗歌——这种酬唱，相信是对忧思的另一种释放，它使人确信，每个人在自己的内心，都会保留着一片精神的花园，每个人的内心最深处，都住着一位辛劳而又快乐的园丁。在此，还要感谢蔡梦雷先生所展示的才华、合作、敬业、潜力和沉静，谢谢你付出的辛勤劳动。

浙江大学建筑设计研究院作为本工程特邀设计单位，得到了各专业背景的专家伸出的援助之手，谢谢你们——甘欣、曾凯、雍小龙、冯百乐、王雷、严明、周群建、杨毅等诸位朋友，你们的职业操守，印证了法国当代建筑师鲍赞巴克的一句话："建筑师处在社会的建设性的、积极的山肩上……建筑师需要具备为他人修建的责任感"。

在此，非常感谢浙江籍企业家楼金先生对本援建项目的庇护、关照和相助。汶川大地震发生后，海南亚洲制药集团先后四次伸出慷慨援助之手，包括这一座青川的花园。楼先生长期活跃在祖国医药事业的前沿。在这场援建活动中，率先垂范。但报效祖国、报答社会的目标，却使他觉得任重道远，做得很不够。这使人想到：人之为人，假若没有对大地、对人的无比热爱，没有追求美和爱的激情和为之忍受苦难的精神，那生之意义有何在呢？

十分幸运，这套丛书经中国建筑工业出版社选题审阅后，决定列入重点出版计划。这对作者们来说并不容易。在此尤其要感谢沈元勤社长的热情、眼光、鼓励和对丛书援建灾区活动的策划支持。编辑部的决定表现了一家大型出版社的社会责任感，若不是你们提供发表这些书籍的园地，丛书出版说不定还要走较长的探索之路。在后面我还将进一步提及并致谢。

盛金喜先生，感谢你的友情和破费周折地热心相助，促成了温州东瓯建设集团等两家企业原本业已捐给当地慈善机构的捐款，得以成功转给青川县援建项目，这是工程启动后的一笔重要捐赠。在此，还要谢谢倪明连和麻贤生两位先生的帮助。这种事先铺平道路的爱心，正如在地里播种。

做人意味着无法免遭不幸与灾难，意味着时而感到自己需要救助、慰藉、排遣或启迪。我们的状况多半是平凡的，不是非凡的。我们对他人负有的最低限度的道义责任，不在于为他指点救赎之道，而在于帮助他走完一天的路。

雷与风，持续不停。在此特意要感谢恽稚荣先生，在本援建活动十分困难的情况下给予的热心相助！谢谢你的电话、热情引见和浙江省建筑装饰行业协会的帮助。我还要感谢你多年的友情、同事和关照，而最重要的是你对做这类事情的人文理解，和要求确保内心的那份坚定。

非常感谢浙江中南集团吴建荣先生，对灾区未成年人精神家园建设实实在在的表态和直接参加援建的落实。谢谢你的晤谈、慷慨和展望，尤其是对本援建工程困难的体恤。建造较高水准的室内影院是你的一个心愿，这样的目光决非仅限于卡通和影像的虚拟世界。假如没有"浓浓绿荫"也就没有"绿色之思"。视这种情感为植根于文化传统，这一点已得到了揭示。

友谊本身于人生必不可少，在此，我想对俞勤学先生说：没有什么比和悦相伴的共同努力更能给生活带来美好的回味。杭州市建筑设计研究院有限公司参与捐建，体现了一家大型民营设计单位的社会担当。你说的好：受益于改革开放，在社会需要的时候，不忘回馈社会。谢谢你的友情交流和对真知的求索，以及给予援建活动的重要支持。

姚恒国先生，十分感激你，永康古丽中学、古丽小学和金色童年幼儿园是一家主动提出参加援建的浙江省民办学校。在本工程筹资阶段相当困难的日子里，得到你的爱心相助。这非常特别。如果把春风化雨比喻成学校良好的教育方式，那么，正是这种育人为本、德育为先和服务社会的理念，使我们对"善的栽培者"有了新的理解。在此，我还要感谢永康市规划局胡永广先生的热情引见。

十分感谢新昌县常务副县长柴理明先生在援建工程艰难前行中所给予的热情支持，谢谢浙江科技学院副院长冯军先生的友谊和相助，谢谢新昌县发改局李一峰先生的帮助和促进。

陈金辉先生，感谢你多年来的友情和参与援建灾区工程，你的那句创业感言："办企业一要对得起自己的员工，二要对得起社会"，说得直白、亲切，胜似金玉良言。想当年创业伊始，历经多少艰辛，如今企业发展了日子好过一点了，既想到要对得起自己的员工，又觉得要对得起社会。

郑声轩先生，要衷心感谢你的友情和真诚相助，也谢谢宁波市城市规划学会及黄生良秘书长，你们的价值关怀是灾区家乡建设的财富。感谢宁波市各城乡规划院。张能恭先生、李斌先生、徐瑾女士、张峰先生、喻国强先生、明思龙先生、赖磅茫先生，与你们同行之所以顺利，莫过于一种源自心灵的共识。假如这种共识有道理，那么，最能帮助我们从忧思中得到慰藉的，莫过于一座活生生的花园。

于利生先生的鼓励和热情支持，对工程推进可谓雪中送炭，为此要向你致敬！而武弘设计院又为本项目室内装饰工程提供了整套设计图纸，谢谢陈冀峻院长、徐旻设计总监对设计方案的讨论，谢谢建筑设计师李文江女士为本项目所做的富有灵感的理解和设计，也谢谢设计师陈奕女士对装饰施工图的多次交流，以及专业技术人员王小俨、陈倩、董瑜明等各位朋友有关强电设计、影厅构造设计和分部分项工程量清单编制等所付出的辛勤劳动。

吴飞先生，徐伟总经理，人只要能记和忆，记忆中的事情总能从现时的思维活动中涌出。在此，非常感谢你们对援建活动所做出的讨论和决定，从而使工程推进迈开了转折性的一步：多谢浙江省建工集团有限责任公司及所属建筑装饰工程公司对项目装饰工程派出的援建队伍。谢谢施泽民总经理、阮高祥和何荒震副总经理，以及参加施工的建筑工人们！

本套丛书在理论实践和服务社会过程中有个大本营。他们的价值观维系着关怀呵护之努力的个人与社会。

在这套丛书中，我们与中国建筑工业出版社开展了深入的合作。感谢社长沈元勤先生就丛书选题和发行、编写援建项目纪念图册、出版社赠送灾区未成年人活动中心图书、建筑模型等系列活动给予了热情洋溢的策划支持，并带队一行四人来浙江，参加丛书编写工作启动会，与作者们交流互动。

中国建筑工业出版社的决定不仅在丛书的发行渠道及其模式创新上做出了积极探索，给予了丛书援建活动以有力的帮助和支持，更从精神上体现了我们这个社会最具价值的人文关怀。

感谢郭允冲先生为本丛书作序。谢谢您对丛书编写出版和丛书援建灾区活动所做的肯定。这样的鼓励，使人重温了建设者忧思和关怀的天职，它培养我们以有限的存在方式尽心服务社会，并以播种大地和建设家园为己任。

感谢谈月明先生对编者的信任、鼓励和支持，以及对丛书社会实践活动的评语。浙江，青川，相隔2000多公里，却感觉近在咫尺。记得辛卯年春节前夕你在百忙中寄来信札，它使笔者得以分享到一份艺术情愫——一款"真情无价"的书法题字，倍感亲切。

还要感谢出版社副社长王雁宾先生的热情和支持，何时再能领略你即兴赋诗的场景。感谢出版社房地产与建筑管理图书中心主任、编审郦锁林先生的热情和合作，以及在丛书编写启动会议上就专业性书籍编写要点进行细致入微的讲解。

在此，尤其需要感谢丛书责任编辑赵晓菲女士的热情和不懈努力。谢谢你的耐心、献疑、澄清、编辑以及数年来付出的辛勤劳动。你和你的同事为每本书做了高度复杂的编校工作，使得本丛书具有更佳的可读性。最重要的是，对编辑这份工作，让我们理解它吧，如今可能理解得更好些！

请允许我向丛书的每一位作者致谢。技术书籍的普遍价值，首先表现在服务于现实世界和社会的风格、内容，或者说表现于满足需求的适切性和书的聚合力，同时也体现于这样一个方面，即一个人为同时代的其他人所作的贡献。

谢谢每位参与者的认真、构思、调研、读写修改的过程，以及一切与孤独相伴的劳动；谢谢你们在合写的著述中所体现出的协作、智慧和团队精神，以及一遍一遍、一遍又一遍地讨论、通稿、争辩，发通稿纪要，交流信息。做这样的事情需要沉下来，和艰难的美融合在一起，拒绝平庸！

感谢吴恩宁先生，在生病住院的情况下还为书稿的完善而操劳，为了去芜存菁所进行的一切严谨、朴实的工作。谢谢邓铭庭教授级高工对数本书稿和援建活动多个场合的相助。感谢杨燕萍所长、牛志荣老师、吴飞先生、王立峰老师、周松国总工、王建民总工、罗义英老师、黄思祖总工、李美霜副总工，谢谢你们多年的友谊、分担、精益求精和责任心，谢谢你们为书写工程建设安全生产、保护劳动者权益等内容而承担的责任和义务，在一个非常特殊的意义上来说，你们就是这整套书。

十分感谢龚晓南院士对本丛书有关专业书籍的审核、指导和建议。

感谢史佩东先生多年来的友情、书籍和近年来你多次主持的台海学术交流活动带给业界的启示。谢谢金伟良教授、钱力航研究员在工程建设技术标准制、修订过程中的交流。

在此，还要谢谢黄亚先生、周荣鑫先生、杨仁法老师、袁翔总工、戴宝荣先生的建议、启发和热心帮助。郑锦华先生，希望有机会到大成建设集团的施工现场去学习安全作业的经验。感谢你们的责任心：黄先锋副总工，以及方仙兵、王德仁、张乃洲、于航波和童朝宝等诸位专家的热情投入；林平主任的热忱、专业、工作午餐和讨论；以及很有潜力的年轻专业人员夏汉庸、苟长飞、潘振化工程师。谢谢有关单位在丛书统稿过程中所给予的方便。

最后，要感谢丛书的作者们把所有版权收入捐给灾区未成年人精神家园的建设，用义写这种形式，不仅从专业性反思到实践语言的投入，更用一种沉默的行动表达了一个知识群体的一片爱心，一种塑造价值的真诚！

任何力量也无法夺走往昔与友人的聚会、交谈和同行带来的欢畅，愉悦的回忆给今天、也给日后带来欣慰，无论命运为将来作出何种安排。

青川工程，推进之际，筹资之路多艰难。谢谢张静女士，通过你的帮助，温州市各有关规划院义无反顾地伸出了援助之手，这带来另眼看待的世界体验。何志平先生，那个雨夜在山上小咖啡店的场景多融洽，人生的交往带来的愉悦莫过于数位能相互倾听和启发的友人之间聪慧、有益的交谈。谢谢方素萍院长对灾区建设困难的体恤，而你的帮助又是如此低调、迅速。与郑国楚先生的通话和交流颇受助益。在此，还要谢谢应生伟先生多年的友情、交往、启迪和促进。所有这些，都让生命中的固有价值得到热切肯定，让艰难的奋争日渐得以支撑。

退休老县长在我心中留下风尘仆仆的身影。感谢林周朱先生的热情、电话、相陪为筹资的事情而忙碌。它仿佛又使我重新见到了2006年"桑美"台风来袭浙江沿海时，在重灾区苍南县奔忙的那个身影。

感谢金国平先生带有亲和力的支持，十分重要的是温州市建筑设计研究院的分担和促进，不仅使青川工程受益，它也展现了企业文化中的精髓之一：合作精神和社会责任心。在此，还要真诚地感谢虞慧忠、林胜华两位同行所予以的爱心关怀。

这里有一份念想：就是要衷心感谢张建浩先生爱智人生尽其所能，以及对工程困难富有人性的理解和对贫困灾区建设施以援手。

在受国际金融危机影响，国内经济市场受到较大冲击的环境下，这几年不少民营企业，在克服发展资金短缺和产值、利润大幅度下滑的情况下，参与到项目的捐建活动中来，实属不易。为此，请允许我对刘自勉会长、郑育娟女士、饶太水先生、丁国幸校长、单德贵先生、马毓敏女士、蒋干福先生、周全新同学、李光安院长等诸位朋友，真诚地表示敬意并致谢。

袁建华先生，谢谢你的信任、交流和以个人名义对青川工程的捐赠。这一切都是为了给予希望的勉励。周筱芳女士，你的相助决不意味着为避免让人伤心而随声附和，只求一团和气，恰恰相反，言语的坦诚是一种原则，谢谢你！

感谢袁益中先生和吴荔荔女士的亲蔼、体恤和相助。这种体恤的鼓励也意味着，当艰难来临，使我们有准备无怨无悔地忍受困苦；当福祉临门，则心安理得地去迎接它。

在此，我还要对吴海燕、杨立新两位先生本真地道一声谢谢，因为你们的热情和话语交流，非常符合当今提倡的社会主义核心价值观。宁波市两所高校建筑设计研究院给予本工程以爱心的参与——感谢俞名涛先生饱含的热忱、范儿和帮扶老少边穷情结，谢谢原正先生的朴实、仁慈、社会责任心和张黎建院长的低调、清澈。

感谢一些特殊的朋友。他们曾在汶川大地震后奔赴第一线参加灾后重建，对扶持本工程又颇为热心。谢谢李全明先生的仁慈之助，最重要的是你对灾区未成年人有一个真实的爱心故事。感谢朱定勤先生的信任、对灾区建设的这份关心与呵护。在此还要向嘉善县干窑镇陆剑峰镇长的热情、干练和支持致意。盛维忠院长，你的多次热心促进和直接参与，是对灾区情结的一种诠释。在此，还要谢谢马德富同志和曲建国同学的帮助。

筹资之路多艰难。徐颖女士，那个冬天你陪我们在山路上走，不慎摔得多厉害，当时车子把你送往医院的情景，至今回想起来都让人后怕。很内疚，也万分感谢你。在此还非常感谢汉嘉设计集团西南分院付晓波女士，对工程造价所做的公正、客观、热情的义务劳动。王剑笠院长关于文化传承的见解也给了我极大的帮助，谢谢你的低调和对灾区建设的热情赞助。在此还要谢谢叶克盛先生对青川工程的促进，以及嘉善县天凝镇洪溪村支书陈俐勤女士的热情支持。

希望是面向未来的应有姿态，正如感恩是面向以往的应有姿态。昔日的友谊令人心存感激，这份感恩之情始终也是催人奋进的一处泉源，因而也成了来日建设家园的一种保证。

值此机会，特意要感谢胡理琛先生的信任、友情、照拂和相助，就像光线和声音，始终如一。谢谢你形诸笔端对于人类潜能的信念、对历史的反思和对建筑环境等诸多现象的阐释与思虑，善的知识只可能植根于善的心灵。宁静愉悦中的交谈与交往，收获之处总能带来新的见地、意义、感受和思绪，而其中的启示更使人受益匪浅。

在《为了生命和家园》丛书系列中，我们还同其他两位人士开展了深入合作，在此我想一并致谢。感谢李建平先生以娴熟的知识积累撰写的著作《网络与信息安全》，作为国际小波理论及其在信息安全应用领域的著名学者，李教授还表示，本工程中的计算机软硬件系统将由电子科技大学计算机科学与工程学院援建，谢谢你的友情、帮扶和对灾区家乡建设的关怀。谢谢浙江大学环境与资源学院倪吾钟研究员对丛书系列的参与策划和启迪，以及深入研究撰写的著作《农村生态安全导读》。

感谢严晓龙、龚承先和蒋妙飞工程师，与你们的交谈为《城镇消防安全防范及灭火救援技术读本》一书的编写带来了新的见地、意义、感受和新的思路。

谢谢中国美术学院风景建筑设计研究院，你们在室内立面的点位图设计等方面，为本建筑的内在空间增添了一分美的神韵。谢谢徐永明先生、董奇总规划师，以及参与人员叶洁、金永杰、吴志铜、陈俐婧、徐照工程师等。你们所做的一切，加深了我们对于克服困难的整体体验。

楼建勇先生，谢谢你为这一花园建筑屋顶花坛所做的植物配置设计，颇为要紧的是你对园艺活动的解释，这种亲近大自然的理念和培养孩子们动手能力的构想与提倡自我修养的园丁理想实则同根同源。

李本智先生，感谢你在城乡规划研究中那些美妙、真诚的感悟。也谢谢王建珍主任的礼遇和诚挚，你们的爱心关注是园丁式的，也突显了企业文化。

感谢澳大利亚艺术家卡尔·吕先生，雕塑家林岗先生合作构思创作的喷雕《命运交响曲》，谢谢你们这样神奇美妙的作品，它显示了——恰恰在历史事件呈现出"命运"特征的情况下，人的能动作用才既遭遇挫折，又获得解放。

许多事情不在我们力所能及的范围之内，比方说防范日后的不幸——我们拥有的许多东西，包括健康、亲人、朋友、财富，都可能被夺走，但是没有什么能夺走我们对生命过程的热爱和家园建设中的乐观与感激之心。

感谢我们的家人、朋友和老师，你们的默默支持和爱心捐赠，让我想起了一句心理学格言——"使你的爱更博大以扩大我的价值"①。超越存在的自我努

①　注：Make the love larger to enlarge My worth引自英国女诗人伊丽莎白·巴雷特·布朗宁（1806～1861）的一句诗。

力使每个充满爱的生命都扩大了。希望我们所做的一切能让你们引以为豪。

感谢彭茗玮，你策划的"浙报公益联盟"爱在春苗行动使笔者又经历了一次意义之旅。谢谢你直到对公益活动小册子的细微处都心领神会时才给予的肯定，你如实反映了每一个糟糕的主意和准确的直觉，让笔者可以明鉴孰优孰劣。

在此要对宣日锦、吕海力和鲍力三位朋友，再次道一声谢谢——为你们的友情、率真、对灾区多次伸出援助之手。和你们的交流能够迅速摆脱挫折的困扰，而且确实可以找到令人吃惊的、无需理由的快乐。

李晓松先生，你去年冒着盛夏酷暑从上海赶来浙江，感谢你为造福灾区未成年人教育事业，像七月流火般的热情、付出的失眠与奔波。你就是黑龙江人。谢谢你捐赠活动中心的全套监控、弱电系统器材设备及安装等及善款。谢谢仁慈的朋友朱向娟和张健先生。

汤静，谢谢你说的话"我们不是金钱的奴隶"，在人事的无常面前，本真的语言交流确实能起到了缓冲和抚慰的作用。在此，要谢谢金建平、田军县和孙宝梁三位专家对该工程外墙建筑节能多次提出构造措施建议，这份热心弥足珍贵。

郑耀先生，谢谢你的信赖和诚挚交流。听你说"这个事能够帮好忙是很开心的。"听这样的话，也让人由衷地开心啊！这样的对话直到遥远的将来都会给人带来温馨的回忆。

在此，还要谢谢楼永良先生曾给予笔者的精神鼓励。对此一鼓励的思忖真正地意味着：无畏地去接受命运的挑战，不间断地驱使自己去行动、去抗争、去实现、去克服、去改变。

骆圣武先生，谢谢你对青川这座建筑将来投入使用后有更多的关注。让人感到欣慰的是，尽管悲剧发生在许多青少年家庭和他们自己身上，但他们还是用一种非同寻常的方式重拾生活、学习的信心。这对他们来说并不容易。

王海金和张威两位监理工程师，你们作为单位派出的援建志愿者，为保证本项目的工程质量安全尽了一份天职。金健先生和高淑微副总经理，我们要为你们单位点赞。这几年和你们一起坚守，使一箩筐的困难得以一点点地消化克服。这很好。在压力、学习、尝试和改变中逐步了解自己的潜力，保持前进的势头。

方利强先生，十分感谢你带领的团队为此一工程所做的户外景观设计和捐助。同时要谢谢陈颖副院长和朱锡冲、黄宇飞、沈弋、左璐等专业技术人员的学养和奉献，它们都印证了浙江诚邦园林——"以德立人，以诚兴邦"的创业宗旨和"辉煌源于持久，强大源于合作"的发展理念。你们的热忱不是现代人游走四方漫无目的的热情，而是一种园艺道德。

　　董奇老师，我们这个社会，良知的资源是如此丰富，有时候不经意到花园附近去走走，绿色便会自己燃烧起来。谢谢你赠送给活动中心两台钢琴，还特意邀约了中国美术学院两位同事吴碧波老师、夏云老师，一起为几个美术教室和多媒体教室配上全套桌椅板凳。为人师表的老师，谢谢你们的行动照亮生活，燃烧生命。

　　感谢诗人余刚的帮助！最近我又读了你送的诗集。还希望进一步和王应有一起调研，交流新农村建设中的防灾话题。

　　在此，还要向其他不计其数的无名英雄致以谢意：感谢每一位对这套作品和援建活动有过知遇之恩，并且给予它支持和鼓励的人士。

　　宁波市轨道交通工程建设指挥部和集团公司，今年早春，从决策层到建设工人们，共有 2600 余人次，以及 28 个参建单位参加了由单位发起的爱心捐献活动。如此感人，体现了当代城市轨道交通建设工作者的精神风貌！

　　感谢李东流先生给予援建工程的热情相助，也谢谢湖州市对口支援工作领导小组办公室、市住房和城乡建设局、市精神文明办和南浔产业集聚区政府等各方人士的热心助推，体现出一种服务社会的意识。

　　微光处处，总能发现人性光亮的绰约闪烁。感谢施明朗先生、朱持平先生和同事吴胜全先生的热心帮助，你们的关爱让人体验到了新的生机。公益活动小册子《家乡的期盼》编辑、印制不容易，谢谢陈黎先生的友谊和相助，以及陈新君女士出色的文印工作和辛勤劳动。

　　感谢陆峰先生、吴伟年女士，相信你们的关注将会引起新一轮的爱心活动。为此也期待着新的合作。

　　蒋莹先生和陈春雷总工、钟为东先生、徐召儿院长、张蠢院长、闵后银先生，你们的助推将构成一个活生生的有机体。还有邱晓湄老师、贾华琴秘书长、宁波市城市规划学会李娜娜，你们都是心甘情愿地做些公益活动，这寓意着心灵不单单像土壤，它本身就是土壤。谢谢何火生先生、郑仁春秘书长、陈赛宽总经理为点缀花园而做的努力。

　　谢谢许成辰老师的电话、热情和对灾区少年儿童健康成长的关心！中国计量学院视觉传达设计专业大二学生马颐真同学为活动中心进行了 logo 设计，其造型在具象和抽象之间，寓意颇为生动活泼。

　　感谢先后共事过的同事，他们是我的良师益友。谢谢赵克同志，周仲光同志，谢谢宋炳坚同志和城乡规划处同仁们的友谊和信任，以及王晓里、陈继辉同志在工作中的客观、澄清和责任心。

朱文斌先生，谢谢你多年的友情、鼓励和城乡规划研究的交流。樊秋和女士，周伟强先生，感谢你们为川浙两省的民间友好往来所做的建议。在此，也要对四川省财政厅工作人员卢飞凤、朱向东同志说声谢谢，是你们的热情和服务，使得捐建资金及时通过银行账户渠道汇给灾区。

感谢解放军信息工程大学于大鹏老师、同济大学建筑与城市规划学院邵甬老师、清华大学建筑学院饶戎老师、中国计量学院标准化学院李丹青老师、哈尔滨工业大学建筑学院张姗姗老师、浙江警官职业学院孙斌老师、浙江工业大学陈馨如老师、浙江科技学院武茜老师等对丛书编写和援建活动，以不同的方式关注之。这种友人在百忙中的交流也意味着：汇聚在祖国一座座花园里的活力属于我们这个星球谐和同一的生命，因为教师本来就是园丁。

自发的社会公益活动，在艰难中一路走来，得到如此多爱心单位和人士的关怀和鼓励。这使人豁然悟出了一个道理：涓涓爱心皆溪流，溪流可以成江河。藉此再一次向各位致敬并致谢。

青川县未成年人校外活动中心
参加援建和业已捐资的单位、团队和个人名单

《工程建设安全技术与管理丛书》全体作者
海南亚洲制药股份有限公司
浙江大学建筑设计研究院
中国建筑工业出版社
温州东瓯建设集团股份有限公司
浙江省建筑装饰行业协会
浙江省建工集团有限责任公司
浙江中南集团
永康市古丽高级中学
杭州市建筑设计研究院有限公司
浙江省武林建筑装饰集团有限公司
温州中城建设集团股份有限公司
浙江工程建设监理公司
宁波弘正工程咨询有限公司
桐乡市城乡规划设计院有限公司
浙江华洲国际设计有限公司
新昌县人民政府
宁波市城市规划学会
宁波市规划设计研究院
宁海县规划设计院
余姚市规划测绘设计院
宁波市鄞州区规划设计院
奉化市规划设计院
浙江诚邦园林股份有限公司
浙江诚邦园林规划设计院

浙江瑞安市城乡规划设计研究院

温州市建筑设计研究院

义乌市城乡规划设计研究院

温州市城市规划设计研究院

浙江省诸暨市规划设计院

浙江省宁波市镇海规划勘测设计研究院

浙江武弘建筑设计有限公司

慈溪市规划设计院有限公司

浙江高专建筑设计研究院有限公司

乐清市城乡规划设计院

温州建苑施工图审查咨询有限公司

宁波大学建筑设计研究院有限公司

平阳县规划建筑勘测设计院

卡尔·吕先生（澳大利亚） 林岗先生

浙江同方建筑设计有限公司

袁建华先生

宁波市轨道交通集团有限公司

宁波市土木建筑学会

浙江建设职业技能培训学校

电子科技大学计算机科学与工程学院

上海瑞保健康咨询有限公司 李晓松先生

浙江华亿工程设计有限公司

徐韵泉老师 钟季鋆老师

杭州大通园林公司

浙江天尚建筑设计研究院

浙江荣阳城乡规划设计有限公司

衢州规划设计院有限公司

中国美术学院风景建筑设计研究院

森赫电梯股份有限公司

嘉善县城乡规划建筑设计院

慈溪市城乡规划研究院

温州建正节能科技有限公司

董奇老师 吴碧波老师 夏云老师

云和县永盛公路养护工程有限公司
浙江宏正建筑设计有限公司
浙江蓝丰控股集团有限公司
浙江城市空间建筑规划设计院有限公司
浙江玉环县城乡规划设计院有限公司
台州市黄岩规划设计院
象山县规划设计院
湖州市公路局

青川县未成年人校外活动中心建设掠影

青川县未成年人校外活动中心透视图

奠基仪式

施工现场

施工现场外观

建成后实景（一）

建成后实景（二）